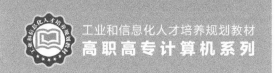

工业和信息化人才培养规划教材

高职高专计算机系列

HTML+CSS+Javascript

网站制作│案例教程

Web Design Case & Course

张晓景 苏旬云 ◎ 主编

吴芬芬 鲁红 贾士英 ◎ 副主编

U0213074

人民邮电出版社

北 京

图书在版编目（CIP）数据

HTML+CSS+Javascript网站制作案例教程 / 张晓景，
苏旬云主编. -- 北京：人民邮电出版社，2016.10（2020.8重印）
工业和信息化人才培养规划教材. 高职高专计算机系
列
ISBN 978-7-115-43087-8

Ⅰ．①H… Ⅱ．①张… ②苏… Ⅲ．①超文本标记语言
－程序设计－高等职业教育－教材②网页制作工具－高等
职业教育－教材③JAVA语言－程序设计－高等职业教育－
教材 Ⅳ．①TP312②TP393.092

中国版本图书馆CIP数据核字(2016)第242777号

内 容 提 要

本书是一本介绍 HTML、CSS 和 JavaScript 相关知识和开发技术的图书，逐一讲解 HTML、CSS 和 JavaScript 的基本知识和表现方法。本书语言浅显易懂，配合大量精美的网页设计案例，还讲解使用 Dreamweaver 进行网页设计制作的方法和技巧，使读者在掌握 HTML、CSS 和 JavaScript 知识的同时，能够在网页设计制作上做到活学活用。

本书共 14 章，全面介绍网站建设基础、HTML 与 HTML 5 基础、<head>与<body>标签设置、文字与图片标签设置、多媒体与超链接标签设置、表单标签设置、CSS 样式基础、设置文本的 CSS 属性、设置背景和图形的 CSS 属性、设置列表和表单的 CSS 属性、Div+CSS 布局网页、JavaScript 入门知识、JavaScript 中的函数与对象，以及 JavaScript 中的事件。

本书适合作为各级院校网页设计与制作课程的教材，对专业人士也有很高的参考价值。

◆ 主　　编　张晓景　苏旬云

　　副 主 编　吴芬芬　鲁　红　贾士英

　　责任编辑　刘　佳

　　责任印制　焦志炜

◆ 人民邮电出版社出版发行　　北京市丰台区成寿寺路 11 号
　　邮编　100164　电子邮件　315@ptpress.com.cn
　　网址　http://www.ptpress.com.cn
　　北京天宇星印刷厂印刷

◆ 开本：787×1092　1/16
　　印张：17.75　　　　　2016 年 10 月第 1 版
　　字数：453 千字　　　2020 年 8 月北京第 4 次印刷

定价：45.00 元

读者服务热线：(010)81055256　印装质量热线：(010)81055316
反盗版热线：(010)81055315

前言

　　以前的程序员可能不太注重界面，但是一个布局合理、设计优雅、简洁易用的网站界面无疑会给我们的项目增光添彩。这就好比你去推销一个产品，如果这个产品的包装非常精美漂亮，显然就会受到客户的欢迎。本书将全面介绍 HTML、CSS 和 JavaScript 的相关知识和使用方法，通过对本书的学习，读者能在制作精美的网页时，灵活地将 HTML、CSS 和 JavaScript 结合运用。

　　本书讲解简单易懂，采用边学边练的方式探讨使用 HTML、CSS 和 JavaScript 进行网页设计制作的各方面知识，希望读者通过学习，能全面地掌握使用 HTML、CSS 和 JavaScript 制作网页的方法和技巧。

本书章节安排

　　本书内容章节安排如下。

　　第 1 章　网站建设基础，主要向读者介绍了有关 Web 互联网的相关基础知识，讲解了网站与网页的区分，还普及了网站建设与技术的相关知识。

　　第 2 章　HTML 与 HTML 5 基础，分别讲解了 HTML 和 HTML 5 的基础知识和特点，包括两者的功能、优势、主要标签等，还介绍了 HTML 5 新增标签的应用。最后结合一些案例讲解，提高读者对 HTML 和 HTML 5 的认识。

　　第 3 章　<head>与<body>标签设置，主要讲解了<head>与<body>标签的功能和设置，包括<head>与<body>标签中属性的使用方法，还介绍了 HTML 代码中添加注释的方法。通过一些案例讲解，使读者能够熟练对<head>与<body>标签进行设置。

　　第 4 章　文字与图片标签设置，主要介绍了文字与图片标签的相关内容与表现方式，以及了解网页中的图片格式类型。通过对不同案例的讲解，使读者掌握设置文字与图片标签的方法和技巧。

　　第 5 章　多媒体与超链接标签设置，主要介绍了网页中多媒体与超链接的应用，并且重点介绍了各种多媒体的插入和实现超链接的方式，还讲解了在网页中如何调用外部程序，让读者明了并掌握各类多媒体与超链接标签的设置方法。

　　第 6 章　表单标签设置，主要介绍了表单的基本内容和插入表单元素的技巧，全面讲解了各种表单元素的使用方法。通过简单的案例讲解，使读者掌握表单标签的使用方法，并认识到表单的特点和功能。

　　第 7 章　CSS 样式基础，主要介绍了 CSS 样式的相关知识，包括 CSS 样式的基本知识、语法、使用方法和各种选择器。通过案例的讲解，让读者更加容易掌握 CSS 样式基础知识和设置技巧。

　　第 8 章　设置文本的 CSS 属性，主要介绍了文本的 CSS 属性内容和使用方法，包括控制文字、段落、间距等内容，让读者认识到文本元素的 CSS 属性在网页中的表现方式。

　　第 9 章　设置背景和图像的 CSS 属性，主要介绍了使用 CSS 属性对网页背景和图像的处理方法及其注意事项，包括在网页中如何使用 CSS 控制背景颜色、背景图像、图片样式等内容，还讲解了 CSS3.0 新增属性内容及使用方法。通过案例操作讲解，让读者更加了解使用 CSS 属性对背景和图像设置的方法。

第 10 章　设置列表和表单的 CSS 属性，主要介绍了在网页制作中如何使用 CSS 属性设置列表和表单。通过简单的案例操作讲解，让读者详细了解在网页中使用 CSS 属性控制列表和表单元素的方法和技巧。

第 11 章　Div+CSS 布局网页，主要介绍了 Div+CSS 的相关基础知识，包括 Div 的定义、CSS 盒模型、网页元素定位和常用 Div+CSS 布局方式。通过多种小案例来配合讲解知识点，使读者更加清楚地了解 Div+CSS 网页布局相关知识。

第 12 章　JavaScript 入门，主要介绍了 JavaScript 的相关基础知识，包括 JavaScript 的定义、作用、基础语法、变量、数据类型和运算符，依次对各类知识点进行详细地讲解，并通过简单的案例操作，使读者容易掌握 JavaScript 在网页中的灵活应用。

第 13 章　JavaScript 中的函数与对象，主要介绍了 JavaScript 中的函数和对象。通过各种简易案例的讲解，让读者了解并掌握 JavaScript 中函数与对象的知识及其在网页中的应用。

第 14 章　JavaScript 中的事件，主要介绍了各种 JavaScript 事件的基础知识和应用方法。通过每个知识点下的案例讲解，使读者详细 JavaScript 事件在网页中的应用。

本书特点

全书内容丰富、条理清晰，通过 14 章的内容，为读者全面、系统地介绍了 HTML、CSS 和 JavaScript 的相关知识以及使用 Dreamweaver 进行网页设计的方法和技巧，采用理论知识和案例相结合的方法，使知识融会贯通。

- 语言通俗易懂，精美案例图文同步，涉及大量网页设计的丰富知识讲解，帮助读者深入了解网页设计。
- 实例涉及面广，几乎涵盖了网页设计所在的各个领域，每个领域下通过大量的设计讲解和案例制作帮助读者掌握领域中的专业知识点。
- 注重设计知识点和案例制作技巧的归纳总结，知识点和案例的讲解过程中穿插了大量的软件操作技巧提示等，使读者更好地对知识点进行归纳吸收。
- 每一个案例的制作过程，本书配套网盘（请登录 www.ryjiaoyu.com 下载）中提供了书中实例源文件、素材和相关的视频教程。步骤详细，使读者轻松掌握。

本书读者对象

本书适合作为各级院校网页设计与制作课程的教材，同时对专业设计人士也有很高的参考价值。

本书由张晓景、苏甸云任主编；吴芬芬、鲁红、贾士英任副主编；王涛、梁启娟参与了本书的编写。

由于编者水平有限，书中难免存在不足之处，敬请广大读者批评指正。

编　者
2016 年 5 月

目 录 CONTENTS

第5章　多媒体与超链接标签设置　70

第6章　表单标签设置　88

第7章　CSS 样式基础　101

第8章　设置文本的CSS属性　121

第9章　设置背景和图像的CSS属性　142

第 13 章　JavaScript 中的函数与对象　230

第 14 章　JavaScript 中的事件　261

PART 1

第 1 章
网站建设基础

本章简介

要制作出精美的网页，不仅需要熟练地掌握网页制作软件和技术，而且还需要了解与网页相关的知识。本章将向读者介绍有关网站建设的相关基础知识，通过对这些基础知识的学习，可以更深入地理解网页和网站。

本章重点

- 了解网页、网站与互联网的关系
- 理解网页与 HTML 语言之间的关系
- 了解静态网页与动态网页之间的区别
- 了解网站的相关术语
- 了解网站建设的相关软件与技术

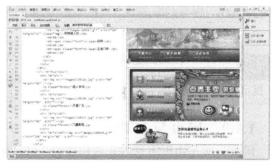

1.1 认识 Web 互联网

互联网是世界上最大的计算机网络。万维网是互联网中的一个子集，是由分布在全球的众多 Web 服务器组成的。这些 Web 服务器上包含了用户可以从世界上任何地方都访问到的信息，而这些信息都是以网页为载体的。

1.1.1 网站、网页与互联网的关系

互联网是一组彼此连接的计算机，也称为网络。全世界所有计算机通过传输控制协议（Transmission Control Protocol/Internet Protocol，简称为 TCP/IP 协议）绑定成为一个整体。人们通过互联网可以与千里之外的朋友交流，共同娱乐、共同完成工作，如图 1-1 所示。

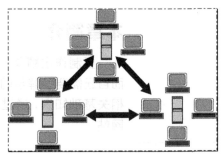

图 1-1

简单来说，网站是由若干网页集合而成的，网站包含于互联网，网页构成网站。我们熟悉的"WWW"，也就是"World Wide Web"——万维网。万维网为全世界用户提供信息。WWW 共享资源共有 3 种机制，分别为"协议""地址"和 HTML。

1. 协议

超文本传输协议 Hyper Text Transfer Protocol(HTTP)，是访问 Web 上资源必须遵循的规范。

2. 地址

统一定位符 Uniform Resource Locators(URL)用来标识 Web 页面上的资源，WWW 按照统一命名方案访问 Web 页面资源。

3. HTML

超文本标记语言用于创建可以通过 Web 访问的文档。HTML 文档使用 HTML 标记和元素建立页面，保存到服务器上。扩展名为.htm 或.html。

提示

使用浏览器请求某些信息时，Web 服务器会相应请求，它会将请求的信息发送至浏览器。浏览器对从服务器发送来的信息进行处理。

1.1.2 网页与 HTML 语言

网页一般是由以下这些元素构成的。最基本的元素就是文字，文字是人类最基础的表达方式，因此不可缺少。但是网页不可能只有文字，这样就太枯燥了，在此基础上还包括图像、动画、影片等其他一些元素，来丰富网页内容，给人们生动、直接的感觉，如图 1-2 所示。

HTML（Hyper Text Markup Language）超文本标记语言，是网页设计和开发领域中的一个重要组成部分。HTML 语言是指定如何在浏览器中显示网页的一种程序语言。

它是制作网页的一种标准语言，以代码的方式来进行网页的设计，如图 1-3 所示，和 Dreamweaver 这种可视化的网页设计软件对比，它们在设计过程上可以说是截然不同的，但本质和结果却是基本相同的。所以，学习好 HTML 语言，对于读者从根本上了解网页设计和使

用 Dreamweaver 是十分有益的。

图 1-2

```
<!DOCTYPE html>
<html>
<head>
        <meta charset="gbk">
        <meta name="robots" content="all">
        <meta name="author" content="Tencent-TGideas">
        <meta name="Copyright" content="Tencent">
        <meta name="Description" content="《QQ炫舞》下载官方网站。最时尚浪漫的舞蹈游戏，260万人同时在线陪你一起舞动青春。QQ炫舞有着最丰富的模式和玩法，最浪漫的交友平台，最华丽精美的画面表现，最紧跟潮流的版本开发迭代节奏，持续不断的为千万炫舞玩家，提供着最优质的游戏体验！更有全新真人视频秀平台炫舞梦工厂助您实现明星梦！" />
        <meta name="Keywords" content="QQ炫舞,炫舞,QQ炫舞官网,QQ炫舞官方下载,QQ炫舞下载,QQ炫舞官方网站,qq,音乐,舞蹈,跳舞,荣誉点,G币,浪漫,装扮,R点,荣誉,模式,4键,点亮,图标,节奏,腾讯,8键,网游,网络游戏,ACG,休闲,炫舞,徽章,高分,P点,连P,combo,vip 房间,任务,娱乐,个性,斗舞,竞技,紫钻," />
        <title>QQ炫舞-QQ炫舞官方网站-腾讯游戏-开启大音乐舞蹈网游时代</title><script>var s0 = new Date();var _speedMark = new Date();</script>
        <link type="text/css" rel="stylesheet" href="web201403/css/comm.css">
        <link type="text/css" rel="stylesheet" href="web201403/css/main.css">
        <!-- 页面设计: sayonkang | 页面制作: yaoqli | 创建: 2014-03-20 团队博客: http://tgideas.qq.com/ -->
</head>
<body>
<div class="wrap">
<!--header s-->
<div class="header">
        <h1 class="logo"><a href="http://x5.qq.com">QQ炫舞官方网站-X5</a></h1>
        <div class="nav">
                <ul class="clearfix">
                        <li class="nav_home fl"><a href="http://x5.qq.com/main.shtml" title="首页" class="n_home_txt"><strong>首页</strong><span>Home</span></a></li>
                        <li class="nav_down fl">
                                <a href="http://x5.qq.com/web201403/down.shtml" title="下载中心" class="n_down_txt"><strong>下载中心</strong><span>Download</span></a>
                                <ol>
                                        <li><a href="http://x5.qq.com/web201403/down.shtml" title="游戏下载">游戏下载<i class="icon_n"></i></a></li>
                                        <li><a href="http://x5.qq.com/web201403/down_material.shtml" title="素材下载">素材下载</a></li>
                                        <li><a href="http://x5.qq.com/web201403/down_wall.shtml" title="壁纸下载">壁纸下载</a></li>
                                        <li><a href="http://x5.qq.com/web201403/down.shtml#app" title="手机版下载">手机版下载</a></li>
                                </ol>
                        </li>
                        <li class="nav_info">
                                <a href="http://x5.qq.com/web201403/newbie.shtml" title="游戏介绍" class="n_info_txt"><strong>游戏介绍</strong><span>Game info</span></a>
                                <ol>
                                        <li><a href="http://x5.qq.com/web201403/newbie.shtml" title="新手指引">新手指引</a></li>
                                        <li><a href="http://x5.qq.com/web201403/intro.shtml" title="炫舞特色">炫舞特色</a></li>
```

图 1-3

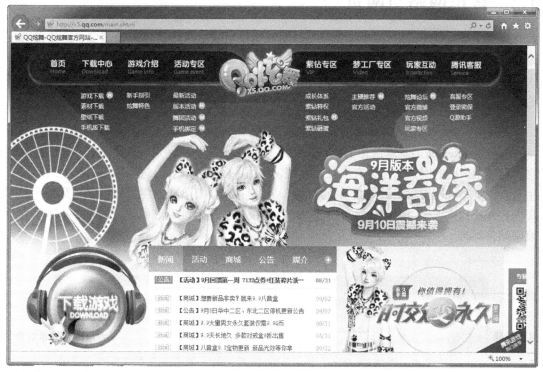

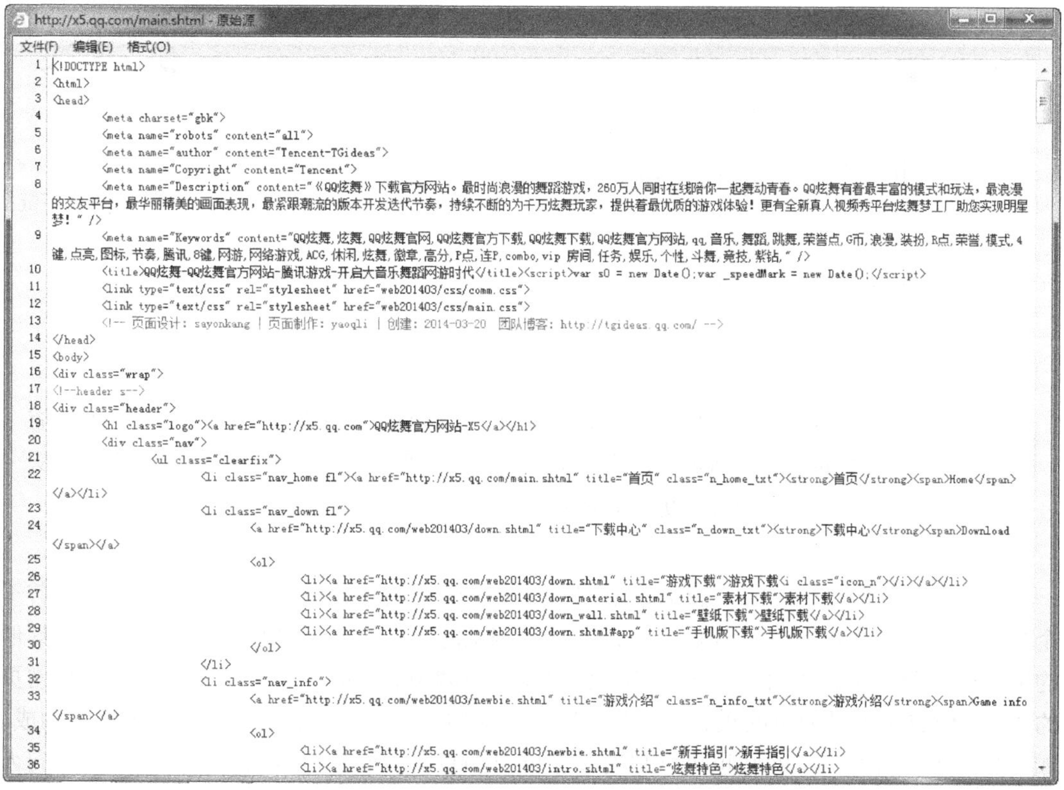

1.2 认识网站与网页

作为上网的主要依托，网页由于人们频繁地使用网络而变得越来越重要，这使得网页设计也得到了发展。网页讲究的是排版布局，其目的就是提供一种布局更合理、功能更强大、使用更方便的形式给每一个浏览者，使他们能够愉快、轻松、快捷地了解网页所提供的信息。

1.2.1 网页与网站

网页是 Internet 的基本信息单位，英文为 Web Page。一般网页上都会有文本和图片等信息，而复杂一些的网页上还会有声音、视频、动画等多媒体内容。进入网站首先看到的是其主页，主页集成了指向二级页面以及其他网站的链接。浏览者进入主页后可以浏览相应的网页内容并找到感兴趣的主题链接，通过单击该链接可以跳转到其他网页，如图 1-4 所示为新浪网站首页面。

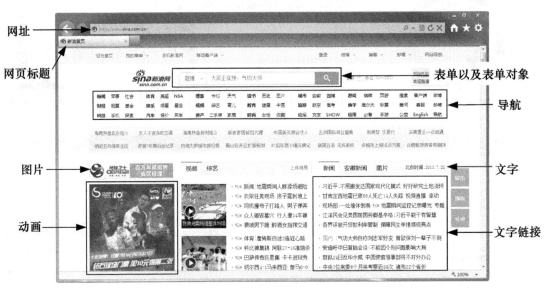

图 1-4

在网页中，文本内容是最常见的，早期的网页就是全部由文本构成的。随着技术的发展，网页中逐步添加了图像、动画、音乐、视频等多媒体内容，从而使网页更加美观，更具有视觉冲击力。

网站，英文为 Web Site。简单来说网站是多个网页的集合，其中包括一个首页和若干个分页。那么什么是首页呢？首页即是访问这个网站时第一个打开的网页。除了首页，其他的网页即是分页了，如图 1-5 所示为新浪网站"新闻中心"的一个分页。网站是多个网页的集合，但它又不是简单的集合，这要根据该网站的内容来决定，比如由多少个网页构成、如何分类等。当然一个网站也可以只有一个网页即首页，但是这种情况很少见，也不向大家推荐。

图 1-5

1.2.2 静态网页与动态网页

静态网页是指浏览器与服务器端不发生交互的网页。静态网页是相对于动态网页而言的，并不是说网页中的元素都是静止不动，网页中的 GIF 动画、Flash 动画等都会发生变化。

静态网页的执行过程大致为：

（1）浏览器向网络中的服务器发出请求，指向某个静态网页。

（2）服务器接到请求后将文件传输给浏览器，此时传送的只是文本文件。

（3）浏览器接到服务器传来的文件后解析 HTML 标签，将结果显示出来。

动态网页除了静态网页中的元素外，还包括一些应用程序，这些程序需要浏览器与服务器之间发生交互行为，而且应用程序的执行需要服务器中的应用程序服务器才能完成。

动态网页可以是纯文本内容的，也可以是包含各种动画的内容，这些只是网页具体内容的表现形式，无论网页是否具有动态效果，采用动态网站技术生成的网页都称为动态网页。在动态网页网址中有一个标志性的符号——"?"，如图 1-6 所示。

图 1-6

提示　动态网页是与静态网页相对应的，静态网页的 URL 后缀是以.htm、.html、.shtml、.xml 等常见形式出现的；而动态网页的 URL 后缀是以.asp、jsp、php、perl、cgi 等形式出现的。

1.2.3　网站相关术语

在相同的条件下，有些网页不仅美观，打开的速度也非常得快，而有些网页却要等很久，这就说明网页设计不仅仅需要页面精美、布局整洁，很大程度上还要依赖于网络技术。因此，网站不仅仅是设计者审美观和阅历的体现，更是设计者知识面和技术等综合素质的展示。

本节将介绍一些与网站相关的术语，只有了解了网站相关术语，才能使读者对网站建设相关知识了解地更加全面。

1.因特网

因特网，英文为 Internet，整个因特网的世界是由许许多多遍布全世界的电脑组织而成的，一台电脑在连接上网的一瞬间，它就已经是因特网的一部分了。网络是没有国界的，通过因特网，浏览者可以随时传递文件信息到世界上任何因特网所能包含的角落，当然也可以接收来自世界各地的实时信息。

在因特网上查找信息，"搜索"是最好的办法，比如可以使用搜索引擎。搜索引擎提供了强大的搜索能力，用户只需要在文本框中输入几个查找内容的关键字，就可以找到成千上万与之相关的信息，如图 1-7 所示。

图 1-7

2.浏览器

浏览器是安装在电脑中用来查看因特网中网页的一种工具，每一个用户都要在电脑上安装浏览器来"阅读"网页中的信息，这是使用因特网的最基本的条件，就好像我们要用电视机来收看电视节目一样。目前大多数用户所用的 Windows 操作系统中已经内置了浏览器。

3. TCP/IP

TCP/IP 是 Transmission Control Protocol/Internet Protocol 的缩写，中文为"传输控制协议/网络协议"。它是因特网所采用的标准协议，因此只要遵循 TCP/IP 协议，不管电脑是什么系统或平台，均可以在因特网的世界中畅行无阻。

4. IP 地址

IP 地址是分配给网络上计算机的一组由 32 位二进制数值组成的编号，来对网络中计算机进行标识。为了方便记忆地址，采用了十进制标记法，每个数值小于等于 255，数值中间用"."隔开，一个 IP 地址相对一台计算机并且是唯一的，这里提醒大家注意的是所谓的唯一是指在某一时间内唯一，如果使用动态 IP，那么每一次分配的 IP 地址是不同的，这就是动态 IP，在使用网络的这一时段内，这个 IP 是唯一指向正在使用的计算机的；另一种是静态 IP，它是固定将这个 IP 地址分配给某计算机使用的。网络中的服务器就是使用的静态 IP。

5. 域名

IP 地址是一组数字，人们记忆起来不够方便，因此人们给每个计算机赋予了一个具有代表性的名字，这就是主机名，主机名由英文字母或数字组成。将主机名和 IP 对应起来，这就是域名，方便大家记忆。

域名和 IP 地址是可以交替使用的,但一般域名还是要通过转换成 IP 地址才能找到相应的主机，这就是上网的时候经常用到的 DNS 域名解析服务。

6. URL

URL 是 Universal Resource Locator 的缩写，中文为"全球资源定位器"。它就是网页在因特网中的地址，要访问该网站是需要 URL 才能够找到该网页的地址的。例如"网易"的 URL 是 www.163.com，也就是它的网址，如图 1-8 所示。

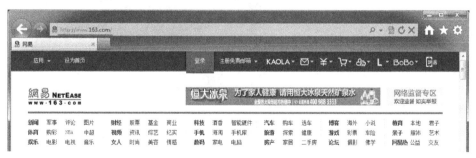

图 1-8

7. HTTP

HTTP 是 Hypertext Transfer Protocol 的缩写，中文为"超文本传输协议"，它是一种最常用的网络通讯协议。如果想链接到某一特定的网页时，就必须通过 HTTP 协议，不论你是用哪一种网页编辑软件，在网页中加入什么资料，或是使用哪一种浏览器，利用 HTTP 协议都可以看到正确的网页效果。

8. FTP

FTP 是 File Transfer Protocol 的缩写，中文为"文件传输协议"。与 HTTP 协议相同，它也是 URL 地址使用的一种协议名称，以指定传输某一种因特网资源，HTTP 协议用于链接到某一网页，而 FTP 协议则是用于上传或是下载文件。

1.3　网站建设软件与技术

要想制作出精美的网站页面，需要综合运用各种网页制作工具和技术才能完成，本节将向读者简单介绍网站开发常用的软件和技术。

1.3.1　网页编辑软件 Dreamweaver

Dreamweaver 是网页设计与制作领域中用户最多、应用最广泛、功能最强大的软件，无论是在国内还是在国外，它都是备受专业网站开发人员的喜爱，目前最新的版本为 Dreamweaver CC。Dreamweaver 用于网页的整体布局和设计，以及对网站的创建和管理，Dreamweaver 还提供了许多与编码相关的工具和功能，利用它可以轻而易举地制作出充满动感的网页。本书所涉及的 HTML、CSS 和 JavaScript 都将在 Dreamweaver 中进行编写和处理，如图 1-9 所示。

图 1-9

1.3.2　网页标记语言 HTML

要想专业地进行网页的设计和编辑，还需具备一定的 HTML 语言知识。虽然现在有很多可视化的网页设计制作软件，但网页的本质都是 HTML 语言构成的，可以说要想精通网页制作的话，必须要对 HTML 语言有相当的了解，如图 1-10 所示。

1.3.3　网页表现语言 CSS

如今的网页排版格式越来越复杂，很多效果都需要通过 CSS 样式来实现，即网页制作离不开 CSS 样式。采用 CSS 样式可以有效地对网页的布局、字体、颜色、背景和其他效果实现更加精确的控制，只要对 CSS 样式代码做一些简单的编辑，就可以改变同一页面中不同部分或不同页面的外观和格式。使用 CSS 样式不仅可以做出美观工整、令浏览者赏心悦目的网页，还能够给网页添加许多神奇的效果，如图 1-11 所示为应用 CSS 样式效果。

图 1-10

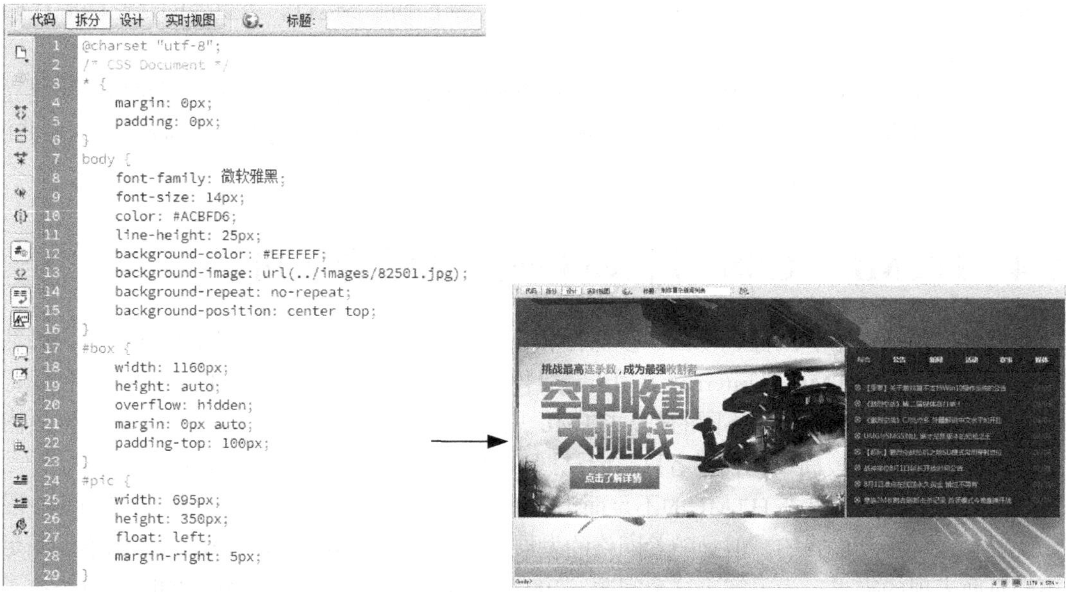

图 1-11

1.3.4　网页特效脚本语言 JavaScript

在网页设计中使用脚本语言，不仅可以减少网页的规模，提高网页的浏览速度，还可以丰富网页的表现力，因此脚本已成为网页设计中不可缺少的一种技术。目前最常用的脚本有JavaScript 和 VBScript 等，其中 JavaScript 是众多脚本语言中较为优秀的一种，是许多网页开发者首选的脚本语言。JavaScript 是一种描述性语言，它可以被嵌入到 HTML 文件中。和 HTML

一样，用户可以用任何一种文本编辑工具对它进行编辑，并在浏览器中进行预览，如图 1-12 所示为使用 JavaScript 实现的网页特效。

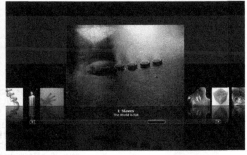

图 1-12

1.3.5 动态网页编程语言 ASP、PHP 和 JSP 等

随着互联网的发展，静态网站页面已经渐渐满足不了大多数网站的需求，需要通过动态网页设计语言来实现网站的交互操作和对网站内容的便捷管理。动态网站编程语言种类繁多，目前比较常用的有 ASP、PHP、JSP、CGI 和 ASP.NET 等。

ASP 是 Active Server Pages 的缩写，是 Microsoft 公司开发的 Web 服务器端脚本开发环境，利用它可以生成动态、高效的 Web 应用程序。ASP 就是嵌入了 ASP 脚本的 HTML 页面，它可以是 HTML 标签、文本和命令的任意组合。

PHP 全称为 Hypertext Preprocessor，同样是一种 HTML 内嵌式的服务器端语言，PHP 在 Windows 或 Unix Like（Unix、Linux、BSD 等）平台下都能够运行，更重要的是它的源代码是免费的、开放的。

JSP，全称为 Java Server Pages，是由 Sun Microsystems 公司倡导，多家公司参与一起建立的一种动态网页技术标准。在传统的 HTML 网页文件中加入 Java 程序片段（Scriptlet）和 JSP 标记（tag），就构成了 JSP 网页，其文件扩展名为.jsp。

1.4　HTML、CSS 与 JavaScript 的结合应用

网页中包括文本、图像、动画、多媒体和表单等多种复杂的元素，但是其基础架构仍然是 HTML 语言。HTML 是 Internet 上用于设计网页的主要语言，注意，HTML 只是一种标记语言，与其他程序设计语言不同的是，HTML 只能建议浏览器以什么方式或结构显示网页内容。HTML 相对比较简单，初学者只需要掌握 HTML 的一些常用标签就可以了。

CSS 样式是为了弥补 HTML 的不足而出现的，最初 HTML 是可以标记页面中的标题、段落、表格和链接等格式的。但是随着网络的发展，用户需求的增加，HTML 越来越不能满足不同页面表现的需求。为了解决这个问题，1997 年 W3C 颁布 HTML4 标准的同时也公布了有关样式表的第一个标准 CSS1。随着网络的发展，CSS 样式又得到了更多的完善、充实和发展，目前最新的 CSS 样式版本为 CSS3.0，其功能也越来越强大。

随着网络的发展，用户对于网站的需求越来越高，已经不再满足于使用 HTML 和 CSS 样式配合制作出的静态页面，需要有更多的交互性，使网页使用更方便，浏览过程中更有趣。出于这样的需求，JavaScript 在网页中的应用越来越广泛，JavaScript 用于开发 Internet 客户端的应用程序，它可以与 HTML 和 CSS 样式相结合，实现在网页中与浏览者进行交互的功能。

1.5　本章小结

本章主要向读者介绍了有关网站建设的相关基础知识，使读者对网页和网站有一个全面的、基础的了解和认识，从而为后面的学习打下良好的基础。本章所讲解的内容以概念居多，读者在学习的过程中需要注意理解。

1.6　课后测试题

一、选择题

1. WWW 共享资源共有 3 种机制，下列哪些属于该机制的是（　　　）。（多选）

　　A. 协议　　　　　　　B. 地址　　　　　　　C. HTML　　　　　　D. HTTP

2. 下列哪些是网页的构成元素（　　　）。（多选）

　　A. 文字　　　　　　　B. 图像　　　　　　　C. 动画　　　　　　D. 多媒体

3. 下列选项中，不是静态网页的文件扩展名是（　　　）。

　　A. .htm　　　　　　　B. .xml　　　　　　　C. .shtml　　　　　　D. .jsp

4. 下列选项中，哪些属于网站建设常用的技术语言（　　　）。

　　A. 标记语言 HTML　　　　　　　　B. 表现语言 CSS

　　C. 特效脚本语言 JavaScript　　　　D. 以上都是

二、判断题

1. 网页语言即 HTML 语言，是网页设计和开发领域中的一个重要组成部分。（　　　）

2. 域名和 IP 地址是不可以交替使用的。（　　　）

三、简答题

HTTP 与 FTP 的异同点是什么？

PART 2

第 2 章
HTML 与 HTML 5 基础

本章简介

作为一个优秀的网页设计者，除了掌握可视化网页制作软件外，还要具备一定的 HTML 语言知识，网页的本质都是使用 HTML 构成的。本章将向读者介绍有关 HTML 与 HTML 5 的相关基础知识，使读者对网页的基础原理和规则有更清晰的认识。

本章重点

- 了解什么是 HTML 以及 HTML 的主要功能
- 掌握 HTML 的文档结构和基本语法
- 了解 HTML 5 基础
- 了解 HTML 5 中新增和废弃的标签
- 掌握 HTML 5 中新增的<canvas>、<audio>和<video>标签的用法

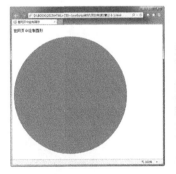

2.1 HTML 基础

HTML 主要通过使用标签使页面文件显示出预期的效果，也就是在文本文件的基础上，加上一系列的网页元素展示效果，最后形成后缀名为.htm 或.html 的文件。当读者通过浏览器阅读 HTML 文件时，浏览器负责解释插入到 HTML 文本中的各种标签，并以此为依据显示文本的内容，把 HTML 语言编写的文件称为 HTML 文本，HTML 语言即网页的描述语言。

2.1.1 什么是 HTML

HTML 语言是英文 Hyper Text Markup Language 的缩写，它是一种文本类、解释执行的标记语言，是在标准一般化的标记语言（SGML）的基础上建立的。SGML 仅描述了定义一套标记语言的方法，而没有定义一套实际的标记语言，而 HTML 就是根据 SGML 制定的特殊应用。

HTML 语言是一种简易的文件交换标准，有别于物理的文件结构，它旨在定义文件内的对象的描述文件的逻辑结构，而并不是定义文件的显示。由于 HTML 所描述的文件具有极高的适应性，所以特别适合于万维网的环境。

由于 HTML 语言编写的文件是标准的 ASCII 文本文件，所以可以使用任何的文本编辑器来打开 HTML 文件。

 提示 HTML 文件可以直接由浏览器解释执行，而无需编译。当用浏览器打开网页时，浏览器读取网页中的 HTML 代码，分析其语法结构，根据解释的结果显示网页内容，正是因为如此，网页显示的速度同网页代码的质量有很大的关系，保持精简和高效的 HTML 源代码十分重要。

2.1.2 HTML 的主要功能

HTML 语言作为一种网页编辑语言，易学易懂，能制作出精美的网页效果，其主要功能如下：

（1）利用 HTML 语言格式化文本，例如设置标题、字体、字号、颜色；设置文本的段落、对齐方式等。

（2）利用 HTML 语言可以在页面中插入图像，使网页图文并茂，还可以设置图像的各种属性，例如大小、边框、布局等。

（3）HTML 语言可以创建列表，把信息用一种易读的方式表现出来。

（4）利用 HTML 语言可以建立表格。表格为浏览者提供了快速找到需要信息的显示方式。

（5）利用 HTML 语言可以在页面中加入多媒体，可以在网页中加入音频、视频、动画，还能设定播放的时间和次数。

（6）HTML 语言可以建立超链接，通过超链接检索在线的信息，只需用鼠标单击，就可以链接到任何一处。

（7）利用 HTML 语言还可以实现交互式表单、计数器等。

2.1.3 HTML 的文档结构

编写 HTML 文件的时候，必须遵循 HTML 的语法规则。一个完整的 HTML 文件由标题、段落、列表、表格、单词和嵌入的各种对象所组成。这些逻辑上统一的对象统称为元素，HTML 使用标签来分割并描述这些元素。实际上整个 HTML 文件就是由元素与标签组成的。

HTML 文件基本结构如下：

```
<html>                <!--HTML 文件开始-->
  <head>              <!--HTML 文件的头部开始-->
  </head>             <!--HTML 文件的头部结束-->
  <body>              <!--HTML 文件的主体开始-->
  </body>             <!--HTML 文件的主体结束-->
</html>               <!--HTML 文件结束-->
```

可以看到，代码分为 3 部分。

1. <html>……</html>

此代码告诉浏览器 HTML 文件开始和结束，<html>标签出现在 HTML 文档的第一行，用来表示 HTML 文档的开始。</html>标签出现在 HTML 文档的最后一行，用来表示 HTML 文档的结束。两个标签一定要一起使用，网页中的所有其他内容都需要放在<html>与</html>之间。

2. <head>……</head>

此代码为网页头标签，用来定义 HTML 文档的头部信息，该标签也是成对使用的。

3. <body>……</body>

在<head>标签之后就是<body>与</body>标签了。该标签也是成对出现的。<body>与</body>标签之间为网页主体内容和其他用于控制内容显示的标签。

2.1.4　HTML 的基本语法

绝大多数元素都有起始标签和结束标签，在起始标签和结束标签之间的部分是元素体，例如<body>……</body>。第一个元素都有名称和可选择的属性，元素的名称和属性都在起始标签内标明。

1. 普通标签

普通标签是由一个起始标签和一个结束标签所组成，其语法格式如下：

```
<x>控制文字</x>
```

其中，x 代表标签名称。<x>和</x>就如同一组开关，起始标签<x>为开启某种功能，而结束标签</x>（通常为起始标签加上一个斜线/）为关闭功能，受控制的内容便放在两标签之间，例如下面的代码。

```
<b>加粗文字</b>
```

标签之中还可以附加一些属性，用来实现或完成某些特殊效果或功能，例如，下面的代码。

```
<x a1="v1", a2="v2", …, an="vn">控制内容</x>
```

其中，a1、a2、…、an 为属性名称，而 v1、v2、…、vn 则是其所对应的属性值。属性值加不加引号，目前所使用的浏览器都可接受，但根据 W3C 的新标准，属性值是要加引号的，所以最好养成加引号的习惯。

2. 空标签

虽然大部分的标签是成对出现的，但也有一些是单独存在的。这些单独存在的标签称为空标签，其语法格式如下：

```
<x>
```

同样，空标签也可以附加一些属性，用来完成某些特殊效果或功能，例如下面的代码。

```
<x a1="v1"，a2="v2"，…，an="vn">
```

例如，下面的代码。

```
<hr color="#0000FF">
```

其实 HTML 还有其他更为复杂的语法，使用技巧也非常的多，作为一种语言，它有很多的编写原则并且以很快的速度发展着。

2.1.5 HTML 的编辑环境

网页文件即扩展名为.htm 或.html 的文件，本质上是文本类型的文件，网页中的图片、动画等资源是通过网页文件的 HTML 代码链接的，与网页文件分开存储。

由于 HTML 语言编写的文件是标准的 ASCII 文本文件，因此可以使用任意一种文本编辑器来打开或编辑 HTML 文件，例如 Windows 操作系统中自带的记事本或者专业的网页制作软件 Dreamweaver。

2.1.6 认识 Dreamweaver 中的代码工具

Dreamweaver 是网页制作的主流软件，其优点是有所见即所得的设计视图，能够通过鼠标拖放直接创建并编辑网页文件，自动生成相应的 HTML 代码。Dreamweaver 的代码视图有非常完善的语法自动提示、自动完成和关键词高亮等功能。可以说，Dreamweaver 是一个非常全面的网页制作工具。

Dreamweaver CC 的代码视图会以不同的颜色显示 HTML 代码，帮助用户区分各种标签，同时用户也可以自己指定标签或代码的显示颜色。总体看来，代码视图更像是一个常规的文本编辑器，只要单击代码的任意位置，就可以开始添加或修改代码了，如图 2-1 所示。

1．"打开文档"按钮

单击该按钮，在其弹出菜单中列出了当前在 Dreamweaver 中打开的文档，选中其中一个文档，即可在当前的文档窗口中显示所选择文档代码。

2．"显示代码浏览器"按钮

单击该按钮，即可以显示光标所在位置的代码浏览器，在代码浏览器中显示光标所在标签中所应用的 CSS 样式设置。

3．"折叠整个标签"按钮

折叠一组开始和结束标签之间的内容。将光标定

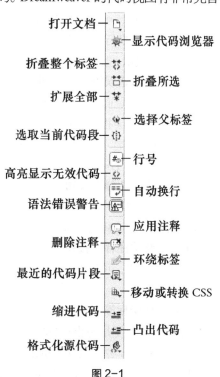

图 2-1

位在需要折叠的标签中即可，如将光标置于<body>标签内，单击该按钮，Dreamweaver 即可将其首尾对应的标签区域进行折叠。

如果在按住 Alt 键的同时，单击该按钮，则 Dreamweaver 将折叠外部的标签。该按钮的功能只能对规则的标签区域起作用，如果标签不够规则，则不能实现折叠效果。

4."折叠所选"按钮 🗂

将所选中的代码折叠。可以直接选择多行代码，单击该按钮，代码折叠后，将鼠标光标移动到标签上的时候，可以看到标签内被折叠的相关代码。

5."扩展全部"按钮 🗃

单击该按钮，可以还原页面中所有折叠的代码。如果只希望展开某一部分的折叠代码，只要单击该部分折叠代码左侧的展开按钮⊞即可。

6."选择父标签"按钮 🕸

选择插入点的那一行的内容及其两侧的开始和结束标签。如果反复单击此按钮且标签是对称的，则 Dreamweaver 最终将选择最外面的<html>和</html>标签。例如，将光标置于<title>标签内，单击"选择父标签"按钮 🕸，将会选择<title>标签的父标签<head>标签。

7."选取当前代码段"按钮 🕀

选择插入点的那一行的内容及其两侧的圆括号、大括号或方括号。如果反复单击此按钮且两侧的符号是对称的，则 Dreamweaver 最终将选择该文档最外面的大括号、圆括号或方括号。

8."行号"按钮 #₀

单击该按钮，可以在代码视图左侧显示 HTML 代码的行号，默认情况下，该按钮为按下状态，即默认显示代码行号。

9."高亮显示无效代码"按钮 ⚡

单击该按钮，可以使用黄色高亮显示 HTML 代码中无效的代码。

10."自动换行"按钮 🖥

单击该按钮，当代码超过窗口宽度时，自动换行，默认情况下，该按钮为按下状态。

11."语法错误警告"按钮 🔲

启用或禁用页面顶部提示出现语法错误的信息栏。当 Dreamweaver 检测到语法错误时，语法错误信息栏会指定代码中发生错误的那一行。此外，Dreamweaver 会在"代码"视图中文档的左侧突出显示出现错误的行号。默认情况下，信息栏处于启用状态，但仅当 Dreamweaver 检测到页面中的语法错误时才显示。

12."应用注释"按钮 🗨

单击该按钮，在弹出菜单中选择相应的选项，使用户可以在所选代码两侧添加注释标签或打开新的注释标签，如图 2-2 所示。

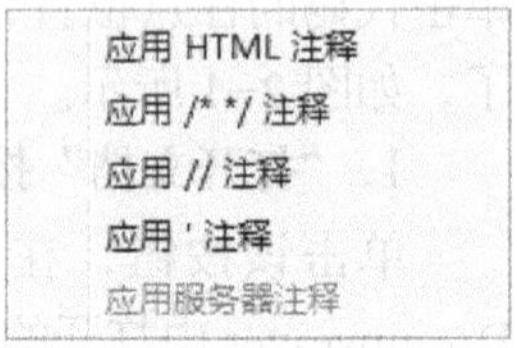

应用 HTML 注释
应用 /* */ 注释
应用 // 注释
应用 ' 注释
应用服务器注释

图 2-2

13."删除注释"按钮 🗨

单击该按钮，可以删除所选代码的注释标签。如果所选内容包含嵌套注释，则只会删除外部注释标签。

14."环绕标签"按钮 ✎

环绕标签主要是防止写标签时忽略关闭标签。其操作方法是，选择一段代码，单击"环绕标签"按钮 ✎，然后输入相应的标签代码，即可在该选择区域外围添加完整的新标签代码。这样既快速又防止了前后标签遗漏不能关闭的情况。

15. "最近的代码片断"按钮

单击该按钮，可以在弹出的菜单中选择最近所使用过的代码片断，将该代码片断插入到光标所在的位置。

16. "移动或转换 CSS"按钮

单击该按钮，弹出菜单包括"将内联 CSS 转换为规则"和"移动 CSS 规则"两个选项，可以将 CSS 移动到另一位置，或将内联 CSS 转换为 CSS 规则。

17. "缩进代码"按钮

选中相应的代码，单击该按钮，可以将选定内容向右移动。

18. "凸出代码"按钮

选中相应的代码，单击该按钮，可以将选定内容向左移动。

19. "格式化源代码"按钮

单击该按钮，可以在弹出菜单中选择相应的选项。将先前指定的代码格式应用于所选代码，如果未选择代码，则应用于整个页面。也可以通过从"格式化源代码"按钮中选择"代码格式设置"来快速设置代码格式首选参数，或通过选择"编辑标签库"来编辑标签库。

> 提示
>
> 为了保证程序代码的可读性，一般都需要将标签代码进行一定的缩进凸出，从而显得错落有致。选择一段代码后按 Tab 键完成代码的缩进，对于已经缩进的代码，如果想要凸出，可以按快捷键 Shift+Tab。也可以单击"缩进代码"按钮和"凸出代码"按钮来完成上述功能。

> 自测 1
>
> **制作第一个 HTML 页面**
> 最终文件：网盘\最终文件\第 2 章\2-1-6.html
> 视　　频：网盘\视频\第 2 章\2-1-6.swf

STEP 1 执行"文件>新建"命令，弹出"新建文档"对话框，设置如图 2-3 所示。单击"创建"按钮，创建一个 HTML 页面，单击"文档"工具栏上的"代码"按钮 代码 ，进入代码视图的编辑窗口，如图 2-4 所示。

图 2-3

图 2-4

STEP 2 在页面 HTML 代码中的<title>与</title>标签之间输入页面标题，如图 2-5 所示。在<body>与</body>标签之间输入页面的主体内容，如图 2-6 所示。

```
<!doctype html>
<html>
<head>
<meta charset="utf-8">
<title>制作第1个HTML页面</title>
</head>

<body>
</body>
</html>
```

图 2-5

```
<!doctype html>
<html>
<head>
<meta charset="utf-8">
<title>制作第1个HTML页面</title>
</head>

<body>
一起学习HTML、CSS和JavaScript
</body>
</html>
```

图 2-6

提示　　在代码视图中更新了<title>标题内容后，可以通过按快捷键 Ctrl+Enter，快速更新网页的标题内容。

STEP 3 执行"文件>保存"命令，弹出"另存为"对话框，将其保存为"网盘\源文件\第 2 章\2-1-6.html"，如图 2-7 所示。完成第一个 HTML 页面的制作，在浏览器中预览该页面，效果如图 2-8 所示。

图 2-7

图 2-8

2.2　HTML 5 基础

　　HTML 5 是近十年来 Web 标准最巨大的飞跃。和以前的版本不同，HTML 5 并非仅仅用来表示 Web 内容，它的使命是将 Web 带入一个成熟的应用平台，在这个平台上，视频、音频、图像、动画，以及与计算机的交互都被标准化。尽管 HTML 5 的实现还有很长的路要走，但 HTML 5 正在改变 Web。

2.2.1　HTML 5 概述

W3C 在 2010 年 1 月 22 日发布了最新的 HTML 5 工作草案。HTML 5 的工作组包括 AOL、

Apple、Google、IBM、Microsoft、Mozilla、Nokia、Opera 以及数百个其他的开发商。制定 HTML 5 的目的是取代 1999 年 W3C 所制定的 HTML 4.01 和 XHTML 1.0 标准，希望能够在网络应用迅速发展的同时，网页语言能够符合网络发展的需求。

HTML 5 实际上指的是包括 HTML、CSS 样式和 JavaScript 脚本在内的一整套技术的组合，希望通过 HTML 5 能够轻松地实现许多丰富的网络应用需求，而减少浏览器对插件的依赖，并且提供更多能有效增强网络应用的标准集。

HTML 5 添加了许多新的应用标签，其中包括<video>、<audio>和<canvas>等标签，添加这些标签是为了设计者能够更轻松地在网页中添加或处理图像和多媒体内容。其他新的标签还有<section>、<article>、<header>和<nav>。这些新添加的标签是为了能够更加丰富网页中的数据内容。除了添加了许多功能强大的新标签和属性，还对一些标签进行了修改，以方便适应快速发展的网络应用。同时也有一些标签和属性在 HTML 5 标准中已经被去除。

2.2.2　HTML 5 的优势

对于用户和网站开发者而言，HTML 5 的出现意义非常重大。因为 HTML 5 解决了 Web 页面存在的诸多问题，HTML 5 的优势主要表现在以下几个方面。

1. 化繁为简

HTML 5 为了做到尽可能简化，避免了一些不必要的复杂设计。例如，DOCTYPE 声明的简化处理，在过去的 HTML 版本中，第一行的 DOCTYPE 过于冗长，在实际的 Web 开发中也没有什么意义，而在 HTML 5 中 DOCTYPE 声明就非常的简洁。

为了让一切变得简单，HTML 5 下了很大的功夫。为了避免造成误解，HTML 5 对每一个细节都有着非常明确的规范说明，不允许有任何的歧义和模糊出现。

2. 向下兼容

HTML 5 有着很强的兼容能力。在这方面，HTML 5 没有颠覆性的革新，允许存在不严谨的写法，例如，一些标签的属性值没有使用英文引号括起来；标签属性中包含大写字母；有的标签没有闭合等。然而这些不严谨的错误处理方案，在 HTML 5 的规范中都有着明确的规定，也希望未来在浏览器中有一致的支持。当然对于 Web 开发者来说，还是遵循严谨的代码编写规范比较好。

对于 HTML 5 的一些新特性，如果旧的浏览器不支持，也不会影响页面的显示。HTML 规范也考虑了这方面的内容，如在 HTML 5 中<input>标签的 type 属性增加了很多新的类型，当浏览器不支持这些类型时，默认会将其视为 text。

3. 支持合理

HTML 5 的设计者们花费了大量的精力来研究通用的行为。例如，Google 分析了上百万的网页，从中提取了<div>标签的 ID 名称，很多网页开发人员都这样标记导航区域。

```
<div id="nav">
    //导航区域内容
</div>
```

既然该行为已经大量存在，HTML 5 就会想办法去改进，所以就直接增加了一个<nav>标签，用于网页导航区域。

4. 实用性

对于 HTML 无法实现的一些功能，用户会寻求其他方法来实现，如对于绘图、多媒体、地理位置和实时获取信息等应用，通常会开发一些相应的插件间接地去实现。HTML 5 的设计者们研究了这些需求，开发了一系列用于 Web 应用的接口。

HTML 5 规范的制定是非常开放的，所有人都可以获取草案的内容，也可以参与进来提出宝贵的意见。因为开放，所以可以得到更加全面的发展。一切以用户需求为最终目的。所以，当用户在使用 HTML 5 的新功能时，会发现正是期待已久的功能。

5.用户优先

在遇到无法解决的冲突时，HTML 5 规范会把最终用户的诉求放在第一位。因此，HTML 5 的绝大部分功能都是非常实用的。用户与开发者的重要性远远高于规范和理论。例如，有很多用户都需要实现一个新的功能，HTML 5 规范设计者们会研究这种需求，并纳入规范；HTML 5 规范了一套错误处理机制，以便当 Web 开发者写了不够严谨的代码时，接纳这种不严谨的写法。HTML 5 比以前版本的 HTML 更加友好。

2.2.3　HTML 5 中新增的标签

HTML 5 新增了许多新的有意义的标签。为了方便学习和记忆，本节将对 HTML 5 中新增的标签进行分类介绍。

1.结构片断标签

HTML 5 新增的结构片断标签如表 2-1 所示。

表 2-1　结构片断标签

标签	说　明
<article>	<article>标签用于在网页中标识独立的主体内容区域，可用于论坛帖子、报纸文章、博客条目和用户评论等
<aside>	<aside>标签用于在网页中标识非主体内容区域，该区域中的内容应该与附近的主体内容相关
<section>	<section>标签用于在网页中标识文档的小节或部分
<footer>	<footer>标签用于在网页中标识页脚部分，或者内容区块的脚注
<header>	<header>标签用于在网页中标识页首部分，或者内容区块的标头
<nav>	<nav>标签用于在网页中标识导航部分

2.文本标签

HTML 5 新增的文本标签如表 2-2 所示。

表 2-2　文本标签

标签	说　明
<bdi>	<bdi>标签在网页中允许设置一段文本，使其脱离其父元素的文本方向设置
<mark>	<mark>标签在网页中用于标识需要高亮显示的文本
<time>	<time>标签在网页中用于标识日期或时间
<output>	<output>标签在网页中用于标识一个输出的结果

3. 应用和辅助标签

HTML 5 新增的应用和辅助标签如表 2-3 所示。

表 2-3　应用和辅助标签

标签	说　明
\<audio\>	\<audio\>标签用于在网页中定义声音，如背景音乐或其他音频流
\<video\>	\<video\>标签用于在网页中定义视频，如电影片段或其他视频流
\<source\>	\<source\>标签为媒介标签（如 video 和 audio），在网页中用于定义媒介资源
\<track\>	\<track\>标签在网页中为例如 video 元素之类的媒介规定外部文本轨道
\<canvas\>	\<canvas\>标签在网页中用于定义图形，比如图表和其他图像。该标签只是图形容器，必须使用脚本去绘制图形
\<embed\>	\<embed\>标签在网页中用于标识来自外部的互动内容或插件

4. 进度标签

HTML 5 新增的进度标签如表 2-4 所示。

表 2-4　进度标签

标签	说　明
\<progress\>	\<progress\>标签用于在网页中标识任务进度显示的进度条
\<meter\>	在网页中使用\<meter\>标签，可以根据 value 属性赋值其最大值、最小值的度量来显示的进度条

5. 交互性标签

HTML 5 新增的交互性标签如表 2-5 所示。

表 2-5　交互性标签

标签	说　明
\<command\>	\<command\>标签用于在网页中标识一个命令元素（单选、复选或者按钮）；当且仅当这个元素出现在\<menu\>标签里面时才会被显示，否则将只能作为键盘快捷方式的一个载体
\<datalist\>	\<datalist\>标签用于在网页中标识一个选项组，与\<input\>标签配合使用该标签，来定义 input 元素可能的值

6. 在文档和应用中使用的标签

HTML 5 新增的在文档和应用中使用的标签如表 2-6 所示。

表 2-6　文档和应用中使用的标签

标签	说　明
\<details\>	\<details\>标签在网页中用于标识描述文档或者文档某个部分的细节
\<summary\>	\<summary\>标签在网页中用于标识\<details\>标签内容的标题
\<figcaption\>	\<figcaption\>标签在网页中用于标识\<figure\>标签内容的标题

标签	说　明
\<figure\>	\<figure\>标签用于在网页中标识一块独立的流内容（图像、图表、照片和代码等）
\<hgroup\>	\<hgroup\>标签在网页中用于标识文档或内容的多个标题。用于将 h1 至 h6 元素打包，优化页面结构在 SEO 中的表现

7. \<ruby\>标签

HTML 5 新增的\<ruby\>标签如表 2-7 所示。

表 2-7　\<ruby\>标签

标签	说　明
\<ruby\>	\<ruby\>标签在网页中用于标识 ruby 注释（中文注音或字符）
\<rp\>	\<rp\>标签在 ruby 注释中使用，以定义不支持\<ruby\>标签的浏览器所显示的内容
\<rt\>	\<rt\>标签在网页中用于标识字符（中文注音或字符）的解释或发音

8. 其他标签

HTML 5 新增的其他标签如表 2-8 所示。

表 2-8　其他标签

标签	说　明
\<keygen\>	\<keygen\>标签用于标识表单密钥生成器元素。当提交表单时，私密钥存储在本地，公密钥发送到服务器
\<wbr\>	\<wbr\>标签用于标识单词中适当的换行位置；可以用该标签为一个长单词指定合适的换行位置

2.2.4　HTML 5 中废弃的标签

HTML 5 也废弃了一些以前 HTML 中的标签，主要是以下几个方面的标签。

1. 可以使用 CSS 样式替代的标签

在 HTML 5 之前的一些标签中，有一部分是纯粹用作显示效果的标签。而 HTML 5 延续了内容与表现分离，对于显示效果更多地交给 CSS 样式去完成。所以，在这方面废弃的标签有：\<basefont\>、\<big\>、\<center\>、\<font\>、\<s\>、\<strike\>、\<tt\>和\<u\>。

2. 不再支持 frame 框架

由于 frame 框架对网页可用性存在负面影响，因此 HTML 5 已经不再支持 frame 框架，但是支持 iframe 框架。所以 HTML 5 废弃了 frame 框架的\<frameset\>、\<frame\>和\<noframes\>标签。

3. 其他废弃标签

在 HTML 5 中其他被废弃的标签主要是因为有了更好的替代方案。

废弃\<bgsound\>标签，可以使用 HTML 5 中的\<audio\>标签替代。

废弃\<marquee\>标签，可以在 HTML 5 中使用 JavaScript 程序代码来实现。

废弃\<applet\>标签，可以使用 HTML 5 中的\<embed\>和\<object\>标签替代。

废弃\<rb\>标签，可以使用 HTML 5 中的\<ruby\>标签替代。

废弃\<acronym\>标签，可以使用 HTML 5 中的\<abbr\>标签替代。

废弃\<dir\>标签，可以使用 HTML 5 中的\<ul\>标签替代。

废弃\<isindex\>标签，可以使用 HTML 5 中的\<form\>标签和\<input\>标签结合的方式替代。

废弃\<listing\>标签，可以使用 HTML 5 中的\<pre\>标签替代。

废弃\<xmp\>标签，可以使用 HTML 5 中的\<code\>标签替代。

废弃\<nextid\>标签，可以使用 HTML 5 中的 GUIDS 替代。

废弃\<plaintext\>标签，可以使用 HTML 5 中的"text/plain"MIME 类型替代。

2.3 HTML 5 新增标签的应用

虽然目前 HTML 5 还并没有正式发布，但是其强大的功能与应用已提前曝光，例如在网页中不需要借助 Flash 或其他插件即可以实现视频或音频的播放，甚至可以在网页中绘制图形。

2.3.1 \<canvas\>标签

\<canvas\>是 HTML 5 中新增的图形定义标签，通过该标签可以实现在网页中自动绘制出一些常见的图形，例如矩形、椭圆形等，并且能够添加一些图像。\<canvas\>标签的基本应用格式如下：

```
<canvas id="myCanvas" width="600" height="200"></canvas>
```

HTML 5 的\<canvas\>标签本身并不能绘制图形，必须与 JavaScript 脚本相结合使用，才能够在网页中绘制出图形。

> **自测 2**
>
> **在网页中绘制圆形**
> 最终文件：网盘\最终文件\第 2 章\2-3-1.html
> 视　　频：网盘\视频\第 2 章\2-3-1.swf

STEP 1 执行"文件>新建"命令，弹出"新建文档"对话框，对相关选项进行设置，如图 2-9 所示。单击"创建"按钮，创建一个 HTML 5 页面，转换到代码视图中，可以看到 HTML 5 页面的代码，如图 2-10 所示。

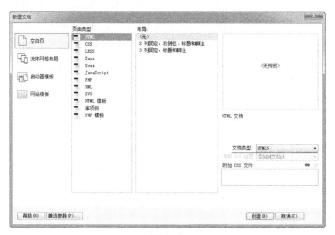

图 2-9

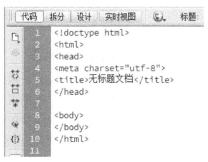

图 2-10

STEP 2 执行"文件>保存"命令，将该页面保存为"网盘\源文件\第2章\2-3-1.html"。在<body>标签中输入相应的文字，并为文字添加<p>标签，如图2-11所示。加入<canvas>标签，并为其设置相应的属性，如图2-12所示。

```html
<!doctype html>
<html>
<head>
<meta charset="utf-8">
<title>在网页中绘制圆形</title>
</head>

<body>
<p>在网页中绘制圆形</p>
</body>
</html>
```

图 2-11

```html
<body>
<p>在网页中绘制圆形</p>
<canvas id="MyCanvas" width="500" height="500"></canvas>
</body>
</html>
```

图 2-12

STEP 3 在页面代码中添加相应的 JavaScript 脚本代码，如图 2-13 所示。执行"文件>保存"命令，保存页面，在浏览器中预览该页面的效果，如图 2-14 所示。

```html
<body>
<p>在网页中绘制圆形</p>
<canvas id="MyCanvas" width="500" height="500"></canvas>
<script type="text/javascript">
var canvas=document.getElementById("MyCanvas");
var ctx=canvas.getContext("2d");
ctx.fillStyle="#0099FF";
ctx.arc(250,250,250,0,Math.PI*2,true);
ctx.fill();
</script>
</body>
```

图 2-13

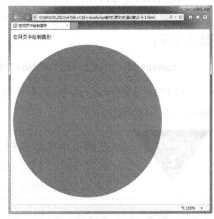

图 2-14

 提示 　　HTML 5 的<canvas>标签本身并不能绘制图形，必须与 JavaScript 脚本相结合使用，才能够在网页中绘制出图形。在 JavaScript 脚本中，getContext 是内建的 HTML 5 对象，拥有多种绘制路径、矩形、圆形、字符以及添加图像的方法。fillStyle 方法将所绘制的图形设置为一种蓝色，arc 方法用于设置所绘制圆形的位置及半径大小。

2.3.2 <audio>标签

网络上有许多不同格式的音频文件，但 HTML 标签所支持的音乐格式并不是很多，并且不同的浏览器支持的格式也不相同。HTML 5 针对这种情况，新增了<audio>标签来统一网页音频格式，可以直接使用该标签在网页中添加相应格式的音乐。

<audio>标签的基本应用格式如下：

<audio src="song.wav" controls="controls"></audio>

表 2-9 所示为<audio>标签中的相关属性介绍。

表 2-9　<audio>标签中的相关属性

属性	说　　明
autoplay	设置该属性，可以在打开网页的同时自动播放音乐
controls	设置该属性，可以在网页中显示音频播放控件
loop	设置该属性，可以设置音频重复播放
preload	设置该属性，则音频在加载页面时进行加载，并预备播放。如果设置 autoplay 属性，则忽略该属性
src	该属性用于设置音频文件的地址

> **自测 3**
> **在网页中嵌入音频播放**
> 最终文件：网盘\最终文件\第 2 章\2-3-2.html
> 视　　频：网盘\视频\第 2 章\2-3-2.swf

STEP 1 执行"文件>打开"命令，打开页面"网盘\源文件\第 2 章\2-3-2.html"，可以看到页面效果，如图 2-15 所示。转换到代码视图中，可以看到该页面的代码，如图 2-16 所示。

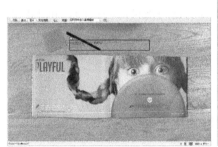

图 2-15　　　　　　　　　　　　　　　　　　图 2-16

STEP 2 光标移至名为 music 的 Div 中，将多余的文字删除并加入<audio>标签，并为其设置相应的属性，如图 2-17 所示。执行"文件>保存"命令，保存页面，在浏览器中预览该页面的效果，可以看到播放器控件并播放音乐，如图 2-18 所示。

```
<body>
<img src="images/23201.jpg" alt="" class="pic01"/>
<div id="music">
    <audio src="images/music.mp3" controls autoplay loop>
    </audio>
</div>
</body>
```

图 2-17　　　　　　　　　　　　　　　　　　图 2-18

目前<audio>标签支持 3 种音频格式文件，分别是.ogg、.mp3 和.wav 格式，有的浏览器已经能够支持<audio>标签，例如 Firefox 浏览器（但该浏览器目前还不支持.mp3 格式的音频）。

2.3.3 <video>标签

视频标签的出现无疑是 HTML 5 的一大亮点，但是 IE 11 以下浏览器不支持<video>标签，并且，涉及视频文件的格式问题，Firefox 和 Safari/Chrome 的支持方式并不相同，所以，在现阶段要想使用 HTML 5 的视频功能，浏览器兼容性是一个不得不考虑的问题。

<video>标签的基本应用格式如下：

```
<video src="movie.mp4" controls="controls"></audio>
```

<video>标签中可以设置的属性与<audio>标签中的属性相同，多出 width 和 height 属性，分别用于设置视频的宽度和高度。

自测 4 | 在网页中嵌入视频播放
最终文件：网盘\最终文件\第 2 章\2-3-3.html
视　　频：网盘\视频\第 2 章\2-3-3.swf

STEP 1 执行"文件>打开"命令，打开页面"网盘\源文件\第 2 章\2-3-3.html"，可以看到页面效果，如图 2-19 所示。转换到代码视图中，可以看到该页面的代码，如图 2-20 所示。

图 2-19

图 2-20

STEP 2 光标移至名为 movie 的 Div 中，在该 Div 标签中加入<video>标签，并设置相关属性，如图 2-21 所示。在<video>标签之间加入<source>标签，并设置相关属性，如图 2-22 所示。

```
<body>
<div id="movie">
  <video width="483" height="273" controls>

  </video>
</div>
</body>
```

图 2-21

```
<body>
<div id="movie">
  <video width="483" height="273" controls>
    <source src="images/movie.mp4" type="video/mp4">
  </video>
</div>
</body>
```

图 2-22

提示 在<video>标签中的 controls 属性是一个布尔值,显示 play/stop 按钮;width 属性用于设置视频所需要的宽度,默认情况下,浏览器会自动检测所提供的视频尺寸;height 属性用于设置视频所需要的高度。

STEP 3 为了使网页打开时,视频能够自动播放,还可以在<video>标签中加入 autoplay 属性。该属性的取值为布尔值,如图 2-23 所示。保存页面,在浏览器中预览页面,可以看到使用 HTML 5 所实现的视频播放效果,如图 2-24 所示。

```
<body>
<div id="movie">
    <video width="483" height="273" controls autoplay>
        <source src="images/movie.mp4" type="video/mp4">
    </video>
</div>
</body>
```

图 2-23   图 2-24

提示 HTML 5 的<video>标签,每个浏览器的支持情况不同,Firefox 浏览器只支持.ogg 格式的视频文件,Safari 和 Chrome 浏览器只支持.mp4 格式的视频文件,而 IE11 以下版本不支持<video>标签,IE11 版本浏览器可以支持<video>标签,所以在使用该标签时一定需要注意。

2.4 本章小结

HTML 代码是所有网站页面的根本,本章主要介绍了 HTML 语言的相关基础知识,并且还对最新的 HTML 5 的基础进行了介绍,解释了 HTML 5 的新增标签和强大的新功能。完成本章的学习,需要掌握 HTML 的相关知识,对 HTML 标签有基本的了解,为后面的学习打下良好的基础。

2.5 课后测试题

一、选择题

1. 在 HTML 中,下面（　　）不属于 HTML 文档的基本组成部分。
   A. <style></style>   B. <body></body>
   C. <html></html>   D. <head></head>
2. 设置网页标题,下面语句中正确的是（　　）。
   A. <head>HTML 练习</head>   B. <title>HTML 练习</title>
   C. <html>HTML 练习</html>   D. <body>HTML 练习</body>

3. 下列选项中，属于 HTML 5 新增的标签是（　　　）。（多选）

　　A. 结构片断标签　　　　　　　　　　B. 文本标签

　　C. 应用和辅助标签　　　　　　　　　D. 进度标签

二、判断题

1. 一个完整的 HTML 文件由标题、段落、列表、表格、单词和嵌入的各种对象所组成。（　　　）

2. 使用 HTML 5 中的<video>标签可以在网页中嵌入视频，在<video>标签中添加 controls 属性设置，可以在打开网页的同时自动播放视频。（　　　）

3. 如果不使用<bgsound>标签，还可以使用 HTML 5 中的<audio>标签来实现网页背景音乐的效果。（　　　）

三、简答题

简单描述 HTML 5 的优势是什么？

PART 3

第 3 章
\<head\>与\<body\>标签设置

本章简介

本章从 HTML 控制网页整体属性入手，全面开始对 HTML 网页技术的学习。通过本章的学习，读者将掌握 HTML 网页文件的头部信息设置，网页主体的基本设置，并能够将两者灵活的结合运用。

本章重点

- 理解头部\<head\>标签设置
- 掌握\<meta\>标签设置
- 理解主体\<body\>标签设置
- 了解 HTML 代码中添加注释方法

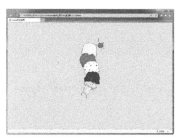

3.1 网页头部<head>标签设置

通过对前面章节 HTML 网页的基本知识的学习，可以了解 HTML 网页分为 <head></head> 部分和 <body></body> 部分。head 中文的意思即为头部，因此一般把 <head></head> 部分称为网页的头部信息。头部信息部分的内容虽然不会在网页中显示，但它能影响到网页的全局设置。

3.1.1 <title>标签

网页中标题与文章中标题的性质是一样的，它们都表示重要的信息，允许用户快速浏览网页，找到他们需要的信息。在互联网上，这是非常重要的，因为网站访问者并不总是阅读网页上的所有文字。在网页中设置网页的标题，只需要在 HTML 文件的头部<title></title>标签之间输入标题信息就可以在浏览器上显示。<title>标签的基本语法如下：

```
<head>
<title>……</title>
</head>
```

网页的标题只有一个，位于 HTML 文档的头部<head>与</head>标签之间。

自测 1

使用<title>标签设置网页标题
最终文件：网盘\最终文件\第 3 章\3-1-1.html
视　　频：网盘\视频\第 3 章 3-1-1.swf

STEP 1 执行"文件>打开"命令，打开页面"网盘\源文件\第 3 章\3-1-1.html"，效果如图 3-1 所示。默认情况下，在 Dreamweaver 中新建的网页，默认标题为"无标题文档"，切换到代码视图中，如图 3-2 所示。

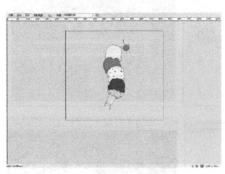

图 3-1

```
<!doctype html>
<html>
<head>
<meta charset="utf-8">
<title>无标题文档</title>
<link href="style/3-1-1.css" rel="stylesheet" type=
"text/css">
</head>

<body>
<div id="box"><img src="images/30101.jpg" width="516"
height="447" alt=""/></div>
</body>
</html>
```

图 3-2

STEP 2 在页面头部的<title>与</title>标签之间输入网页的标题，如图 3-3 所示。执行"文件>保存"命令，保存该页面，在浏览器中预览页面，可以看到网页的标题，如图 3-4 所示。

提示

在为网页设置标题时，首先需要明确网站的定位，哪些关键词能够吸引浏览者的注意，选择几个能够概括网站内容和功能的词语作为网页的标题，这样可以使浏览者看到网页标题即可以了解到网页的大致内容。

```
<!doctype html>
<html>
<head>
<meta charset="utf-8">
<title>第一个网页标题</title>
<link href="style/3-1-1.css" rel="stylesheet" type=
"text/css">
</head>

<body>
<div id="box"><img src="images/30101.jpg" width="516"
height="447"  alt=""/></div>
</body>
</html>
```

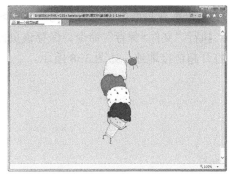

图 3-3　　　　　　　　　　　　　　　　图 3-4

3.1.2　<base>标签

　　<base>标签用于设置网页的基底地址，基底地址的实质是统一设置超级链接的属性，<base>标签有两个属性，href 属性和 target 属性，<base>标签基本语法如下：

<base href="文件路径" target="目标窗口">

　　<base>标签的属性说明如表 3-1 所示。

表 3-1　<base>标签的属性说明

属性	说　　　明
href	用于设置网页基底地址的链接路径，可以是相对路径和绝对路径
target	用于设置网页显示的目标窗口打开方式

自测
2

使用<base>标签设置网页基底网址

最终文件：网盘\最终文件\第 3 章\3-1-2.html

视　　频：网盘\视频\第 3 章 3-1-2.swf

STEP 1 执行"文件>打开"命令，打开页面"网盘\源文件\第 3 章\3-1-2.html"，可以看到页面效果，如图 3-5 所示。切换到代码视图中，可以看到该页面的 HTML 代码，如图 3-6所示。

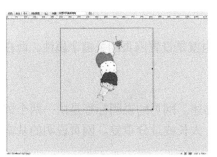

```
<!doctype html>
<html>
<head>
<meta charset="utf-8">
<title>设置网页基底地址</title>
<link href="style/3-1-1.css" rel="stylesheet" type=
"text/css">
</head>

<body>
<div id="box"><a href="http://www.163.com"><img src=
"images\310101.jpg" width="516" height="447"  alt=""/></a>
</div>
</body>
</html>
```

图 3-5　　　　　　　　　　　　　　　　图 3-6

STEP 2 在页面中的<head>与</head>标签之间加入<base>标签的设置代码，如图 3-7 所示。执行"文件>保存"命令，保存该页面，在浏览器中预览页面，单击图片，可以在新窗口中打开超链接地址，如图 3-8 所示。

```
<head>
<meta charset="utf-8">
<title>设置网页基底地址</title>
<base target="_blank">
<link href="style/3-1-1.css" rel="stylesheet" type=
"text/css">
</head>
```

图 3-7

图 3-8

提示　在本实例中，默认情况下，网页中的超链接并没有设置打开方式，则默认在当前窗口中打开链接页面，通过在页面头部添加<base>标签，并设置 target 属性，从而控制网页中所有超链接都是在新开窗口中打开。

提示　如果在<base>标签中添加 href 属性设置，则当在浏览器中预览网页时，网页中所有相对路径的前方都会自动添加上<base>标签中 href 属性所设置的路径。

3.1.3　<meta>标签

meta 元素提供的信息对于浏览用户是不可见的，一般用于定义网页信息名称、关键字、作者信息和编辑工具等。在 HTML 页面中，一个 meta 标签内就是一个 meta 内容，而在 HTML 头页面中可以有多个 meta 元素。

1. 关键字

关键字是描述网页的产品及服务的词语，选择合适的关键字是建立一个高排名的第一步。选择关键字的第一重要技巧是选取那些人们在搜索时经常用到的关键字。关键字基本语法如下：

`<meta name="keywords" content="输入具体的关键字">`

在该语法中，name 为属性名称，这里是 keywords，也就是设置网页的关键字属性，而在 content 中则定义具体的关键字。

2. 网页说明

网页说明为搜索引擎提供关于这个网页的总概括性描述。网页的说明标签是由一两个词语或段落组成的，内容一定要有相关性，描述不能太短、太长或过分重复。网页说明的基本语法如下：

`<meta name="description" content="设置网页说明">`

在该语法中，name 为属性名称，这里设置为 description，也就是将元信息属性设置为页面说明，在 content 中定义具体的描述语言。

3. 网页刷新

浏览网页时经常会看到一些欢迎信息的网页，经过一段时间后，页面会自动转到其他页面，这是网页刷新。网页刷新的基本语法如下：

```
<meta http-equiv="refresh" content="跳转时间;URL=跳转到的地址">
```

在该语法中，refresh 表示网页刷新，而在 content 中设置刷新的事件和刷新后的链接地址，时间和链接地址之间用分号相隔，默认情况下，跳转时间以秒为单位。

4. 作者信息

在<meta>标签中，还可以设置网页制作者的信息，基本语法如下：

```
<meta name="author" content="作者姓名">
```

在该语法中，name 为属性名称，这里是 author，也就是设置作者信息，而在 content 中则定义具体的信息。

5. 编辑软件

现在有很多编辑软件都可以制作网页，在源代码头部可以设置网页编辑软件的名称，编辑工具也只是在页面的源代码中可以看到，而不会显示在浏览器中。编辑软件的基本语法如下：

```
<meta name="generator" content="编辑软件的名称">
```

在该语法中，name 为属性名称，这里是 generator，也就是设置编辑软件，而在 content 中则定义具体的编辑工具名称。

6. 网页编码格式

网页的编码格式的设置在网站中起着很重要的作用，因为每种编码格式的兼容性都有差异，如果设置不好的话，容易出现乱码等一些问题。

Dreamweaver 新建网页会默认设置网页编码格式<meta charset="utf-8">，在日益国际化的网站开发领域中，为了字符集的统一，建议 charset 值采用 utf-8。

自测 3　**使用<meta>标签设置网页关键字和说明等信息**
最终文件：网盘\最终文件\第 3 章\3-1-3.html
视　　频：网盘\视频\第 3 章 3-1-3.swf

STEP 1 执行"文件>打开"命令，打开页面"网盘\源文件\第 3 章\3-1-3.html"，可以看到页面效果，如图 3-9 所示。切换到代码视图中，可以看到该网页的 HTML 代码，如图 3-10 所示。
STEP 2 在<head>与</head>标签之间添加<meta>标签设置网页关键字，如图 3-11 所示。在<head>与</head>标签之间添加<meta>标签设置网页说明，如图 3-12 所示。

提示　选择网页关键字时要选择与网站或页面主题相关的文字；选择具体的词语，别寄望于行业或笼统词语；揣摩用户会用什么行为作为搜索词，把这些词放在网页上或直接作为关键字；关键字可以不止一个，最好根据不同的页面，制定不同的关键字组合，这样页面被搜索到的概率将大大增加。

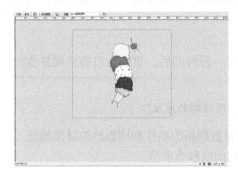

```
<!doctype html>
<html>
<head>
<meta charset="utf-8">
<title>meta标签使用</title>
<link href="style/3-1-1.css" rel="stylesheet" type=
"text/css">
</head>

<body>
<div id="box"><img src="images/310101.jpg" width="516"
height="447"  alt=""/></div>
</body>
</html>
```

图 3-9 　　　　　　　　　　　　　　　　图 3-10

```
<head>
<meta charset="utf-8">
<meta name="keywords" content="卡通绘画,个人设计,精彩插画">
<title>meta标签使用</title>
<link href="style/3-1-1.css" rel="stylesheet" type="text/css">
</head>
```

图 3-11

```
<head>
<meta charset="utf-8">
<meta name="keywords" content="卡通绘画,个人设计,精彩插画">
<meta name="description" content="小明的个人绘画网站,展示各种卡通插画和精彩绘画设计">
<title>meta标签使用</title>
<link href="style/3-1-1.css" rel="stylesheet" type="text/css">
</head>
```

图 3-12

STEP 3 在<head>与</head>标签之间添加<meta>标签设置网页定时跳转,如图 3-13 所示。在<head>与</head>标签之间添加<meta>标签设置网页作者信息,如图 3-14 所示。

```
<head>
<meta charset="utf-8">
<meta name="keywords" content="卡通绘画,个人设计,精彩插画">
<meta name="description" content="小明的个人绘画网站,展示各种卡通插画和精彩绘画设计">
<meta http-equiv="refresh" content="10;URL=http://www.sina.com">
<title>meta标签使用</title>
<link href="style/3-1-1.css" rel="stylesheet" type="text/css">
</head>
```

图 3-13

```
<head>
<meta charset="utf-8">
<meta name="keywords" content="卡通绘画,个人设计,精彩插画">
<meta name="description" content="小明的个人绘画网站,展示各种卡通插画和精彩绘画设计">
<meta http-equiv="refresh" content="10;URL=http://www.sina.com">
<meta name="author" content="小王">
<title>meta标签使用</title>
<link href="style/3-1-1.css" rel="stylesheet" type="text/css">
</head>
```

图 3-14

STEP 4 完成页面多种 meta 属性的添加,执行"文件>保存"命令,保存该页面,在浏览器中预览页面,效果如图 3-15 所示。当在浏览器中打开该页面 10 秒后,页面将自动跳转到所设置的页面，此处将跳转到新浪网首页面，如图 3-16 所示。

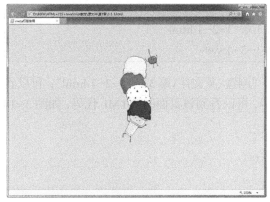
图 3-15

图 3-16

提示

在<meta>标签中将 http-equiv 属性设置为 refresh 不仅可以实现网页的跳转还可以实现网页的自动刷新，例如设置网页 10 秒自动刷新，则添加的代码是<meta http-equiv="refresh" content="10">。

3.2 网页主体<body>标签设置

本节将学习 HTML 页面的主体设置。主体即 HTML 结构中的<body></body>部分。这部分的内容是直接显示在页面中的。本节讲述的是<body>标签的部分属性设置，读者可以边学习边通过实战练习进行尝试。

3.2.1 边距属性 margin

在浏览网页时，通常会发现网页中的文字并没有紧挨着网页的顶部和左边。这是因为HTML 页面默认情况下，内容与页面的边界有一定距离，所以在制作网页时需要将边距清除。调整页面边距设置<body>的 topmargin 和 leftmargin 属性，即顶边距和左边距。边距属性 margin的基本语法如下：

<body topmargin=value leftmargin=value rightmargin=value bottommargin=value>

通过设置 topmargin、leftmargin、rightmargin 和 bottommargin 不同的属性值来设置显示内容与浏览器的距离。默认情况下，边距的值以像素为单位。

margin 相关的边距属性说明如表 3-2 所示。

表 3-2 margin 相关的边距属性说明

属性	说　　明
topmargin	用于设置内容到浏览器上边界的距离
leftmargin	用于设置内容到浏览器左边界的距离
rightmargin	用于设置内容到浏览器右边界的距离
bottommargin	用于设置内容到浏览器下边界的距离

设置网页整体边距

最终文件：网盘\最终文件\第 3 章\3-2-1.html

视　　频：网盘\视频\第 3 章 3-2-1.swf

STEP 1 执行"文件>打开"命令，打开页面"网盘\源文件\第 3 章\3-2-1.html"，可以看到页面效果，如图 3-17 所示。切换到代码视图中，可以看到该页面的 HTML 代码，如图 3-18 所示。

```
<!doctype html>
<html>
<head>
<meta charset="utf-8">
<title>设置网页整体边距</title>
<link href="style/3-2-1.css" rel="stylesheet" type=
"text/css">
</head>

<body>
<div id="box"><img src="images/30201.jpg" width="1600"
height="888"  alt=""/></div>
</body>
</html>
```

图 3-17   图 3-18

STEP 2 浏览器预览页面可以看到默认情况下，页面的主体边距并不为 0，如图 3-19 所示。切换到代码视图中，在<body>标签中添加页面边距设置代码，如图 3-20 所示。

```
<body topmargin="0" leftmargin="0" rightmargin="0"
bottommargin="0">
<div id="box"><img src="images/30201.jpg" width="1252"
height="712"  alt=""/></div>
</body>
```

图 3-19   图 3-20

提示　　默认情况下，HTML 页面的主体标签<body>标签的边距并不为 0，这样就会使页面内容看上去在边界部分留有缝隙，不够美观。所以，通常情况下，都需要将页面的边距设置为 0，当然也有一些特殊的页面情况，需要设置相应的边距值，这就需要灵活掌握。

STEP 3 返回设计视图中，可以看到完成页面边距设置后的效果，如图 3-21 所示。执行"文件>保存"命令，保存该页面，在浏览器中预览页面，如图 3-22 所示。

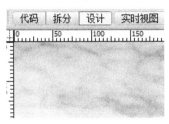

图 3-21   图 3-22

3.2.2　背景颜色属性 bgcolor

浏览网页时，默认的背景都是白色的，但是每个网站页面有不同的风格和特点，背景颜色自然也需要不同的设置。不同的网页背景颜色，可以更符合网页的主题并与网页的整体风格相统一。背景颜色属性 bgcolor 基本语法如下：

```
<body bgcolor="背景颜色">
```

自测 5　设置网页背景颜色
最终文件：网盘\最终文件\第 3 章\3-2-2.html
视　　频：网盘\视频\第 3 章 3-2-2.swf

STEP 1　执行"文件>打开"命令，打开页面"网盘\源文件\第 3 章\3-2-2.html"，可以看到页面效果，如图 3-23 所示。切换到代码视图中，可以看到页面的 HTML 代码，如图 3-24 所示。

```
<!doctype html>
<html>
<head>
<meta charset="utf-8">
<title>设置网页背景颜色</title>
<link href="style/3-2-2.css" rel="stylesheet" type=
"text/css">
</head>

<body>
<div id="box"><img src="images/30202.png" width="320"
height="226"  alt=""/></div>
<div id="text">欢迎来到顶A网站！</div>
</body>
</html>
```

图 3-23   图 3-24

STEP 2　在<body>标签中添加 bgcolor 属性设置代码，设置网页的背景颜色，如图 3-25 所示。执行"文件>保存"命令，保存该页面，在浏览器中预览页面，如图 3-26 所示。

提示　背景颜色值有两种表示方法，一种是使用颜色名称表示，例如红色和蓝色等可以分别使用 red 和 blue 等表示。另一种是使用十六进制格式颜色值 #RRGGBB 来表示，RR、GG 和 BB 分别表示颜色中的红、绿和蓝三基色的两位十六进制数值。

```
<body bgcolor="#f16815">
<div id="box"><img src="images/30202.png" width="320"
height="226"  alt=""/></div>
<div id="text">欢迎来到顶A网站！</div>
</body>
```

图 3-25   图 3-26

3.2.3　背景图像属性 background

在<body>标签中除了可以设置网页的背景色以外，通过 background 属性还可以设置网页的背景图像。根据不同应用的需要，可以设置各种重复方式的背景图像。背景图像属性 background 基本语法如下：

<body background="图片的地址">

在该语法中，background 属性值就是背景图像的路径和文件名。图像地址可以是相对地址，也可以是绝对地址。在默认情况下，为网页设置的背景图像会按照水平和垂直的方向不断重复出现，直到铺满整个页面。

> **自测 6**　设置网页背景图像
> 　　最终文件：网盘\最终文件\第 3 章\3-2-3.html
> 　　视　　频：网盘\视频\第 3 章 3-2-3.swf

STEP 1 执行"文件>打开"命令，打开页面"网盘\源文件\第 3 章\3-2-3.html"，可以看到页面效果，如图 3-27 所示。切换到代码视图中，可以看到该页面的 HTML 代码，如图 3-28 所示。

```
<!doctype html>
<html>
<head>
<meta charset="utf-8">
<title>设置网页背景图像</title>
<link href="style/3-2-3.css" rel="stylesheet" type=
"text/css">
</head>

<body>
<div id="box"><img src="images/320301.png" width="488"
height="536"  alt=""/></div>
</body>
</html>
```

图 3-27   图 3-28

STEP 2 在<body>标签中添加 background 属性设置代码，设置网页的背景图像，如图 3-29 所示。执行"文件>保存"命令，保存该页面，在浏览器中预览页面，可以看到为网页所设置的背景图像的效果，如图 3-30 所示。

```
<body background="images/320302.png">
<div id="box"><img src="images/320301.png" width="488"
height="536"  alt=""/></div>
</body>
```

图 3-29

图 3-30

提示　网页中可以使用 JPEG、GIF 和 PNG 格式图像来作为页面的背景。图像一定要与网页中的插图和文字的颜色相协调，才能达到美观的效果。为了保证浏览器载入网页的速度，建议尽量不要使用容量过大的图像作为网页背景图像。

3.2.4　文字属性 text

无论网页技术如何发展，文本内容始终是网页的核心内容，对于字体本身的修饰似乎更加吸引人。通过 text 属性可以对<body>与</body>标签之间的所有文本颜色进行设置，文本属性 text 的基本语法如下：

```
<body text="文字的颜色">
```

在该语法中，text 的属性值与设置页面背景颜色相同。

<table>
<tr><td rowspan="3">自测
7</td><td>设置网页文字效果</td></tr>
<tr><td>最终文件：网盘\最终文件\第 3 章\3-2-4.html</td></tr>
<tr><td>视　　　频：网盘\视频\第 3 章 3-2-4.swf</td></tr>
</table>

STEP 1 执行"文件>打开"命令，打开页面"网盘\源文件\第 3 章\3-2-4.html"，可以看到页面效果，如图 3-31 所示。切换到代码视图中，可以看到该页面的 HTML 代码，如图 3-32 所示。

图 3-31

```
<!doctype html>
<html>
<head>
<meta charset="utf-8">
<title>设置网页文字效果</title>
<link href="style/3-2-4.css" rel="stylesheet" type=
"text/css">
</head>

<body>
<div id="box">文明之城<br>
夜幕的衬托下，街道上的汽车一辆紧接一辆，一排紧挨一排，好似
流淌着一串耀眼的珍珠，又像是一行行闪烁的星星在移动。</div>
</body>
</html>
```

图 3-32

STEP 2 在<body>标签中添加 text 属性设置代码，设置网页中的文字颜色，如图 3-33 所示。执行"文件>保存"命令，保存该页面，在浏览器中预览页面，效果如图 3-34 所示。

```
<body text="#fff">
<div id="box">文明之城<br>
夜幕的衬托下，街道上的汽车一辆紧接一辆，一排紧挨一排，好似
流淌着一串耀眼的珍珠，又像是一行行闪烁的星星在移动。</div>
</body>
```

图 3-33   图 3-34

3.2.5 默认链接属性 link

链接是网站中使用比较频繁的 HTML 元素,因为网站中的各页面都是由链接串接而成的,通过对 link 属性进行设置，可以定义默认的没有单击过的链接文字颜色。默认链接属性 link 的基本语法如下：

```
<body link="颜色">
```

这一属性的设置与前面几个设置颜色的参数类似，都是与<body>标签放置在一起，表明它对网页中所有未单独设置的元素起作用。

> **自测 8** 　**设置网页链接文字效果**
> 　　最终文件：网盘\最终文件\第 3 章\3-2-5.html
> 　　视　　频：网盘\视频\第 3 章 3-2-5.swf

STEP 1 执行"文件>打开"命令，打开页面"网盘\源文件\第 3 章\3-2-5.html"，可以看到页面效果，如图 3-35 所示。切换到代码视图中，可以看到该页面的 HTML 代码，如图 3-36 所示。

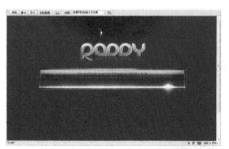

```
<!doctype html>
<html>
<head>
<meta charset="utf-8">
<title>设置网页链接文字效果</title>
<link href="style/3-2-5.css" rel="stylesheet" type=
"text/css">
</head>

<body>
<div id="enter"><a href="#">进入网站</a></div>
</body>
</html>
```

图 3-35   图 3-36

STEP 2 在<body>标签中，添加 link 属性设置代码，设置网页中超链接文字默认颜色，如图 3-37 所示。执行"文件>保存"命令，保存该页面，在浏览器中预览页面，可以看到网页中超链接文字的效果，如图 3-38 所示。

图 3-38

```
<body link="#61e0e9">
<div id="enter"><a href="#">进入网站</a></div>
</body>
</html>
```

图 3-37

提示

网页中的超链接文字有默认的颜色，在默认情况下，浏览器以蓝色作为超链接文字的颜色，访问过的文字颜色变为暗红色，并且超链接文字的下方会有下划线。

3.3 在 HTML 代码中添加注释

通过前面的学习，可以知道 HTML 代码由浏览器进行解析，从而呈现出丰富多彩的网页。如果有些代码或文字既不需要浏览器解析，也不需要呈现在网页上，这种情况通常为代码注释，即对某段代码进行解释说明，以便于维护。

在 HTML 代码中，如果需要添加代码注释，可以使用<!--和--!>，如图 3-39 所示。

```
<title>代码中添加注释</title>
</head>

<body>
<!--
这是代码中的注释，无论写多少内容，浏览器都会视而不见
-->
这才是在浏览器中可以看到的内容。
</body>
</html>
```

图 3-39

3.4 本章小结

本章的内容主要讲述了对头部和主体设置的要点和方法，其中，头部信息设置虽然看起来似乎并不重要，但是这些信息可影响到整个网页的全局设置，所以不可忽视。而页面主体内容的背景以及网页文字效果的设置也比较重要，在学习 CSS 之前，只能通过这部分设置整个页面的背景属性。

3.5　课后测试题

一、选择题

1. 下列说法正确的是（　　）。

　　A. 头部信息部分的内容不会在网页中显示，它也不会影响到网页的全局设置。

　　B. 头部信息部分的内容虽然不会在网页中显示，但它能影响到网页的全局设置。

　　C. 头部信息的内容会在网页中显示，它也能影响到网页的全局设置。

　　D. 头部信息部分的内容虽然会在网页中显示，但它不会影响到网页的全局设置。

2. 下列哪一项是主体的特点（　　）。

　　A. 主体即 HTML 结构中的<head></head>部分，这部分的内容不是直接显示在页面中的。

　　B. 主体即 HTML 结构中的<body></body>部分，这部分的内容不是直接显示在页面中的。

　　C. 主体即 HTML 结构中的<body></body>部分，这部分的内容是直接显示在页面中的。

　　D. 主体即 HTML 结构中的<head></head>部分，这部分的内容是直接显示在页面中的。

3. topmargin 和 leftmargin 属性，分别是设置（　　）。

　　A. 左边距和顶边距　　　　　B. 右边距和顶边距

　　C. 顶边距和底边距　　　　　D. 顶边距和左边距

4. HTML 中设置网页背景颜色的属性是（　　）。

　　A. bgcolor　　　　B. background　　　　C. background-color　D. bg-color

二、判断题

1. HTML 网页分为<head></head>部分和<body></body>部分。（　　）

2. text 属性能对<head>与</head>标签之间的所有文本颜色进行设置。（　　）

3. 通过 background 属性可以设置网页的背景图像。（　　）

三、简答题

1. <meta>标签提供的信息对于浏览用户是否可见？一般用于定义哪些网页信息？

2. 在<body>标签有没有什么属性可以设置网页字体大小等其他文字属性？

PART 4

第 4 章
文字与图片标签设置

本章简介

文字与图片是网页中最基本的元素，任何网页中都不可缺少，文字与图片是网页视觉传达最直接的方式。在网页中输入文字内容后还可以对其格式进行控制，使网页中的文字编排有序、整齐美观。本章将介绍如何在 HTML 页面中对文字与图片进行设置处理，掌握如何在网页中合理地使用文字和图像。

本章重点

- 掌握各种文字修饰标签的使用方法
- 理解并掌握在网页中对文本进行分行和分段的操作
- 掌握各种文本列表标签的设置和使用
- 了解网页中的图片格式
- 掌握在网页中插入和设置图像的方法
- 掌握在网页中实现文本和图像滚动的方法

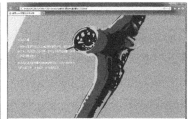

4.1 文字修饰标签

设计网页离不开字体的设置，恰当的字体运用能够丰富网页的内容，美化文字的视觉效果。本节从文字的细节修饰着手，使读者轻松把握 HTML 的各种字体格式的变化，制作出更加精美的网页。

4.1.1 文字样式<font>标签

<font></font>标签可以用来设置文字的颜色、字体和大小，是网页设计的常用属性。可以通过<font>标签中的 face 属性设置不同的字体，可以通过<font>标签中的 size 属性来设置文字的字体大小，还可以通过<font>标签中的 color 属性来设置文字的颜色。<font>标签的基本语法如下：

<font face="字体" size="字体字号" color="字体颜色">……</font>

<font>标签中属性的说明如表 4-1 所示。

表 4-1　<font>标签中属性的说明

属性	说　　明
face	用于设置文字字体。HTML 网页中显示的字体从浏览器端的系统中调用，所以为了保持字体一致，建议采用宋体，即网页的默认中文字体
size	用于设置文字的大小。size 的值为 1～7，默认值为 3，也可以在属性值之前加上+或–字符，来指定相对于初始值的增量或减量
color	color 属性用于设置文字的颜色，它可以用浏览器承认的颜色名称和十六进制数值表示

自测 1　**设置文字样式**
最终文件：网盘\最终文件\第 4 章\4-1-1.html
视　　频：网盘\视频\第 4 章\4-1-1.swf

STEP 1 执行"文件>打开"命令，打开页面"网盘\源文件\第 4 章\4-1-1.html"，效果如图 4-1 所示。转换到代码视图中，可以看到该页面的 HTML 代码，如图 4-2 所示。

```
<!doctype html>
<html>
<head>
<meta charset="utf-8">
<title>设置文字样式</title>
<link href="style/4-1-1.css" rel="stylesheet" type="text/css">
</head>

<body>
<div id="text">欢乐的圣诞节主题派对！</div>
</body>
</html>
```

图 4-1　　　　　　　　　　　　　　　　图 4-2

STEP 2 为页面中相应的文字添加<font>标签，并且在该标签中添加相应的属性设置，如

图 4-3 所示。保存页面，在浏览器中预览页面，可以看到网页中文字的效果，如图 4-4 所示。

```
<body>
<div id="text">
<font face="微软雅黑" size="16px" color="#FFFFFF">
欢乐的圣诞节主题派对！</font></div>
</body>
```

图 4-3

图 4-4

提示

设置网页中的文字颜色时一定要注意文字颜色的清晰和鲜明，并且与网页的背景色相搭配，从而提高网页文字的可读性和网页的整体美观程度。

4.1.2　倾斜文字\<i>和\<em>标签

标签\<i>能够使作用范围内的文字倾斜；\<em>是强调标签，它的效果也是使文字倾斜，目前比\<i>标签使用更加频繁。倾斜文字标签\<i>和\<em>的基本语法如下：

\<i>斜体文字\</i>

\<em>斜体文字\</em>

自测
2

设置倾斜文字
最终文件：网盘\最终文件\第 4 章\4-1-2.html
视　　频：网盘\视频\第 4 章\4-1-2.swf

STEP 1 执行"文件>打开"命令，打开页面"网盘\源文件\第 4 章\4-1-2.html"，效果如图 4-5 所示。转换到代码视图中，可以看到该页面的 HTML 代码，如图 4-6 所示。

```
<!doctype html>
<html>
<head>
<meta charset="utf-8">
<title>设置倾斜文字</title>
<link href="style/4-1-2.css" rel="stylesheet" type="text/css">
</head>

<body>
<div id="text">
<font face="微软雅黑" size="16px" color="#FFFFFF">
欢乐的圣诞节主题派对！</font></div>
</body>
</html>
```

图 4-5

图 4-6

STEP 2 为页面中相应的文字添加\<i>标签，如图 4-7 所示。在浏览器中预览页面，可以看到倾斜文字的效果，如图 4-8 所示。

```
<body>
<div id="text">
<font face="微软雅黑" size="16px" color="#FFFFFF">
<i>欢乐的圣诞节主题派对！</i></font></div>
</body>
```

图 4-7

图 4-8

STEP 3 返回代码视图，将刚刚所添加的<i>标签修改为<em>标签，如图 4-9 所示。保存页面，在浏览器中预览页面，可以看到倾斜文字的效果，如图 4-10 所示。

```
<body>
<div id="text">
<font face="微软雅黑" size="16px" color="#FFFFFF">
<em>欢乐的圣诞节主题派对！</em></font></div>
</body>
```

图 4-9

图 4-10

提示

在<i>和</i>之间的文字以及在<em></em>之间的文字，在浏览器中都会以斜体显示。一般在一篇以正体显示的文字中用斜体文字起到醒目、强调或者区别的作用。

4.1.3 加粗文字<b>和<strong>标签

网页对于需要强调的内容很多使用了加粗的方法，以使文字更加醒目。可以实现加粗效果的标签是<b>标签和<strong>标签，其中<strong>标签被称为特别强调标签，目前比<b>标签使用更加频繁。加粗文字<b>和<strong>标签的基本语法如下：

<b>这是粗体字</b>
<strong>这也是粗体字</strong>

在<b>和</b>之间的文字或在<strong>和</strong>之间的文字，在浏览器中都会以粗体显示。

自测
3

设置加粗文字
最终文件：网盘\最终文件\第 4 章\4-1-3.html
视　　频：网盘\视频\第 4 章\4-1-3.swf

STEP 1 执行"文件>打开"命令，打开页面"网盘\源文件\第 4 章\4-1-3.html"，效果如图 4-11 所示。转换到代码视图中，可以看到该页面的 HTML 代码，如图 4-12 所示。

```
<!doctype html>
<html>
<head>
<meta charset="utf-8">
<title>设置加粗文字</title>
<link href="style/4-1-3.css" rel="stylesheet" type="text/css">
</head>

<body>
<div id="text">
<font face="微软雅黑" size="16px" color="#FFFFFF">
欢乐的圣诞节主题派对！</font></div>
</body>
</html>
```

图 4-11   图 4-12

STEP 2 为页面中相应的文字添加加粗文字标签<b>标签，如图 4-13 所示。保存页面，在浏览器中预览页面，可以看到加粗文字的效果，如图 4-14 所示。

```
<body>
<div id="text">
<font face="微软雅黑" size="16px" color="#FFFFFF">
<b>欢乐的圣诞节主题派对！</b></font></div>
</body>
```

图 4-13   图 4-14

STEP 3 返回到代码视图中，将刚刚添加的加粗文字<b>标签修改为<strong>标签，如图 4-15 所示。保存页面，在浏览器中预览页面，可以看到加粗文字的效果，如图 4-16 所示。

```
<body>
<div id="text">
<font face="微软雅黑" size="16px" color="#FFFFFF">
<strong>欢乐的圣诞节主题派对！</strong></font></div>
</body>
```

图 4-15   图 4-16

4.1.4 文字下划线<u>标签

<u>标签的使用和粗体以及斜体标签类似，可以使用该标签作用于需要添加下划线的文字。<u>标签的基本语法如下：

<u>添加了一条下划线</u>

自测
4

为文字添加下划线
最终文件：网盘\最终文件\第 4 章\4-1-4.html
视　　频：网盘\视频\第 4 章\4-1-4.swf

STEP 1 执行"文件>打开"命令，打开页面"网盘\源文件\第 4 章\4-1-4.html"，效果如

图 4-17 所示。转换到代码视图中，可以看到该页面的 IITML 代码，如图 4-18 所示。

```
<!doctype html>
<html>
<head>
<meta charset="utf-8">
<title>为文字添加下画线</title>
<link href="style/4-1-4.css" rel="stylesheet" type="text/css">
</head>

<body>
<div id="text">
<font face="微软雅黑" size="16px" color="#FFFFFF">
欢乐的圣诞节主题派对! </font></div>
</body>
</html>
```

图 4-17   图 4-18

STEP 2 为页面中相应的文字添加下划线<u>标签，如图 4-19 所示。保存页面，在浏览器中预览页面，可以看到页面中文字下划线效果，如图 4-20 所示。

```
<body>
<div id="text">
<font face="微软雅黑" size="16px" color="#FFFFFF">
<u>欢乐的圣诞节主题派对! </u></font></div>
</body>
```

图 4-19   图 4-20

提示　在网页中除了可以使用<u>标签实现文字的下划线效果，还可以通过 CSS 样式中的 text-decoration 属性，设置该属性值为 underline，为网页中需要实现下划线的文字应用 CSS 样式，同样可以实现下画线的效果。

4.1.5　标题文字<h1>至<h6>标签

标题是网页中不可缺的一个元素，为了凸显标题的重要性，标题的样式比较特殊。HTML 技术保存了一套针对标题的样式标签，按照文字尺寸从大到小排列分别是从<h1>到<h6>。标题标签的基本语法如下：

<h$_x$>这是标题</h$_x$>

这里的下标 x 为数字从 1 到 6，<h$_x$>标签用于设置文章的标题，标题标签的特点是独占一行和文字加粗。网页设计的时候可以根据标题的等级来选择合适的标题，并设置多级标题。

自测 5　设置标题文字
最终文件：网盘\最终文件\第 4 章\4-1-5.html
视　　频：网盘\视频\第 4 章\4-1-5.swf

STEP 1 执行"文件>打开"命令，打开页面"网盘\源文件\第 4 章\4-1-5.html"，效果如图 4-21 所示。转换到代码视图中，可以看到该页面的 HTML 代码，如图 4-22 所示。

```
<!doctype html>
<html>
<head>
<meta charset="utf-8">
<title>设置标题文字</title>
<link href="style/4-1-5.css" rel="stylesheet" type="text/css">
</head>

<body>
<div id="text">欢乐的圣诞节主题派对！<br>
欢乐的圣诞节主题派对！<br>
欢乐的圣诞节主题派对！<br>
欢乐的圣诞节主题派对！<br>
欢乐的圣诞节主题派对！<br>
欢乐的圣诞节主题派对！</div>
</body>
</html>
```

图 4-21   图 4-22

STEP 2 为页面中相应的文字分别添加标题标签<h1>至<h6>，如图 4-23 所示。保存页面，在浏览器中预览页面，可以看到各标题文字的效果，如图 4-24 所示。

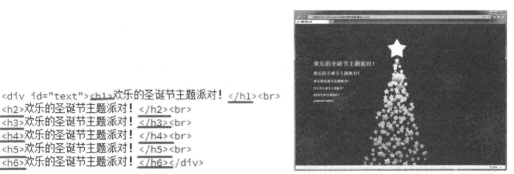

```
<div id="text"><h1>欢乐的圣诞节主题派对！</h1><br>
<h2>欢乐的圣诞节主题派对！</h2><br>
<h3>欢乐的圣诞节主题派对！</h3><br>
<h4>欢乐的圣诞节主题派对！</h4><br>
<h5>欢乐的圣诞节主题派对！</h5><br>
<h6>欢乐的圣诞节主题派对！</h6></div>
```

图 4-23   图 4-24

提示

在 HTML 页面中可以通过<h1>至<h6>标签，定义页面中的文字为标题文字，可以通过 CSS 样式分别设置 h1 至 h6 标签的 CSS 样式，从而修改<h1>至<h6>标签在网页中显示的效果。

4.1.6 的使用

HTML 代码直接用键盘敲击空格键，是无法显示在页面上的。HTML 使用 表现一个空格字符（英文的空格字符），基本语法如下：

……   ……

 字符用于在网页中插入空格，可以在任意位置连续多次输入空格符达到想要的效果。由于一个中文字符占两个英文字符的宽度，所以在段落的首行开头加上 4 个 字符，可以使首行有两个字符的缩进。

自测 6

在网页文字中加入空格
最终文件：网盘\最终文件\第 4 章\4-1-6.html
视　　频：网盘\视频\第 4 章\4-1-6.swf

STEP 1 执行"文件>打开"命令，打开页面"网盘\源文件\第 4 章\4-1-6.html"，效果如

图 4-25 所示。转换到代码视图中，可以看到该页面的 HTML 代码，如图 4-26 所示。

```
<!doctype html>
<html>
<head>
<meta charset="utf-8">
<title>在网页文字中加入空格</title>
<link href="style/4-1-6.css" rel="stylesheet" type="text/css">
</head>

<body>
<div id="text">
<p>红酒简介</p>
<p>葡萄酒，也称红酒，是用新鲜的葡萄或葡萄汁经发酵酿成的酒精饮料。酿制红
酒的时候，葡萄皮和葡萄肉是同时压榨的，红酒中所含的红色素，就是在压榨葡
萄皮的时候释放出来的。就因为这样，所有红酒的色泽才是红色的。葡萄酒通常
分红葡萄酒和白葡萄酒两种。前者是红葡萄带皮浸渍发酵而成，后者是葡萄汁发
酵而成的。红酒的成分相当复杂，是经自然发酵酿造出来的果酒，含有最多的是
葡萄果汁，占80%以上，其次是经葡萄里面的糖份自然发酵而成的酒精，一般在
10%至30%，剩余的物质超过1000种，比较重要的有300多种，红酒其他重要的成分
有酒石酸，果胶，矿物质和单宁酸等。虽然这些物质所占的比例不高，却是酒质
优劣的决定性因素。</p></div>
</body>
</html>
```

　　　　　图 4-25　　　　　　　　　　　　　　　　　　　　　　　　图 4-26

STEP 2 为页面中相应的文字之前添加多个空格 ，如图 4-27 所示。保存页面，在浏览器中预览页面，可以看到添加空格后的效果，如图 4-28 所示。

```
<body>
<div id="text">
<p>红酒简介</p>
<p>        葡萄
酒，也称红酒，是用新鲜的葡萄或葡萄汁经发酵酿成的酒精饮料
。酿制红酒的时候，葡萄皮和葡萄肉是同时压榨的，红酒中所含
的红色素，就是在压榨葡萄皮的时候释放出来的。就因为这样，
所有红酒的色泽才是红色的。葡萄酒通常分红葡萄酒和白葡萄酒
两种。前者是红葡萄带皮浸渍发酵而成；后者是葡萄汁发酵而成
的。红酒的成分相当复杂，是经自然发酵酿造出来的果酒，含有
最多的是葡萄果汁，占80%以上，其次是经葡萄里面的糖份自然
发酵而成的酒精，一般在10%至30%，剩余的物质超过1000种，比
较重要的有300多种，红酒其他重要的成分有酒石酸，果胶，矿
物质和单宁酸等。虽然这些物质所占的比例不高，却是酒质优劣
的决定性因素。</p></div>
</body>
```

　　　　　图 4-27　　　　　　　　　　　　　　　　　　　　　　　　图 4-28

提示

　　　　除了可以添加 代码插入空格外，还可以将中文输入法状态切换到全角输入法状态，直接按键盘上的空格键同样可以在文字中插入空格，但并不推荐使用这种方法，最好还是使用 代码来添加空格。

4.1.7　特殊字符

　　HTML 规定了一些特殊字符的写法，以便在网页中显示。在网页制作的过程中，除了空格，还有一些特殊的符号也需要使用代码进行替代。一般情况下，特殊符号的代码由前缀&、字符名称和后缀；组成。

　　HTML 中的特殊字符如表 4-2 所示。

表 4-2　HTML 中的特殊字符

特殊符号	HTML 代码	特殊符号	HTML 代码
"	&quote;	&	&amp;
<	&lt;	>	&gt;
×	&times;	§	&sect;
©	&copy;	®	&reg;
™	&trade;		

自测
7
在网页中插入特殊字符
最终文件：网盘\最终文件\第 4 章\4-1-7.html
视　　频：网盘\视频\第 4 章\4-1-7.swf

STEP 1 执行"文件>打开"命令，打开页面"网盘\源文件\第 4 章\4-1-7.html"，效果如图 4-29 所示。转换到代码视图中，可以看到该页面的 HTML 代码，如图 4-30 所示。

```
<!doctype html>
<html>
<head>
<meta charset="utf-8">
<title>在网页中插入特殊字符</title>
<link href="style/4-1-7.css" rel="stylesheet" type="text/css">
</head>

<body>
<div id="text">
<p>红酒简介</p>
<p>葡萄酒，也称红酒，是用新鲜的葡萄或葡萄汁经发酵酿成的酒精饮料。酿制红酒的时候，葡萄皮和葡萄肉是同时压榨的，红酒中所含的红色素，就是在压榨葡萄皮的时候释放出来的。就因为这样，所有红酒的色泽才是红色的。葡萄酒通常分红葡萄酒和白葡萄酒两种。前者是红葡萄带皮浸渍发酵而成；后者是葡萄汁发酵而成的。红酒的成分相当复杂，是经自然发酵酿造出来的果酒，含有最多的是葡萄果汁，占80%以上，其次是经葡萄里面的糖份自然发酵而成的酒精，一般在10%至30%。剩余的物质超过1000种，比较重要的有300多种，红酒其他重要的成分有酒石酸，果胶，矿物质和单宁酸等。虽然这些物质所占的比例不高，却是酒质优劣的决定性因素。</p></div>
</body>
</html>
```

图 4-29　　　　　　　　　　　　　　　　图 4-30

STEP 2 为页面中相应的文字后添加版权特殊字符代码©，如图 4-31 所示。保存页面，在浏览器中预览页面，可以在网页中看到版权字符的效果，如图 4-32 所示。

```
<body>
<div id="text">
<p>红酒简介&copy;</p>
<p>葡萄酒，也称红酒，是用新鲜的葡萄或葡萄汁经发酵酿成
的酒精饮料。酿制红酒的时候，葡萄皮和葡萄肉是同时压榨
，红酒中所含的红色素，就是在压榨葡萄皮的时候释放出来的
。就因为这样，所有红酒的色泽才是红色的。葡萄酒通常分红
葡萄酒和白葡萄酒两种。前者是红葡萄带皮浸渍发酵而成；后
者是葡萄汁发酵而成的。红酒的成分相当复杂，是经自然发酵
酿造出来的果酒，含有最多的是葡萄果汁，占80%以上，其次
是经葡萄里面的糖份自然发酵而成的酒精，一般在10%至30%。剩
余的物质超过1000种，比较重要的有300多种，红酒其他重要
的成分有酒石酸，果胶，矿物质和单宁酸等。虽然这些物质所
占的比例不高，却是酒质优劣的决定性因素。</p></div>
</body>
```

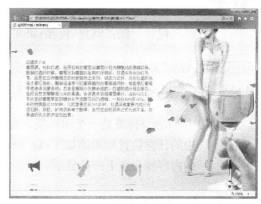

图 4-31　　　　　　　　　　　　　　　　图 4-32

4.1.8　其他文字修饰方法

为了满足不同需求，HTML 还有其他用来修饰文字的标签，比较常用的有上标格式标签 `<sup>`、下标格式标签 `<sub>` 和删除线标签 `<strike>` 等。其他文字修饰标签的基本语法如下：

```
<sup>上标</sup>
<sub>下标</sub>
<strike>删除线</strike>
```

修饰文字的常用标签说明如表 4-3 所示。

表 4-3　修饰文字的常用标签说明

标签	说　　明
`<sup>`	`<sup></sup>` 为上标格式标签，多用于数学指数的表示，如某个数的平方或者立方
`<sub>`	`<sub></sub>` 为下标格式标签，多用于注释，以及数学的底数表示
`<strike>`	`<strike></strike>` 为删除线标签，多用于删除效果

4.2　文字分行与分段标签

网页中文字的排版很大程度上决定了一个网页是否美观。对于网页中的大段文字，通常采用分段、分行和加空格等方式进行规划。本节从段落的细节设置入手，使读者学习后能利用标签轻松自如地规划文字排版。

4.2.1　文字换行 `<br>` 标签

当文字到达浏览器的边界后将自动换行，但是当调整浏览器的宽度时，文字换行的位置也相应发生变化，格式就会显得混乱，因此在网页中添加换行标签是必要的。换行标签的基本语法如下：

```
<br>
```

自测 8　使用 `<br>` 标签为文字换行
　　最终文件：网盘\最终文件\第 4 章\4-2-1.html
　　视　　频：网盘\视频\第 4 章\4-2-1.swf

STEP 1　执行"文件>打开"命令，打开页面"网盘\源文件\第 4 章\4-2-1.html"，效果如图 4-33 所示。转换到代码视图中，可以看到该页面的 HTML 代码，如图 4-34 所示。

提示　　`<br >` 标签是一个单标签，也叫空标签，不包含任何内容，在 HTML 代码中的任意位置如果添加了 `<br >` 标签，当网页在浏览器中显示时，该标签之后的内容将会在下一行显示。

STEP 2　在页面相应位置输入换行标签，如图 4-35 所示。保存页面，在浏览器中预览，页面效果如图 4-36 所示。

图 4-33

```html
<body>
<div id="text">
  <p>行走的力量</p>
  <p>行走的力量旨在号召人们通过最本能的行走，在行
走中安静下来，与自己的内心对话，获取正面的内心能
量，并将正能量传播给他人。行走的力量希望用最简单和本
能的方式，传达一种积极向上的人生态度、生活理念，
从而净化心灵。</p>
</div>
</body>
```

图 4-34

```html
<body>
<div id="text">
  <p>行走的力量</p>
  <p>行走的力量旨在号召人们通过最本能的行走，在行
走中安静下来，与自己的内心对话，获取正面的内心能
量，并将正能量传播给他人。<br>
  行走的力量希望用最简单和本能的方式，传达一种积
极向上的人生态度、生活理念，从而净化心灵。</p>
</div>
</body>
```

图 4-35

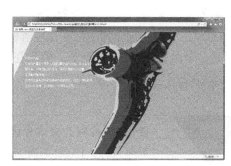

图 4-36

4.2.2 文字强制不换行<nobr>标签

在网页中如果某一行的文本过长，浏览器会自动对这行文字进行换行，如果想取消浏览器的换行处理，可以使用<nobr>标签来禁止自动换行。<nobr>标签的基本语法如下：

<nobr>不换行文字</nobr>

 自测 9

使用<nobr>标签强制文字不换行
最终文件：网盘\最终文件\第 4 章\4-2-2.html
视　　频：网盘\视频\第 4 章\4-2-2.swf

STEP 1 执行"文件>打开"命令，打开页面"网盘\源文件\第 4 章\4-2-2.html"，效果如图 4-37 所示。转换到代码视图中，可以看到该页面的 HTML 代码，如图 4-38 所示。

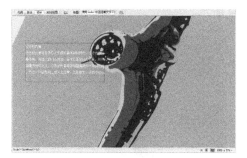

图 4-37

```html
<body>
<div id="text">
  <p>行走的力量</p>
  <p>行走的力量旨在号召人们通过最本能的行走，在行
走中安静下来，与自己的内心对话，获取正面的内心能
量，并将正能量传播给他人。行走的力量希望用最简单和本
能的方式，传达一种积极向上的人生态度、生活理念，
从而净化心灵。</p>
</div>
</body>
```

图 4-38

STEP 2 在页面中为需要强制不换行的文字添加强制不换行标签<nobr>，如图 4-39 所示。保存页面，在浏览器中预览页面，可以看到强制不换行的效果，如图 4-40 所示。

```
<body>
<div id="text">
  <p>行走的力量</p>
  <p>行走的力量旨在号召人们通过最本能的行走，在行
走中安静下来，与自己的内心对话，获取正面的内心能
量，并将正能量传播给他人。<nobr>行走的力量希望用最简
单和本能的方式，传达一种积极向上的人生态度、生活
理念，从而净化心灵。</nobr></p>
</div>
</body>
```

图 4-39　　　　　　　　　　　　　　　图 4-40

4.2.3　文字分段<p>标签

　　HTML 标签中最常用的标签是段落标签<p>，这个标签非常简单，但是却非常重要，因为这是一个用来划分段落的标签，几乎在所有网页中都会用到。<p>标签的基本语法如下：

```
<p>段落文字</p>
```

自测 10　　**使用<p>标签为文本分段**
最终文件：网盘\最终文件\第 4 章\4-2-3.html
视　　频：网盘\视频\第 4 章\4-2-3.swf

STEP 1 执行"文件>打开"命令，打开页面"网盘\源文件\第 4 章\4-2-3.html"，效果如图 4-41 所示。转换到代码视图中，可以看到该页面的 HTML 代码，如图 4-42 所示。

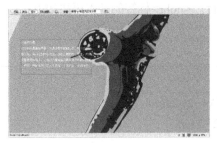

```
<body>
<div id="text">
  行走的力量<br>
  行走的力量旨在号召人们通过最本能的行走，在行走
中安静下来，与自己的内心对话，获取正面的内心能量
，并将正能量传播给他人。行走的力量希望用最简单和
本能的方式，传达一种积极向上的人生态度、生活理念
，从而净化心灵。
</div>
</body>
```

图 4-41　　　　　　　　　　　　　　　图 4-42

STEP 2 页面可为文本添加相应的<p>标签进行分段，如图 4-43 所示。保存页面，在浏览器中预览页面，可以看到文本分段的效果，如图 4-44 所示。

```
<body>
<div id="text">
  <p>行走的力量</p>
  <p>行走的力量旨在号召人们通过最本能的行走，在行
走中安静下来，与自己的内心对话，获取正面的内心能
量，并将正能量传播给他人。</p><p>行走的力量希望用最
简单和本能的方式，传达一种积极向上的人生态度、生
活理念，从而净化心灵。</p>
</div>
</body>
```

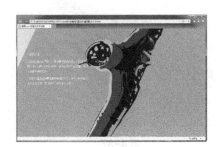

图 4-43　　　　　　　　　　　　　　　图 4-44

4.2.4 文字对齐属性 align

段落文字在不同的时候需要不同的对齐方式，默认的对齐方式是左对齐。<p>标签的对齐属性为 align，align 属性的基本语法如下：

...

 自测 11 设置文字水平对齐效果
最终文件：网盘\最终文件\第 4 章\4-2-4.html
视　　频：网盘\视频\第 4 章\4-2-4.swf

STEP 1 执行"文件>打开"命令，打开页面"网盘\源文件\第 4 章\4-2-4.html"，效果如图 4-45 所示。转换到代码视图中，可以看到该页面的 HTML 代码，如图 4-46 所示。

```
<body>
<img src="images/42401.jpg" alt="" class="pic01"/>
<div id="text">进入网站&gt;&gt;</div>
</body>
```

图 4-45　　　　　　　　　　　　　　　　图 4-46

STEP 2 在页面中的<div>标签中添加 align 属性设置，如图 4-47 所示。保存页面，在浏览器中预览页面，可以看到文字水平右对齐的效果，如图 4-48 所示。

```
<body>
<img src="images/42401.jpg" alt="" class="pic01"/>
<div id="text" align="right">进入网站&gt;&gt;</div>
</body>
```

图 4-47　　　　　　　　　　　　　　　　图 4-48

STEP 3 返回到代码视图中，修改刚添加的 align 属性，如图 4-49 所示。保存页面，在浏览器中预览页面，可以看到文字水平居中对齐的效果，如图 4-50 所示。

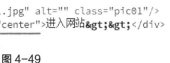

```
<body>
<img src="images/42401.jpg" alt="" class="pic01"/>
<div id="text" align="center">进入网站&gt;&gt;</div>
</body>
```

图 4-49　　　　　　　　　　　　　　　　图 4-50

4.2.5 水平线<hr>标签

HTML 提供了修饰用的水平分割线，在很多场合中可以轻松使用，不需要另外作图。同时可以在 HTML 中为水平线添加颜色、大小、粗细等属性。<hr>标签的基本语法如下：

```
<hr>
```

网页输入一个<hr>标签，就添加了一条默认样式的水平线，且在页面中占据一行。

<hr>标签有多种属性，常用的属性有 width、size、align、color 和 title，分别可以设置水平线的宽度、高度、对齐方式、颜色和光标悬停在分割线上时出现的内容提示。

自测 12 　使用水平线分割文本
最终文件：网盘\最终文件\第 4 章\4-2-5.html
视　　频：网盘\视频\第 4 章\4-2-5.swf

STEP 1 执行"文件>打开"命令，打开页面"网盘\源文件\第 4 章\4-2-5.html"，效果如图 4-51 所示。转换到代码视图中，可以看到该页面的 HTML 代码，如图 4-52 所示。

```
<body>
<div id="text">
<p>红酒简介</p>
<p>葡萄酒，也称红酒，是用新鲜的葡萄或葡萄汁经发酵酿成的
酒精饮料。酿制红酒的时候，葡萄皮和葡萄肉是同时压榨的，
红酒中所含的红色素，就是在压榨葡萄皮的时候释放出来的。
就因为这样，所有红酒的色泽才是红色的。葡萄酒通常分红葡
萄酒和白葡萄酒两种。前者是红葡萄带皮浸渍发酵而成；后者
是葡萄汁发酵而成的。红酒的成分相当复杂，是经自然发酵酿
造出来的果酒，含有最多的是葡萄果汁，占80%以上，其次是经
葡萄里面的糖份自然发酵而成的酒精，一般在10%至30%，剩余
的物质超过1000种，比较重要的有300多种，红酒其他重要的成
分有酒石酸，果胶，矿物质和单宁酸等。虽然这些物质所占的
比例不高，却是酒质优劣的决定性因素。</p></div>
</body>
```

图 4-51　　　　　　　　　　　　　　　图 4-52

STEP 2 在页面相应的文字之后添加<hr>标签，并对相关属性进行设置，如图 4-53 所示。保存页面，在浏览器中预览页面，可以看到所添加的水平线的效果，如图 4-54 所示。

```
<body>
<div id="text">
<p>红酒简介</p>
<hr width="490" size="2" align="left" color="#FF0000">
<p>葡萄酒，也称红酒，是用新鲜的葡萄或葡萄汁经发酵酿成的
酒精饮料。酿制红酒的时候，葡萄皮和葡萄肉是同时压榨的，
红酒中所含的红色素，就是在压榨葡萄皮的时候释放出来的。
就因为这样，所有红酒的色泽才是红色的。葡萄酒通常分红葡
萄酒和白葡萄酒两种。前者是红葡萄带皮浸渍发酵而成；后者
是葡萄汁发酵而成的。红酒的成分相当复杂，是经自然发酵酿
造出来的果酒，含有最多的是葡萄果汁，占80%以上，其次是经
葡萄里面的糖份自然发酵而成的酒精，一般在10%至30%，剩余
的物质超过1000种，比较重要的有300多种，红酒其他重要的成
分有酒石酸，果胶，矿物质和单宁酸等。虽然这些物质所占的
比例不高，却是酒质优劣的决定性因素。</p></div>
</body>
```

图 4-53

图 4-54

提示 默认的水平线是空心立体的效果，可以在水平线标签\<hr\>中添加 noshade 属性，noshade 是布尔值的属性，如果在\<hr\>标签中添加该属性，则浏览器不会显示立体形状的水平线，反之如果不添加该属性，则浏览器默认显示一条立体形状带有阴影的水平线。

4.3 文本列表标签

列表形式在网页设计中占用比较大的比例，它的特点是显示信息非常整齐直观，便于用户理解。

4.3.1 列表的结构

HTML 的列表元素是一个由列表标签封闭的结构，包含的列表项由\<li\>\</li\>组成。具体结构为如下：

```
列表开始标签
    <li>                    <!--列表项开始标签-->
    列表项具体内容
    </li>                   <!--列表项结束标签-->
列表结束标签
```

4.3.2 无序列表\<ul\>标签

所谓无序列表就是列表结构中的列表项没有先后顺序的列表形式。不少网页应用中的列表均采用无序列表。\<ul\>标签的基本语法如下：

```
<ul>
    <li>列表项一</li>
    <li>列表项二</li>
    <li>列表项三</li>
</ul>
```

无序列表标签采用\<ul\>\</ul\>标签，每一个列表项被包含在\<li\>\</li\>标签内，所有的列表项被包含在\<ul\>\</ul\>标签内。

自测 13 | **制作新闻列表**
最终文件：网盘\最终文件\第 4 章\4-3-2.html
视　　频：网盘\视频\第 4 章\4-3-2.swf

STEP 1 执行"文件>打开"命令，打开页面"网盘\源文件\第 4 章\4-3-2.html"，效果如图 4-55 所示。转换到代码视图中，可以看到该页面的 HTML 代码，如图 4-56 所示。

STEP 2 页面将\<div id="news"\>\</div\>标签之间的\<p\>\</p\>标签删除，添加相应的项目列表标签，如图 4-57 所示。保存页面，在浏览器中预览，页面效果如图 4-58 所示。

图 4-55

```
<div id="news">
    <p>西安非机动车道搭遮阳棚</p>
    <p>做个行动派公民</p>
    <p>杭州高温绿植墙被烤糊</p>
    <p>消防出警抬19岁胖墩沐浴</p>
    <p>8岁女孩徒步700公里从深圳回到湖南老家</p>
    <p>清华毕业生当城管 称再不疯狂就老了</p>
    <p>投资者要学会为风险付费</p>
    <p>崂山预计9月全线通车 堵车情况越来越少</p>
    <p>首批卖花女童今已成年 佼佼者当老板</p>
    <p>火爆奇异景色盘点</p>
    <p>中科院创新成果展受学生欢迎</p>
    <p>留英中国女生表演民族舞蹈受欢迎</p>
    <p>江苏生态文明建设发布会举行</p>
    <p>楼道卖矿泉水，一瓶贵5毛也受欢迎</p>
    <p>平价餐饮成消费主流</p>
    <p>好的管理不走捷径</p>
    <p>治理狗患首张罚单开出</p>
    <p>前海19条公交线调流</p>
    <p>30%中小学达现代化标</p>
</div>
```

图 4-56

```
<div id="news">
<ul>
    <li>西安非机动车道搭遮阳棚</li>
    <li>做个行动派公民</li>
    <li>杭州高温绿植墙被烤糊</li>
    <li>消防出警抬19岁胖墩沐浴</li>
    <li>8岁女孩徒步700公里从深圳回到湖南老家</li>
    <li>清华毕业生当城管 称再不疯狂就老了</li>
    <li>投资者要学会为风险付费</li>
    <li>崂山预计9月全线通车 堵车情况越来越少</li>
    <li>首批卖花女童今已成年 佼佼者当老板</li>
    <li>火爆奇异景色盘点</li>
    <li>中科院创新成果展受学生欢迎</li>
    <li>留英中国女生表演民族舞蹈受欢迎</li>
    <li>江苏生态文明建设发布会举行</li>
    <li>楼道卖矿泉水，一瓶贵5毛也受欢迎</li>
    <li>平价餐饮成消费主流</li>
    <li>好的管理不走捷径</li>
    <li>治理狗患首张罚单开出</li>
    <li>前海19条公交线调流</li>
    <li>30%中小学达现代化标准</li>
</ul>
</div>
```

图 4-57

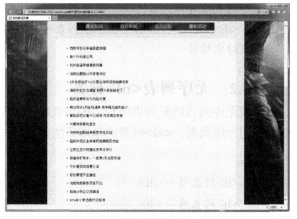

图 4-58

提示　　在默认情况下，在网页中的项目列表显示为实心小圆点的形式，可以通过在<ul>标签中添加 type 属性，修改项目符号的效果，例如在<ul>标签中添加 type="square"属性设置，可以将项目符号修改为实心正方形。

4.3.3　有序列表<ol>标签

所谓有序列表就是列表结构中的列表项有先后顺序的列表形式，从上到下可以有不同的序列编号，如 1、2、3…或者 a、b、c…<ol>标签的基本语法如下：

```
<ol>
    <li>列表项一</li>
    <li>列表项二</li>
```

```
    <li>列表项三</li>
</ol>
```

有序列表采用标签<ol></ol>，每一个列表项被包含在<li></li>标签内，所有的列表项被包含在<ol></ol>标签内。使用有序列表可以让列表项按照明确的顺序排列。

自测 14　制作音乐排行
最终文件：网盘\最终文件\第 4 章\4-3-3.html
视　　频：网盘\视频\第 4 章\4-3-3.swf

STEP 1 执行"文件>打开"命令，打开页面"网盘\源文件\第 4 章\4-3-3.html"，效果如图 4-59 所示。转换到代码视图中，可以看到该页面的 HTML 代码，如图 4-60 所示。

```
<body>
<div id="music">
<p><img src="images/43301.gif" width="170"
height="24"  alt=""/></p>
<p>小白兔乖乖</p>
<p>读书郎</p>
<p>两只老虎</p>
<p>小燕子</p>
<p>小红帽</p>
</div>
</body>
```

图 4-59 　　　　　　　　　　　　　　　图 4-60

STEP 2 在页面中将<div id="news"></div>标签之间的<p></p>标签删除，添加相应的有序列表标签，如图 4-61 所示。保存页面，在浏览器中预览，页面效果如图 4-62 所示。

```
<body>
<div id="music">
<p><img src="images/43301.gif" width="170"
height="24"  alt=""/></p>
<ol>
  <li>小白兔乖乖</li>
  <li>读书郎</li>
  <li>两只老虎</li>
  <li>小燕子</li>
  <li>小红帽</li>
</ol>
</div>
</body>
```

图 4-61 　　　　　　　　　　　　　　　图 4-62

提示　默认情况下，在网页中的有序列表<ol>标签中的项目会显示为 1、2、3…进行排列，如果需要修改默认的有序列表序号，可以在<ol>标签中添加 type 属性设置，例如，在<ol>标签中添加 type="a"属性设置，可以将有序列表的序号设置为小写字母 a、b、c…的形式。

4.3.4 定义列表<dl>标签

列表的另外一种形式是定义列表，定义列表形式特别，用法也特别，定义列表中每个标签都是成对出现的，它在网页布局中的应用也非常广泛。<dl>标签的基本语法如下：

```
<dl>
    <dt></dt><dd></dd>
    <dt></dt><dd></dd>
    …
</dl>
```

它由<dl>、<dt>和<dd>3个标签组成，<dt>和<dd>标签包含在<dl>标签内，不同的是标签<dt></dt>定义的是标题，而标签<dd></dd>定义的是内容。

自测 15 **制作新闻公告**
　　最终文件：网盘\最终文件\第4章\4-3-4.html
　　视　　频：网盘\视频\第4章\4-3-4.swf

STEP 1 执行"文件>打开"命令，打开页面"网盘\源文件\第4章\4-3-4.html"，效果如图4-63所示。转换到代码视图中，为网页中的文本添加定义列表标签<dl>、<dt>和<dd>，如图4-64所示。

```
<div id="box">
<dl>
    <dt>12月4日所有服务器停止更新广告</dt><dd>2015-03-23</dd>
    <dt>12月5日，未来传奇开天测新限公司</dt><dd>2015-03-29</dd>
    <dt>首批卖花女童今已成年 伶俐者当老板</dt><dd>2015-04-2</dd>
    <dt>崂山预计9月全线通车 堵车情况越来越少</dt><dd>2015-04-20</dd>
    <dt>公园放萤火虫被误解 市民只能远观</dt><dd>2015-05-3</dd>
    <dt>毒蛇难耐酷暑溜进内衣店 惬意享受空调</dt><dd>2015-05-21</dd>
    <dt>专车监管意见最快本月公布</dt><dd>2015-06-6</dd>
    <dt>房企平均负债率超红线</dt><dd>2015-06-26</dd>
    <dt>行业将面临重新洗牌</dt><dd>2015-07-2</dd>
    <dt>隆平高科2种植品种被停产</dt><dd>2015-07-13</dd>
    <dt>地产人眼中的名盘</dt><dd>2015-08-8</dd>
    <dt>性价比买房榜来袭</dt><dd>2015-08-29</dd>
    <dt>装修工长的大阅兵</dt><dd>2015-09-10</dd>
</dl>
</div>
```

图4-63　　　　　　　　　　　　　　　　　　图4-64

STEP 2 因为<dl>、<dt>和<dd>标签的默认效果并不能满足这里制作的效果，需要定义相应的CSS样式对其进行控制。转换到CSS样式表文件中，创建名为#box dt和#box dd的CSS样式，如图4-65所示。返回设计视图中，保存页面，在浏览器中预览页面，可以看到网页中定义列表的效果，如图4-66所示。

提示 在HTML代码中，<dt>和<dd>标签都是块元素，在网页中会占据一整行的空间，如果需要使用<dt>与<dd>标签中的内容在一行中显示，就必须使用CSS样式进行控制。

```
#box dt {
    width: 350px;
    float: left;
    border-bottom: dashed 1px #D7A62D;
}
#box dd {
    width: 170px;
    text-align: right;
    float: left;
    border-bottom: dashed 1px #D7A62D;
}
```

图 4-65

图 4-66

4.4 了解网页中的图片格式

目前虽然有很多种图像格式，但是在网站页面中常用的只有 GIF、JPEG、PNG 这 3 种格式，其中 PNG 文件具有较大的灵活性且文件比较小，所以它对于目前任何类型的 Web 图形来说都是最适合的，但是只有较高版本的浏览器才支持这种图像格式，而且也不是对 PNG 文件的所有特性都能很好地支持。而 GIF 和 JPEG 文本格式的支持情况是最好的，大多数浏览器都可以支持。因此，在制作 Web 页面时，一般情况下使用 GIF 和 JPEG 格式的图像。

1. GIF 格式

GIF 是英文 Graphics Interchange Format（图形交换格式）的缩写，20 世纪 80 年代，美国一家著名的在线信息服务机构 CompuServe 针对当时网络传输带宽的限制，开发出了这种 GIF 图像格式，GIF 采用 LZW 无损压缩算法，而且最多使用 256 种颜色，最适合显示色调不连续或具有大面积单一颜色的图像，如图 4-67 所示。

另外，GIF 图片支持动画。GIF 的动画效果是它广泛流行的重要原因。不可否认，在品质优良的矢量动画制作工具 Flash 推出之后，现在真正大型、复杂的网上动画几乎都是用 Flash 软件制作的，但是，在某些方面 GIF 动画依然有着不可取代的地位。首先，GIF 动画的显示不需要特定的插件，而离开特定的插件，Flash 动画就不能播放；此外，在制作简单的、只有几帧图片（特别是位图）交替的动画时，GIF 动画也有着特定的优势，如图 4-68 所示的是 GIF 动画的效果。

图 4-67

图 4-68

2. JPEG 格式

JPEG 是英文 Joint Photographic Experts Group（联合图像专家组）的缩写，该图像格式是用于摄影连续色调图像的高级格式，因为 JPEG 文件可以包含数百万种颜色。通常 JPEG 文件需要通过压缩图像品质和文件大小之间来达到良好的平衡，因为随着 JPEG 文件品质的提高，文件的大小和下载时间也会随之增加，如图 4-69 所示。

3. PNG 格式

PNG 是英文 Portable Network Graphic（可移植网络图形）的缩写，该图像格式是一种替代 GIF 格式的专利权限制的格式，它包括对索引色、灰度、真彩色图像以及 Alpha 通道透明的支持，如图 4-70 所示。PNG 是 Fireworks 固有的文件格式。PNG 文件可保留所有的原始图层、矢量、颜色和效果信息，并且在任何时候都可以完全编辑所有元素。

图 4-69

图 4-70

4.5 插入图像

图像作为网页元素的组成部分，在今天的网页设计中发挥着越来越大的作用。通过上一节的学习，已经了解了在网页中常用的图像格式。本节将学习如何控制图片在网页中的显示。

4.5.1 图像标签<img>

有了图像文件后，就可以使用<img>标签将图像插入到网页中，美化页面。<img>标签的基本语法如下：

```
<img src="图像文件的地址" height="图像的高度" width="图像的宽度" border="图像边框的宽度" alt="提示文字的内容" />
```

<img>标签的属性说明如表 4-4 所示。

表 4-4　<img>标签的属性说明

属性	说　　明
src	用来设置图像文件所在的路径，可以是相对路径，也可以是绝对路径。
height	用于设置图像的高度
width	用于设置图像的宽度
border	用于设置图像的边框，border 属性的单位是像素，值越大边框越宽
alt	指定了替代文本，用于在图像无法显示或者用户禁用图像显示时，代替图像显示在浏览器中的内容

<table>
<tr><td>自测
16</td><td>**制作图像页面**
最终文件：网盘\最终文件\第 4 章\4-5-1.html
视　　频：网盘\视频\第 4 章\4-5-1.swf</td></tr>
</table>

STEP 1 执行"文件>打开"命令，打开页面"网盘\源文件\第 4 章\4-5-1.html"，效果如图 4-71 所示。转换到代码视图中，可以看到该网页的 HTML 代码，如图 4-72 所示。

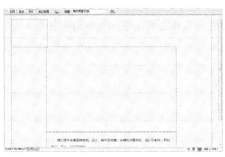

```
<body>
<div id="box">
  <div id="logo"></div>
  <div id="main"></div>
  <div id="text"><p>我们提供卡通品牌策划、设计
、制作及传播；多媒体动画策划、设计及制作；网站
策划、设计、制作及维护。</p>
<p>我们旗下拥有原创卡通等一系列的作品可以授权
的形式参与合作，作为推广商家品牌和产品的卡通形
象。如果你有卡通、多媒体影视动画、网站设计等方
面的需求，欢迎联系我们。</p></div>
</div>
</body>
```

图 4-71　　　　　　　　　　　　　　图 4-72

STEP 2 分别在页面中相应的<div>与</div>标签之间添加<img>标签在网页中插入图像，如图 4-73 所示。保存页面，在浏览器中预览页面，可以看到页面中图像的效果，如图 4-74 所示。

```
<body>
<div id="box">
  <div id="logo"><img src="images/45102.png"
width="164" height="119"  alt=""/></div>
  <div id="main"><img src="images/45103.png"
width="580" height="370"  alt=""/></div>
  <div id="text"><p>我们提供卡通品牌策划、设计
、制作及传播；多媒体动画策划、设计及制作；网站
策划、设计、制作及维护。</p>
<p>我们旗下拥有原创卡通等一系列的作品可以授权
的形式参与合作，作为推广商家品牌和产品的卡通形
象。如果你有卡通、多媒体影视动画、网站设计等方
面的需求，欢迎联系我们。</p></div>
</div>
</body>
```

图 4-73　　　　　　　　　　　　　　图 4-74

提示　在网页中插入图像时，可以只设置图像的路径地址，在浏览器中预览该网页时，浏览器会按照该图像的原始尺寸在网页中显示图像。如果在网页中需要控制所插入的图像大小尺寸，则必须在<img>标签中设置宽度和高度属性。

4.5.2　图文混排

当图片和文字在一起时，可以通过 HTML 代码设置图文混排。<img>标签的 align 属性定

义了图像相对于周围元素的水平和垂直对齐方式。它的基本语法如下：

<img src="图像文件的地址" align="对齐方式" />

通过 align 属性来控制带有文字包围的图像的对齐方式。align 属性的属性值说明如表 4-5 所示。

表 4-5　align 属性的属性值说明

属性值	说　　明
top	图像顶部和同行文本的最高部分对齐
middle	图像中部和同行文本基线对齐（通常为文本基线，并不是实际中部）
bottom	图像底部和同行文本的底部对齐
left	使图像和左边界对齐（文本环绕图像）
right	使图像和右边界对齐（文本环绕图像）
absmiddle	图像中部和同行文本的中部绝对对齐

自测 17　制作图文介绍页面

最终文件：网盘\最终文件\第 4 章\4-5-2.html

视　　频：网盘\视频\第 4 章\4-5-2.swf

STEP 1 执行"文件>打开"命令，打开页面"网盘\源文件\第 4 章\4-5-2.html"，效果如图 4-75 所示。转换到代码视图中，可以看到该网页的 HTML 代码，如图 4-76 所示。

图 4-75

```
<<body>
<div id="menu">网站首页<span>|</span>关于我们<span>|</span>服务介绍
<span>|</span>公司案例<span>|</span>域名空间<span>|</span>我们的客户
<span>|</span>联系我们</div>
<div id="main">
    <p>炎帝人称太阳神。炎帝极其慈爱大神。他&ldquo;行仁道&rdquo;，比黄帝还
要多。在他之前，人们以狩猎捕鱼为生。但是到了他所生活的时代，大地上
的人类已经生育繁多，仅仅依靠狩猎已经吃不饱了。那么应该怎么办？炎帝
愁得几日不眠，夜夜坐卧不安。有一天，他在一个阳坡上走着，一丛嫩绿的
小苗映入了他的眼帘。这种小苗，他过去已经见过了多少次，但均没有注意
过。今天却很有兴趣地研究起来。他弯下身子，轻轻扒开小苗周围的土，发
现每棵苗的根部都有一个还没有腐烂的果实皮。于是他便沿着阳坡，又找到
了几丛别的小苗，发现有丛很奇特，就是果实样的东西在苗尖上顶着。</p>
    <p>炎帝想，这些小苗一定都是由那些树草的果实变成的。如果能分辨出那
些果实是能够食用的，将那些云彩食用的果实埋入地下，让它发芽，开花，
结果，人们不就解决了吃的问题了吗？想到这里，他悉容顿展，立即带上一
些人，踏遍三山五岳，经过多年的辛苦，终于选出了黍、稷、麻、麦、豆这
五种作物来，并教人类如何播种、如何管理后人把这五种作物称为五谷。他
又发明了两种农具，即耒和耜，提高了农业生产的效率。据说他还叫太阳发
出足够的光亮，使五谷得以孕育生长。我国的农业从此兴起。人们感受他的
功德，尊称他为&ldquo;神农&rdquo;，这样他就成了农业之神。</p>
</div>
</body>
```

图 4-76

STEP 2 在网页的大段文本中添加<img>标签插入需要绕排的图像，并添加 align 属性设置，如图 4-77 所示。保存页面，在浏览器中预览页面，可以看到网页中图文混排的效果，如图 4-78 所示。

```
<body>
<div id="menu">网站首页<span>|</span>关于我们<span>|</span>服务介绍
<span>|</span>公司案例<span>|</span>域名空间<span>|</span>我们的客户
<span>|</span>联系我们</div>
<div id="main">
    <p><img src="images/45203.png" width="292" height="219" align=
"right"/>炎帝人称太阳神。炎帝极其慈爱大神。他&ldquo;行仁道&rdquo;，比黄
帝还要多。在他之前，人们以狩猎捕鱼为生。但是到了他所生活的时代，大
地上的人类已经生育繁多，仅仅依靠狩猎已经吃不饱了。那么应该怎么办？
炎帝愁得几日不眠，夜夜坐卧不安。有一天，他在一个阳坡上走着，一丛嫩
绿的小苗映入了他的眼帘。这种小苗，他过去已经见过了多少次，但均没有
注意过。今天却很有兴趣地研究起来。他弯下身子，轻轻扒开小苗周围的土
，发现每棵苗的根部都有一个还没有腐烂的果实皮。于是他便沿着阳坡，又
找到了几丛别的小苗，发现有丛很奇特，就是果实样的东西在苗尖上顶着。</p>
    <p>炎帝想，这些小苗一定都是由那些树草的果实变成的。如果能分辨出那
些果实是能够食用的，将那些云彩食用的果实埋入地下，让它发芽，开花，
结果，人们不就解决了吃的问题了吗？想到这里，他悉容顿晨，立即带上一
些人，踏遍三山五岳，经过多年的辛苦，终于选出了黍、稷、麻、麦、豆这
五种作物来，并教人类如何播种、如何管理后人把这五种作物称为五谷。他
又发明了两种农具，即耒和耜，提高了农业生产的效率。据说他还叫太阳发
出足够的光亮，使五谷得以孕育生长。我国的农业从此兴起。人们感受他的
功德，尊称他为&ldquo;神农&rdquo;，这样他就成了农业之神。</p>
</div>
</body>
```

图 4-77

图 4-78

4.6 滚动标签<marquee>

本节介绍 HTML 代码中一个比较特殊的标签，它能使网页的文字和图像实现滚动效果，并且可以控制其滚动的属性。<marquee>标签的基本语法如下：

<marquee align="对齐方式" bgcolor="背景颜色" direction="滚动方向" behavior="滚动方式" height="高度" width="宽度" scrollamount="滚动速度" scrolldelay="滚动时间间隔">
    滚动的内容
</marquee>

在<marquee></marquee>标签中置入文字或图像，便能实现相应内容的滚动效果，而且可以在起始标签中设置滚动的相关属性。<marquee>标签中的相关属性说明如表 4-6 所示。

表 4-6   <marquee>标签中的相关属性说明

属性	说　　明
direction	设置内容的滚动方向，属性值有 left、right、up 和 down，分别代表向左、向右、向上和向下
scrollamount	用于设置内容滚动速度
behavior	设置内容滚动方式，默认为 scoll，即循环滚动，当其值为 alternate 时，内容为来回滚动，当其值为 slide 时，内容滚动一次即停止，不会循环
scrolldelay	设置内容滚动的时间间隔
bgcolor	设置内容滚动背景色
width	设置内容滚动区域宽度
height	设置内容滚动区域高度

自测 18 制作网页滚动文本

最终文件：网盘\最终文件\第 4 章\4-6-1.html
视　　频：网盘\视频\第 4 章\4-6-1.swf

STEP 1 执行"文件>打开"命令，打开页面"网盘\源文件\第 4 章\4-6-1.html"，效果如图 4-79 所示。转换到代码视图中，可以看到该网页的 HTML 代码，如图 4-80 所示。

图 4-79

```
<body>
<div id="text">
红酒简介
<hr width="300" size="1" color="#FF0000">
葡萄酒，也称红酒，是用新鲜的葡萄或葡萄汁经发酵酿成的酒精饮料。酿制
红酒的时候，葡萄皮和葡萄肉是同时压榨的，红酒中所含的红色素，就是在
压榨葡萄皮的时候释放出来的。就因为这样，所有红酒的色泽才是红色的。
葡萄酒通常分红葡萄酒和白葡萄酒两种。前者是红葡萄带皮浸渍发酵而成；
后者是葡萄汁发酵而成的。红酒的成分相当复杂，是经自然发酵酿造出来的
果酒，含有最多的是葡萄果汁，占80%以上，其次是经葡萄里面的糖份自然发
酵而成的酒精，一般在10%至30%，剩余的物质超过1000种，比较重要的有300
多种，红酒其他重要的成分有酒石酸，果胶，矿物质和单宁酸等。虽然这些
物质所占的比例不高，却是酒质优劣的决定性因素。</div>
</body>
```

图 4-80

STEP 2 为网页相应的文字添加滚动文本标签<marquee>，如图 4-81 所示。保存页面，在浏览器中预览页面，可以看到文本实现了从右向左滚动效果，如图 4-82 所示。

```
<body>
<div id="text">
红酒简介
<hr width="300" size="1" color="#FF0000">
<marquee>葡萄酒，也称红酒，是用新鲜的葡萄或葡萄汁经发酵酿成的酒精饮
料。酿制红酒的时候，葡萄皮和葡萄肉是同时压榨的，红酒中所含的红色
素，就是在压榨葡萄皮的时候释放出来的。就因为这样，所有红酒的色泽才是
红色的。葡萄酒通常分红葡萄酒和白葡萄酒两种。前者是红葡萄带皮浸渍发
酵而成；后者是葡萄汁发酵而成的。红酒的成分相当复杂，是经自然发酵酿
造出来的果酒，含有最多的是葡萄果汁，占80%以上，其次是经葡萄里面的糖
份自然发酵而成的酒精，一般在10%至30%，剩余的物质超过1000种，比较重
要的有300多种，红酒其他重要的成分有酒石酸，果胶，矿物质和单宁酸等。
虽然这些物质所占的比例不高，却是酒质优劣的决定性因素。</marquee></div>
</body>
```

图 4-81

图 4-82

STEP 3 返回到代码视图中，在<marquee>标签中添加属性设置，控制滚动文本的宽度、高度和方向等，如图 4-83 所示。保存页面，在浏览器中预览页面，可以看到滚动文本的效果，如图 4-84 所示。

```
<body>
<div id="text">
红酒简介
<hr width="300" size="1" color="#FF0000">
<marquee width="300" height="200" direction="up" scrollamount="2">
葡萄酒，也称红酒，是用新鲜的葡萄或葡萄汁经发酵酿成的酒精饮料。酿制
红酒的时候，葡萄皮和葡萄肉是同时压榨的，红酒中所含的红色素，就是在
压榨葡萄皮的时候释放出来的。就因为这样，所有红酒的色泽才是红色的。
葡萄酒通常分红葡萄酒和白葡萄酒两种。前者是红葡萄带皮浸渍发酵而成；
后者是葡萄汁发酵而成的。红酒的成分相当复杂，是经自然发酵酿造出来的
果酒，含有最多的是葡萄果汁，占80%以上，其次是经葡萄里面的糖份自然发
酵而成的酒精，一般在10%至30%，剩余的物质超过1000种，比较重要的有300
多种，红酒其他重要的成分有酒石酸，果胶，矿物质和单宁酸等。虽然这些
物质所占的比例不高，却是酒质优劣的决定性因素。</marquee></div>
</body>
```

图 4-83

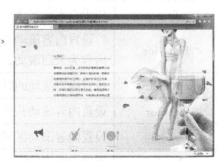

图 4-84

STEP 4 为了使浏览者能够清楚地看到滚动的文字，还需要实现当鼠标指向滚动字幕后，字幕滚动停止，当鼠标离开字幕后，字幕继续滚动的效果，返回到代码视图中，在<marquee>标签中添加属性设置，如图 4-85 所示。保存页面，在浏览器中预览页面，可以看到所实现的文本滚动效果，如图 4-86 所示。

```
<body>
<div id="text">
红酒简介
<hr width="300" size="1" color="#FF0000">
<marquee width="300" height="200" direction="up" scrollamount="2"
onmouseover="stop();" onmouseout="start();">葡萄酒，也称红酒，是用
新鲜的葡萄或葡萄汁经发酵酿成的酒精饮料。酿制红酒的时候，葡萄皮和葡
萄肉是同时压榨的，红酒中所含的红色素，就是在压榨葡萄皮的时候释放出
来的。就因为这样，所有红酒的色泽才是红色的。葡萄酒通常分红葡萄酒和
白葡萄酒两种。前者是红葡萄带皮浸渍发酵而成；后者是葡萄汁发酵而成的
。红酒的成分相当复杂，是经自然发酵酿造出来的果酒，含有最多的是葡萄
果汁，占80%以上，其次是经葡萄里面的糖份自然发酵而成的酒精，一般在
10%至30%，剩余的物质超过1000种，比较重要的有300多种，红酒其他重要的
成分有酒石酸，果胶，矿物质和单宁酸等。虽然这些物质所占的比例不高，
却是酒质优劣的决定性因素。</marquee></div>
</body>
```

图 4-85

图 4-86

自测
19

制作网页图片滚动效果

最终文件：网盘\最终文件\第 4 章\4-6-2.html

视　　频：网盘\视频\第 4 章\4-6-2.swf

STEP 1 执行"文件>打开"命令，打开页面"网盘\源文件\第 4 章\4-6-2.html"，效果如图 4-87 所示。转换到代码视图中，可以看到该网页的 HTML 代码，如图 4-88 所示。

图 4-87

```
<body>
<div id="pic">
<img src="images/46203.png" width="156" height="155" alt=""/>
<img src="images/46204.png" width="156" height="155" alt=""/>
<img src="images/46205.png" width="156" height="155" alt=""/>
<img src="images/46206.png" width="156" height="155" alt=""/>
<img src="images/46207.png" width="156" height="155" alt=""/>
</div>
</body>
```

图 4-88

STEP 2 在网页中为标签<div id="pic"></div>之间的图片添加滚动文本标签<marquee>，如图 4-89 所示。保存页面，在浏览器中预览页面，可以看到图片实现了从右向左滚动效果，如图 4-90 所示。

```
<body>
<div id="pic">
<marquee>
<img src="images/46203.png" width="156" height="155" alt=""/>
<img src="images/46204.png" width="156" height="155" alt=""/>
<img src="images/46205.png" width="156" height="155" alt=""/>
<img src="images/46206.png" width="156" height="155" alt=""/>
<img src="images/46207.png" width="156" height="155" alt=""/>
</marquee>
</div>
</body>
```

图 4-89

图 4-90

STEP 3 返回到代码视图中，在<marquee>标签中添加属性设置，控制图片的滚动速度、滚动时间间隔和方向等，如图 4-91 所示。保存页面，在浏览器中预览页面，可以看到图片滚动的效果，如图 4-92 所示。

```html
<body>
<div id="pic">
<marquee direction="right" scrollamount="10" scrolldelay="200">
<img src="images/46203.png" width="156" height="155" alt=""/>
<img src="images/46204.png" width="156" height="155" alt=""/>
<img src="images/46205.png" width="156" height="155" alt=""/>
<img src="images/46206.png" width="156" height="155" alt=""/>
<img src="images/46207.png" width="156" height="155" alt=""/>
</marquee>
</div>
</body>
```

图 4-91   图 4-92

STEP 4 为了更好地实现滚动效果，还需要实现当鼠标指向滚动图片后，图片滚动停止，当鼠标离开图片后，图片继续滚动的效果，返回到代码视图中，在<marquee>标签中添加属性设置，如图 4-93 所示。保存页面，在浏览器中预览页面，可以看到所实现的图像滚动效果，如图 4-94 所示。

```html
<body>
<div id="pic">
<marquee direction="right" scrollamount="10" scrolldelay="200"
onmouseover="stop();" onmouseout="start();">
<img src="images/46203.png" width="156" height="155" alt=""/>
<img src="images/46204.png" width="156" height="155" alt=""/>
<img src="images/46205.png" width="156" height="155" alt=""/>
<img src="images/46206.png" width="156" height="155" alt=""/>
<img src="images/46207.png" width="156" height="155" alt=""/>
</marquee>
</div>
</body>
```

图 4-93   图 4-94

4.7 本章小结

    本章主要向读者介绍了网页中对文本和图像进行设置的相关标签，以及各标签的相关属性，通过本章内容的学习，读者需要掌握这些标签的正确使用方法，并能够在网页制作过程中灵活的运用相应的标签来实现各种效果。

4.8 课后测试题

一、选择题

1. HTML 代码中创建定义列表的标签是什么？（　　　）

    A. <dl></dl>　　　　B. <dt></dt>　　　　C. <dd></dd>　　　　D. <ol></ol>

2. 网页设计标题文字的方式是哪种？（　　　）

    A. <span class="heading">文章标题</span>　　B. <p><b>文章标题</b></p>

    C. <h1>文章标题</h1>　　　　　　　　　　D. <strong>相应文本</strong>

3. HTML 代码哪个标签可以正确地标记分行？（　　　）

A. <nobr>　　　　B. <break>　　　　C.
　　　　D. <p>

4. 下列关于<marquee>标签中 scrollamount 属性的说明，正确的解释是（　　　　）。

　　A. scrollamount 属性是指滚动速度延时，数值越大速度越慢

　　B. scrollamount 属性是指滚动的速度，数值越小滚动越慢

　　C. scrollamount 属性是指滚动文本区域的高度

　　D. scrollamount 属性是指滚动文本区域的宽度

二、判断题

1. 在<ul>标签中添加 type="square"属性设置，可以将项目符号修改为实心正方形。
（　　　　）

2. <dt><dd>标签包含在<dl>标签内，不同的是标签<dt></dt>定义的是标题，而标签
<dd></dd>定义的是内容。（　　　　）

3. 网站页面常用的只有 GIF、JPEG、PNG 这 3 种格式，其中 JPEG 文件具有较大的灵活
性且文件比较小。（　　　　）

三、简答题

1. 在网页中是否可以使用任意的字体？

2. 在网页中使用图片和文字的滚动效果，还有什么其他方法？

PART 5
第 5 章
多媒体与超链接标签设置

本章简介

多媒体的应用可以使网页更加生动和美观，现如今几乎所有网页都可以看到大量的多媒体和超链接元素，本章重点介绍了在网页中插入多媒体的知识和各种超链接标签的设置方式。

本章重点

● 掌握在网页中插入多媒体方法
● 掌握如何为网页添加背景音乐
● 了解调用外部程序的方法
● 理解客户端和服务器端程序的区别
● 掌握在网页中创建各种超链接的方法

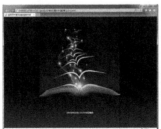

5.1 在网页中插入多媒体

如果能在网页中插入 Flash 动画，可以使单调的网页变得更加生动，但是如果要正确预览嵌入这些文件的网页，就需要在客户端的计算机中安装相应的播放软件，在网页中常见的多媒体文件包括声音文件和视频文件。

5.1.1 插入 Flash 动画<embed>标签

网页中只有文字和图像是不足以吸引浏览者的，在网页可以通过插入 Flash 动画，使得网页内容更加丰富，使用<embed>标签可以将 Flash 动画文件插入到网页中。插入 Flash 的基本语法如下：

<embed src="Flash 文件地址" width="宽度" height="高度"></embed>

<embed>标签中的属性说明如表 5-1 所示。

表 5-1 <embed>标签中的属性说明

属性	说 明
src	用于设置 Flash 动画的地址，可以使用相对地址也可以使用绝对地址
width	用于设置 Flash 动画的宽度
height	用于设置 Flash 动画的高度

自测 1
制作 Flash 欢迎页面
最终文件：网盘\最终文件\第 5 章\5-1-1.html
视　　频：网盘\视频\第 5 章 5-1-1.swf

STEP 1 执行"文件>打开"命令，打开页面"网盘\源文件\第 5 章\5-1-1.html"，可以看到页面效果，如图 5-1 所示。转换到代码视图中，可以看到该页面的 HTML 代码，如图 5-2 所示。

```
<!doctype html>
<html>
<head>
<meta charset="utf-8">
<title>制作Flash 欢迎页面</title>
<link href="style/5-1-1.css" rel="stylesheet" type=
"text/css">
</head>

<body>
<div id="flash">此处显示　id "flash" 的内容</div>
</body>
</html>
```

图 5-1　　　　　　　　　　　　　　　　图 5-2

STEP 2 光标移至<div id="flash">与</div>标签之间，将多余文字删除，添加<embed>标签并对属性进行设置，如图 5-3 所示。执行"文件>保存"命令，保存该页面，在浏览器中预览页面，可以看到在网页中插入 Flash 动画的效果，如图 5-4 所示。

```
<body>
<div id="flash"><embed src="images/510101.swf" width=
"900px" height="650px"></embed></div>
</body>
</html>
```

图 5-3

图 5-4

提示　　大部分浏览器并不能直接播放 Flash 动画，必须通过 Flash Player 插件才能够播放，但是 Flash Player 插件通常是随着操作系统安装到计算机中的，所以，一般情况下都可以直接在浏览器中预览到 Flash 动画。

5.1.2　插入 FLV 视频<object>标签

由于网络带宽的不断提升，网络应用中多媒体元素随处可见，而插入 FLV 视频就是常见网页中常用的一种多媒体元素，其不仅有着丰富的表现力，而且可以使页面整体看起来简洁、大方。使用<object>标签可以在网页中插入 FLV 视频，在<object>标签中可以使用<param>标签为播放器提供额外的信息。插入 FLV 视频的基本语法如下：

```
<object type="application/x-shockwave-flash" data="FLVPlayer_Progressive.swf" width="530"
height="348">
      <param name="FlashVars" value="&amp;MM_ComponentVersion=1&amp;skinName=
Clear_Skin_1&amp;streamName=images/video&amp;autoPlay=false&amp;autoRewind=false" />
      </object>
```

<object>标签的相关属性说明如表 5-2 所示。

表 5-2　<object>标签相关属性说明

属性	说　　明
type	该属性用于设置对象的类型，设置该属性的值为 application/x-shockwave-flash，可以将该对象设置为 Flash 对象
data	该属性用于设置对象所使用的资源路径和名称
width	该属性用于设置多媒体文件的宽度
height	该属性用于设置多媒体文件的高度
<param/>标签	该标签中设置了播放 FLV 视频的多个属性，其中 skinName 属性用于设置 FLV 播放器外观，streamName 属性用于设置需要播放的 FLV 视频文件的路径和地址，autoPlay 属性用于设置是否自动播放该 FLV 视频，autoRewind 属性用于设置是否循环进行播放

自测
2

制作 FLV 视频页面

最终文件：网盘\最终文件\第 5 章\5-1-2.html

视　　频：网盘\视频\第 5 章\5-1-2.swf

STEP 1 执行"文件>打开"命令，打开页面"网盘\源文件\第 5 章\5-1-2.html"，可以看到页面效果，如图 5-5 所示。转换到代码视图中，可以看到该页面的 HTML 代码，如图 5-6 所示。

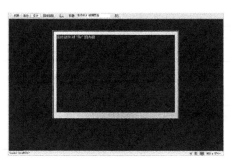

```
<!doctype html>
<html>
<head>
<meta charset="utf-8">
<title>制作FLV 视频页面</title>
<link href="style/5-1-2.css" rel="stylesheet"
type="text/css">
</head>

<body>
<div id="flv">此处显示  id "flv" 的内容</div>
</body>
</html>
```

图 5-5　　　　　　　　　　　　　　　　　　　　图 5-6

STEP 2 光标移至<div id="flv">与</div>标签之间，将多余文字删除，添加<object>标签并对属性进行设置，如图 5-7 所示。保存页面，在浏览器中预览页面，可以看到插入 FLV 视频的效果，如图 5-8 所示。

```
<body>
<div id="flv">
<object type="application/x-shockwave-flash" data=
"FLVPlayer_Progressive.swf" width="530" height="348">
  <param name="FlashVars" value=
"&amp;MM_ComponentVersion=1&amp;skinName=Clear_Skin_1
&amp;streamName=images/video&amp;autoPlay=false&amp;a
utoRewind=false" />
</object>
</div>
</body>
```

图 5-7　　　　　　　　　　　　　　图 5-8

提示

如果需要在网页中插入 FLV 视频并播放，除了需要提供 FLV 视频文件外，还需要提供 FLV 播放器文件，在本实例页面所在文件夹中提供了 FLVPlayer_Progressive.swf 和 Clear_Skin_1.swf 两个文件，这两个文件为 FLV 播放器提供播放器外观。

提示

在网页中插入 FLV 视频文件的 HTML 代码较多，并且需要设置的选项也较多，比较复杂，建议用户使用 Dreamweaver 设计视图中的"插入"面板中的 Flash Video 按钮，在网页中插入 FLV 视频，使用 Dreamweaver 设计视图更加简单、方便和快捷。

5.1.3 插入普通视频<embed>标签

在网页中不仅可以插入 FLV 视频，还可以插入许多普通格式的视频文件，例如 WMV 和 AVI 等格式的视频文件。在网页中插入视频可以在网页上显示播放器外观，包括播放、暂停、停止和音量等控制按钮。使用<embed>标签在网页中插入普通视频的语法格式如下：

<embed src="视频文件地址" width="宽度" height="高度" autostart="是否自动播放" loop="是否循环播放"></embed>

<embed>标签的相关属性说明如表 5-3 所示。

表 5-3　<embed>标签相关属性说明

属性	说　　明
autostart	用于设置视频文件是否自动播放，有两个属性值，一个是 true，表示自播放，另一个是 false，表示不自动播放
loop	用于设置视频是否循环播放，有两个属性值，一个是 true，表示视频文件将无限次的循环播放。另一个是 false，表示视频只播放一次

自测 3　制作视频网页
最终文件：网盘\最终文件\第 5 章\5-1-3.html
视　　频：网盘\视频\第 5 章\5-1-3.swf

STEP 1　执行"文件>打开"命令，打开页面"网盘\源文件\第 5 章\5-1-3.html"，可以看到页面效果，如图 5-9 所示。转换到代码视图中，可以看到该页面的 HTML 代码，如图 5-10 所示。

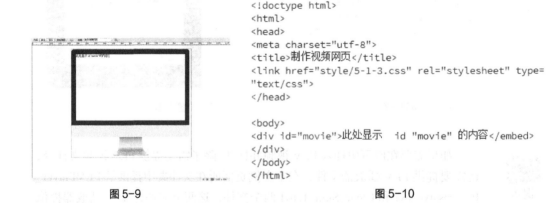

```
<!doctype html>
<html>
<head>
<meta charset="utf-8">
<title>制作视频网页</title>
<link href="style/5-1-3.css" rel="stylesheet" type=
"text/css">
</head>

<body>
<div id="movie">此处显示  id "movie" 的内容</embed>
</div>
</body>
</html>
```

图 5-9　　　　　　　　　　　　　　　　图 5-10

STEP 2　光标移至<div id="movie">与</div>标签之间，将多余文字删除，添加<embed>标签并对属性进行设置，如图 5-11 所示。保存页面，在浏览器中预览页面，可以看到播放视频的效果，如图 5-12 所示。

提示

<embed>标签可以插入多种音频和视频格式，支持的播放格式取决于浏览者系统中的播放器，确保浏览者系统中的播放器支持网络上相应格式的多媒体资源播放。

```
<body>
<div id="movie">
<embed src="images/movie.avi" width="625" height="365"
autostart="true" loop="false"></embed>
</div>
</body>
```

图 5-11

图 5-12

5.2 为网页添加背景音乐

网页插入声音的方法有很多种，可以插入的声音格式也很多。为网页添加声音可以渲染主题的气氛，但同时也会增加文件的大小。本节将介绍两种为网页添加背景音乐的方法，一种是使用<bgsound>标签为网页添加背景音乐，另一种是使用<embed>标签在网页中嵌入音频播放。

5.2.1 背景音乐<bgsound>标签

如果只是为网页添加背景音乐，使用 HTML 中的<bgsound>标签是简单快捷的方法。<bgsound>标签的基本语法如下：

<bgsound src="背景音乐的地址" loop="播放次数">

<bgsound>标签的相关属性说明如表 5-4 所示。

表 5-4 <bgsound>标签的相关属性说明

属性	说 明
src	用于设置背景音乐文件的路径地址，可以是绝对路径也可以是相对路径，背景音乐的文件可以使 avi、mp3 等声音文件
loop	用于设置背景音乐的循环次数，如果设置 loop 属性值为−1，则表示背景音乐无限循环播放

> **自测 4**
>
> **为网页添加背景音乐**
> 最终文件：网盘\最终文件\第 5 章\5-2-1.html
> 视　　频：网盘\视频\第 5 章\5-2-1.swf

STEP 1 执行"文件>打开"命令，打开页面"网盘\源文件\第 5 章\5-2-1.html"，可以看到页面效果，如图 5-13 所示。转换到代码视图中，可以看到该网页的 HTML 代码，如图 5-14 所示。

STEP 2 在<body>与</body>标签之间的任意位置加入<bgsound>标签设置背景音乐，如图 5-15 所示。保存该页面，在浏览器中预览页面，可以听到网页背景音乐，如图 5-16 所示。

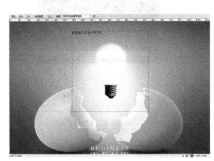

图 5-13

```
<!doctype html>
<html>
<head>
<meta charset="utf-8">
<title>为网页添加背景音乐</title>
<link href="style/5-2-1.css" rel="stylesheet" type=
"text/css">
</head>

<body>
<div id="pic">此处显示  id "pic" 的内容</div>
</body>
</html>
```

图 5-14

```
<body>
<div id="pic">
<bgsound src="images/sound.mp3" loop="-1">
</div>
</body>
</html>
```

图 5-15

图 5-16

5.2.2　嵌入音频<embed>标签

使用<embed>标签即可在网页中嵌入音频文件，在网页中嵌入音频可以在网页上显示播放器的外观，包括播放、暂停、停止、音量及声音文件的开始和结束等控制按钮。嵌入音频的基本语法如下：

<embed src="音频文件地址" width="宽度" height="高度" autostart="是否自动播放" loop="是否循环播放"></embed>

通过嵌入音频的语法可以看出，在网页中嵌入音频文件与在网页中插入普通视频的方法相似，都是使用<embed>标签，只不过嵌入音频文件链接的是音频文件，而 width 和 height属性分别设置的是音频播放器的宽度和高度。

自测
5

在网页中嵌入音频
最终文件：网盘\最终文件\第 5 章\5-2-2.html
视　　频：网盘\视频\第 5 章\5-2-2.swf

STEP 1　执行 "文件>打开" 命令，打开页面 "网盘\源文件\第 5 章\5-2-2.html"，可以看到页面效果，如图 5-17 所示。转换到代码视图中，可以看到该网页的 HTML 代码，如图 5-18所示。

STEP 2　光标移至<div id="music">与</div>标签之间，将多余文字删除，添加<embed>标签并对属性进行设置，如图 5-19 所示。保存该页面，在浏览器中预览页面，可以看到在网页中嵌入音频的效果，如图 5-20 所示。

图 5-17

```
<!doctype html>
<html>
<head>
<meta charset="utf-8">
<title>在网页中嵌入音频</title>
<link href="style/5-2-2.css" rel="stylesheet"
type="text/css">
</head>

<body>
<div id="pic">
  <div id="music">此处显示 id "music" 的内容</div>
</div>
</body>
</html>
```

图 5-18

```
<body>
<div id="pic">
  <div id="music">
  <embed src="images/sound.mp3" width="300"
height="40" autostrat="true" loop="true"></embed>
  </div>
</div>
</body>
```

图 5-19

图 5-20

提示

链接的声音文件可以是相对地址的文件也可以是绝对地址的文件,用户可以根据需要决定声音文件的路径地址,但是通常都是使用同一站点下的相对地址路径,这样可以防止页面上传到网络上出现错误。

5.3 网页中调用外部程序

一个完整的网站开发离不开程序,网站程序分为服务器端和客户端,为了以后更深入地学习网站技术,本节简单介绍程序和 HTML 代码的联系。

5.3.1 调用外部 JavaScript 程序

JavaScript 技术是网页制作中非常重要的技术之一,JavaScript 脚本代码都需要编写在 HTML 页面的<head>与</head>标签之间。在很多网站中,部分 JavaScript 程序是许多网页共用的,这时 JavaScript 程序必须以单独的文件形式独立于网页,在需要使用该 JavaScript 程序的网页文件中调用该 JavaScript 程序。调用外部 JavaScript 程序文件的基本语法格式如下:

```
<script src="JavaScript 程序文件"></script>
```

自测 6 网页中显示当前系统时间
最终文件：网盘\最终文件\第 5 章\5-3-1.html
视　　频：网盘\视频\第 5 章\5-3-1.swf

STEP 1 执行"文件>新建"命令，弹出"新建文档"对话框，在"页面类型"列表中选择 JavaScript 选项，单击"创建"按钮，新建 JavaScript 文件，如图 5-21 所示。在该 JavaScript 文件中编写 JavaScript 脚本代码，将该文件保存为"网盘\源文件\第 5 章\date.js"，如图 5-22 所示。

图 5-21

图 5-22

STEP 2 执行"文件>打开"命令，打开页面"网盘\源文件\第 5 章\5-3-1.html"，可以看到页面效果，如图 5-23 所示。转换到代码视图中，可以看到该网页的 HTML 代码，如图 5-24 所示。

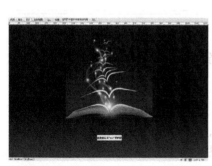

图 5-23

```html
<!doctype html>
<html>
<head>
<meta charset="utf-8">
<title>在网页中显示当前系统时间</title>
<link href="style/5-3-1.css" rel="stylesheet" type=
"text/css">
</head>

<body>
<div id="box">
  <div id="text">此处显示   id "text" 的内容</div>
</div>
</body>
</html>
```

图 5-24

STEP 3 光标移至<div id="text">与</div>标签之间，将多余文字删除，在<head>与</head>标签之间添加<Script>标签调用外部 JavaScript 文件，如图 5-25 所示。保存该页面，在浏览器中预览页面，可以看到在网页中显示当前系统时间，如图 5-26 所示。

```
<!doctype html>
<html>
<head>
<meta charset="utf-8">
<title>在网页中显示当前系统时间</title>
<link href="style/5-3-1.css" rel="stylesheet" type=
"text/css">
<script src="date.js"></script>
</head>

<body>
<div id="box">
  <div id="text"></div>
</div>
</body>
</html>
```

图 5-25

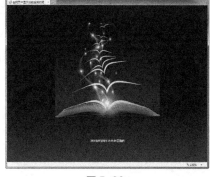

图 5-26

5.3.2　区分客户端与服务器端程序

上一节的 JavaScript 程序属于网络技术中的客户端程序（浏览器端程序），而动态网页技术的程序属于服务器端程序。

所谓客户端程序，即程序在浏览者的系统中运行并得出结果；服务器端程序，即程序在网站服务器的系统中运行，得出的结果发给浏览者。

由于客户端程序（浏览器端程序）需要在浏览者的系统中运行，而 JavaScript 属于脚本语言，所以 JavaScript 的源代码暴露在 HTML 的源代码中。服务器端的程序（如 ASP、PHP 等）在服务器已经完成了运行，得出了结果，所以发送到浏览器端的 HTML 页面是看不到程序源代码的。

由于 JavaScript 的源代码暴露在 HTML 页面中，对于初学者，可以从优秀网页的 HTML 源代码中很方便地学习 JavaScript 程序。

5.4　文本与图像链接

超链接是网页中最重要的元素之一，它能够让浏览者在各个独立的页面之间方便地跳转。每个网站都是由众多的网页组成，网页之间通常都是通过链接方式互相关联的。在网页上加入超链接，就可以把 Internet 上众多的网站和网页联系起来，构成一个有机的整体。

5.4.1　超链接<a>标签

超链接由源地址和目标地址文件构成，当访问者单击某个超链接时，浏览器会自动从相应的目标地址检索网页并显示在浏览器中。如果链接的对象不是网页而是其他类型的文件，浏览器会自动调用本机上的相关程序打开访问的文件。<a>标签的基本语法如下：

<a href="链接目标">链接显示文本</a>

<a>为链接标签，<a>标签的属性有：href 属性，该属性指定链接地址；name 属性，该属性给链接命名；title 属性，该属性给链接添加提示文字；target 属性，该属性指定链接的目标窗口。

为文字和图像设置超链接

最终文件：网盘\最终文件\第 5 章\5-4-1.html

视　　频：网盘\视频\第 5 章\5-4-1.swf

STEP 1 打开页面"网盘\源文件\第 5 章\5-4-1.html"，可以看到页面效果，如图 5-27 所示。转换到代码视图，可以看到该网页的 HTML 代码，如图 5-28 所示。

```html
<!doctype html>
<html>
<head>
<meta charset="utf-8">
<title>为文字和图像设置超链接</title>
<link href="style/5-4-1.css" rel="stylesheet" type=
"text/css">
</head>

<body>
<div id="text">欢迎进入海底世界<br>
<img src="images/540102.png" width="88" height="89"  alt=""
/></div>
</body>
</html>
```

图 5-27　　　　　　　　　　　　　　　　图 5-28

STEP 2 为网页中相应的文字和图像分别添加<a>标签并设置其链接地址，如图 5-29 所示。在浏览器中预览页面，可以看到页面效果，如图 5-30 所示。

```html
<body>
<div id="text"><a href="5-3-1.html">欢迎进入海底世界</a><br>
<a href="http://www.163.com"><img src="images/540102.png"
width="88" height="89"  alt=""/></a></div>
</body>
</html>
```

图 5-29　　　　　　　　　　　　　　　　图 5-30

STEP 3 单击页面中设置了超链接的文字，即可跳转到所链接的 5-3-1.html 页面，如图 5-31 所示。单击页面中设置了超链接的图像，即可跳转到网易网站首页，如图 5-32 所示。

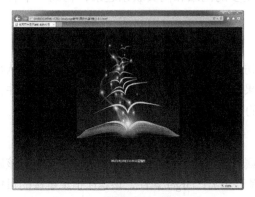
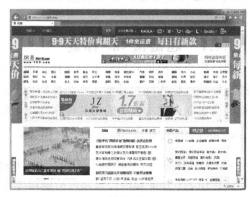

图 5-31　　　　　　　　　　　　　　　　图 5-32

5.4.2 超链接打开方式 target 属性

在网页文件中，默认情况下超链接在原来的浏览器窗口中打开，HTML 技术提供了 target 属性来控制打开的目标窗口。target 属性的基本语法如下：

> \<a href="链接目标" target="目标窗口的打开方式"\>

target 属性的取值有 4 种，说明如表 5-5 所示。

表 5-5 target 属性的属性值说明

属性值	说　　明
_self	表示在当前页面中打开链接
_blank	表示在一个全新的空白窗口中打开链接
_top	表示在顶层框架中打开链接，也可以理解为在根框架中打开链接
_parent	表示在当前框架的上一层里打开链接

> **自测 8** **设置超链接打开方式**
> 最终文件：网盘\最终文件\第 5 章\5-4-2.html
> 视　　频：网盘\视频\第 5 章\5-4-2.swf

STEP 1 打开页面"网盘\源文件\第 5 章\5-4-2.html"，可以看到页面效果，如图 5-33 所示。转换到代码视图，可以看到该网页的 HTML 代码，如图 5-34 所示。

```
<!doctype html>
<html>
<head>
<meta charset="utf-8">
<title>设置超链接打开方式</title>
<link href="style/5-4-1.css" rel="stylesheet" type=
"text/css">
</head>

<body>
<div id="text"><a href="5-3-1.html">欢迎进入海底世界<br>
<img src="images/540102.png" width="88" height="89"  alt=""
/></div>
</body>
</html>
```

图 5-33　　　　　　　　　　　　　　　　图 5-34

STEP 2 在文字超链接\<a\>标签中添加超链接打开方式 target 属性设置，如图 5-35 所示。保存页面，在浏览器中预览页面，单击页面中的超链接文字，可以在新窗口中打开网页，如图 5-36 所示。

```
<body>
<div id="text"><a href="5-3-1.html" target="_blank">欢迎进
入海底世界</a><br>
<img src="images/540102.png" width="88" height="89"  alt=""
/></div>
</body>
```

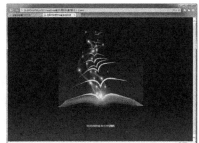

图 5-35　　　　　　　　　　　　　　　　图 5-36

5.4.3 超链接提示 title 属性

有时候超链接不能够完全描述链接的内容时，超链接标签提供的 title 属性能给浏览者做出提示。title 属性的值即为提示内容，当光标停留在设置了 title 属性的链接上时，提示内容就会出现。title 属性的基本语法如下：

```
<a href=链接文件的地址 title=链接的提示文字>…</a>
```

设置超链接提示文字
最终文件：网盘\最终文件\第 5 章\5-4-3.html
视　　频：网盘\视频\第 5 章\5-4-3.swf

STEP 1 打开页面"网盘\源文件\第 5 章\5-4-3.html"，可以看到页面效果，如图 5-37 所示。转换到代码视图，可以看到该网页的 HTML 代码，如图 5-38 所示。

```
<!doctype html>
<html>
<head>
<meta charset="utf-8">
<title>设置超链接提示文字</title>
<link href="style/5-4-1.css" rel="stylesheet" type=
"text/css">
</head>

<body>
<div id="text">欢迎进入海底世界<br>
<a href="#"><img src="images/540102.png" width="88" height=
"89"  alt=""/></a></div>
</body>
</html>
```

图 5-37　　　　　　　　　　　　　　　　　图 5-38

STEP 2 在网页中的超链接标签<a>标签中添加 title 属性的设置，如图 5-39 所示。保存页面，在浏览器中预览页面，将光标移至设置了超链接上的图像上时，可以看到提示文字，如图 5-40 所示。

```
<body>
<div id="text">欢迎进入海底世界<br>
<a href="#" title="欢迎进入海底世界"><img src=
"images/540102.png" width="88" height="89"  alt=""/></a></
div>
</body>
</html>
```

图 5-39　　　　　　　　　　　　　　　　　图 5-40

5.4.4 锚记链接

网站经常会有一些页面由于内容过多，导致页面过长，访问者需要拖动浏览器上的滚动条才能查看完整的页面。为了方便用户查看网页的内容，网页需要建立锚点链接。创建锚点的基本语法如下：

```
<a name="锚点名称"></a>
```

在网页中创建了锚点之后，就可以创建到锚点的链接，需要使用#号以及锚点的名称为作 href 属性的值。创建锚记链接的基本语法如下：

```
<a href="#锚点名称">…</a>
```

自测 10	设置锚记链接
	最终文件：网盘\最终文件\第 5 章\5-4-4.html
	视　　频：网盘\视频\第 5 章\5-4-4.swf

STEP 1 打开页面"网盘\源文件\第 5 章\5-4-4.html"，可以看到页面效果，如图 5-41 所示。转换到代码视图，可以看到该网页的 HTML 代码，如图 5-42 所示。

```
<!doctype html>
<html>
<head>
<meta charset="utf-8">
<title>设置锚记链接</title>
<link href="style/5-4-4.css" rel="stylesheet" type=
"text/css">
</head>

<body>
<div id="box">
 <div id="top"><img src="images/540402.png" width="600"
height="100"  alt=""/></div>
 <div id="center">
 <img src="images/540403.png" width="200" height="296"
alt=""/><img src="images/540404.png" width="200" height=
"296"  alt=""/><img src="images/540405.png" width="200"
height="296"  alt=""/></div>
 <div id="bottom">
 <img src="images/540406.gif" width="9" height="9" /><span
class="font">白羊座介绍</span><br >
  <br>
  <span class="font01">白羊: <br >
 </span><br >
    <span class="font03">生于每年3月21日至4月20日，火星的
本质为阳性，是天上火红色的天体，给人勇猛的感觉，故此以战神
阿瑞斯命名，象征勇气、刚强、斗志与男性魅力，掌管个人的冲劲
```

图 5-41　　　　　　　　　图 5-42

STEP 2 在"白羊座介绍"文字后添加<a>标签，并在该标签中添加 name 属性设置，创建一个锚点，如图 5-43 所示。为网页中第一张图像添加超链接<a>标签，并设置锚记链接，如图 5-44 所示。

```
<div id="bottom">
 <img src="images/540406.gif" width="9" height="9" /><span
class="font">白羊座介绍</span><a name="baiyang"><br >
  <br>
  <span class="font01">白羊: <br >
 </span><br >
    <span class="font03">生于每年3月21日至4月20日，火星的
```

图 5-43

```
<div id="center">
 <a href="#baiyang"><img src="images/540403.png" width=
"200" height="296"  alt=""/></a><img src=
"images/540404.png" width="200" height="296"  alt=""/><img
src="images/540405.png" width="200" height="296"  alt=""/>
</div>
```

图 5-44

提示　锚点的名称只能包含小写 ASCII 码和数字，且不能以数字开头。可以在网页的任意位置创建锚点，但是锚点的名称不能重复。

STEP 3　使用相同的方法，为"摩羯座介绍"和"狮子座介绍"图片创建相应的锚记链接，在浏览器中预览页面，如图 5-45 所示。单击页面中设置了锚记链接的图片，页面即可跳转到相应的锚记位置，如图 5-46 所示。

图 5-45　　　　　　　　　　　　　　　　　图 5-46

5.4.5　特殊超链接

超链接还可以进一步扩展网页的功能，比较常用的有发送电子邮件、空链接和下载链接等。创建以上链接只需修改链接的 href 值。

电子邮件链接的基本语法如下：

```
<a href="mailto:邮件地址">发送电子邮件</a>
```

创建电子邮件链接的要求是邮件地址必须完整，如 intel@163.com。

空链接的基本语法如下：

```
<a href="#">链接的文字</a>
```

下载链接的基本语法如下：

```
<a href="下载地址">链接的文字</a>
```

下载链接可以为浏览者提供下载文件，是一种很实用的下载方式。

自测 11　　**设置网页中的特殊链接**
最终文件：网盘\最终文件\第 5 章\5-4-5.html
视　　频：网盘\视频\第 5 章\5-4-5.swf

STEP 1　打开页面"网盘\源文件\第 5 章\5-4-5.html"，可以看到页面效果，如图 5-47 所示。转换到代码视图，可以看到该网页的 HTML 代码，如图 5-48 所示。

84

```
<body>
<div id="box">
  <div id="kehuduan"><img src="images/540503.gif" width=
"195" height="49"  alt=""/><img src="images/540504.gif"
width="195" height="49"  alt=""/></div>
    <div id="kefu"><img src="images/540506.gif" width="195"
height="49"  alt=""/><img src="images/540507.gif" width=
"195" height="49"  alt=""/></div>
  <div id="copyright">北京某某网络科技有限公司版权所有.本公
司保留最终解释权.<br >
地址:北京市海淀区上地信息路000号某某大厦88层<br >
客服邮箱: webmaster@intojoy.com</div>
</div>
</body>
```

图 5-47   图 5-48

STEP 2 在网页中，为相应的图片添加<a>标签，并设置文件下载链接，直接将 href 属性设置为需要下载的文件，如图 5-49 所示。保存页面，在浏览器中预览页面，单击设置下载链接的图片，弹出文件下载提示，如图 5-50 所示。

```
<div id="box">
  <div id="kehuduan">
  <a href="images/GAME.rar"><img src="images/540503.gif"
width="195" height="49"  alt=""/></a>
    <img src="images/540504.gif" width="195" height="49"  alt
=""/></div>
```

图 5-49   图 5-50

STEP 3 在网页中，为相应的图片添加<a>标签，并设置 Email 链接，直接将 href 属性设置为 mailto:+电子邮件地址，如图 5-51 所示。保存页面，在浏览器中预览页面，单击设置了 Email 链接的图片，弹出系统中默认的电子邮件收发软件，如图 5-52 所示。

```
<div id="kehuduan">
  <a href="images/GAME.rar"><img src="images/540503.gif"
width="195" height="49"  alt=""/></a>
  <a href="mailto:2512445744@qq.com"><img src=
"images/540504.gif" width="195" height="49"  alt=""/></a>
</div>
```

图 5-51   图 5-52

提示

用户在设置时还可以加入邮件的主题。方法是在输入电子邮件地址后面加入 "?subject=要输入的主题" 语句，实例中主题可以写 "客服帮助"，完整的语句为 "mailto:2512445744@qq.com?subject=客服帮助"。

STEP 4 在网页中为相应的图片添加<a>标签，并设置空链接，直接将 href 属性设置为#

即可，如图 5-53 所示。保存页面，在浏览器中预览页面，单击设置了空链接的图片，不能实现页面跳转，如图 5-54 所示。

```
<div id="kefu">
<a href="#"><img src="images/540506.gif" width="195"
height="49"  alt=""/></a>
  <img src="images/540507.gif" width="195" height="49"
=""/></div>
```

图 5-53　　　　　　　　　　　　　　　　　　图 5-54

提示　　所谓空链接，就是没有目标端点的链接。利用空链接，可以激活文件中链接对应的对象和文本。当文本或对象被激活后，可以为之添加行为，比如当鼠标经过后变换图片，或者使某一 Div 显示。

5.5　本章小结

本章知识点比较多，介绍了多媒体和超链接标签设置方法，属于 HTML 知识的基础部分，后面的学习都是建立在基础知识的掌握上。完成本章内容的学习，读者可以应用本章的内容在网页中添加多媒体，以及在 HTML 页面中创建各种超链接等，进而可以制作出优秀网页。

5.6　课后测试题

一、选择题

1. 使用什么标签可以将 Flash 动画文件插入到网页中（　　　）。
   A.　<bgsound>　　　　B.　<embed>　　　　C.　<map>　　　　D.　<area>

2. 为网页添加背景音乐，正确的写法是（　　　）。
   A.　<img scr="images/123.jpg" uesmap="#yinshe">
   B.　<a href="#">背景音乐</a>
   C.　<embed src="images/123.mp3" width="40" height="30" /></embed>
   D.　<bgsound src="images/123.mp3" loop="−1" />

3. 创建电子邮件、空链接和下载链接等只需修改链接的什么值？（　　　）
   A.　href　　　　　　　B.　title　　　　　　C.　name　　　　　D.　target

二、判断题

1. 锚点链接常常用于那些内容简单、元素极少的网页。（　　　）

2. target 属性的值是超链接的提示内容，当光标停留在设置了 target 属性的超链接上时，

提示内容就会出现。(　　　)

3. 使用<object>标签可以在网页中插入 FLV 视频。(　　　)

三、简答题

1. 什么是内部链接和外部链接?

2. 什么是绝对路径?

第 6 章
表单标签设置

本章简介

表单是静态 HTML 和动态网页技术的枢纽，是离用户距离最贴近的部分，所以外观必须给用户以信任感，并且功能模块清晰、操作便捷。不过，表单元素在 HTML 中并不属于动态技术，只是一种数据提交的方法。本节将学习制作网页中的完整表单，并学习部分实用的技巧。

本章重点

- 了解网页中表单的作用
- 理解网页表单\<form\>标签
- 理解并掌握网页中各种表单元素的实现方法
- 能够正确地在网页中使用各种表单元素

6.1　了解网页表单

网站所具有的功能不仅仅是展示信息给浏览者，同时还能接收用户信息。网络上常见的留言本、注册系统等都是能够实现交互功能的动态网页，可以使浏览者充分参与到网页中。可以实现交互功能最重要的 HTML 元素就是表单，掌握表单的相关内容对于以后学习动态网页有很大帮助。

6.1.1　网页表单的作用

表单不是表格，既不用来显示数据，也不用来布局网页。表单提供一个界面，一个入口，便于用户把数据提交给后台程序进行处理。

网页中的<form></form>标签用来创建表单，定义了表单的开始和结束位置，在标签之间的内容都在一个表单当中。表单子元素的作用是提供不同类型的容器，记录用户的数据。

用户完成表单数据输入之后，表单将把数据提交到后台程序页面。页面中可以有多个表单，但要确保一个表单只能提交一次数据。

6.1.2　网页表单<form>标签

网页中的<form></form>标签用来插入一个表单，在表单中可以插入相应的表单元素。<form>表单的基本语法格式如下：

```
<form name="表单名称" action="表单处理程序" method="数据传送方式">
……
</form>
```

在表单的<form>标签中，可以设置表单的基本属性，包括表单的名称、处理程序和传送方法等。一般情况下，表单的处理程序 action 属性和传送方法 method 属性是必不可少的参数。action 属性用于指定表单数据提交到哪个地址进行处理，name 属性用于给表单命名，这一属性不是表单所必需的属性，下面一节具体介绍表单的传送方法 method 属性。

6.1.3　表单的数据传递方式 method 属性

表单的 method 属性用于指定在数据提交到服务器时使用哪种 HTTP 提交方法，其值有两种：get 和 post。默认是 get 方法，而 post 是最常用的方法。

1. get

get 方法是通过 URL 传递给程序的，数据容量小，并且数据暴露在 URL 中，非常不安全。get 将表单中的数据按照"变量=值"的形式，添加到 action 所指向的 URL 后面，两者使用了"?"连接，而各个变量使用"&"连接。

2. post

post 是将表单中的数据放在 form 的数据体中，按照变量和值相对应的方式，传递到 action 所指向的程序。post 方法能传输大容量的数据，并且所有操作对用户来说都是不可见，非常安全。

提示

通常情况下，在选择表单数据的传递方式时，简单、少量和安全的数据可以使用 get 方法进行传递，大量的数据内容或者需要保密的内容则使用 post 方法进行传递。

6.2 在网页中插入表单元素

只有一个表单是无法实现其功能的，表单标签只有和它所包含的具体表单元素相结合才能真正实现表单收集信息的功能。属于表单内部的元素比较多，适用于不同类型的数据记录。大部分的表单元素都采用单标签\<input\>，不同的表单元素\<input\>标签的 type 属性取值不同。

6.2.1 文本域 text

文本域又称为单行文本框，属于表单中使用比较频繁的表单元素，在网页中很常见。文本域的基本语法如下：

<input type="text" value="初始内容" size="字符宽度" maxlength="最多字符数">

该语法将生成一个空的文本域，value 属性可以设置其文字的初始内容；size 属性可以设置字符宽度；maxlength 属性可以设置最多容纳的字符数量。

插入文本域
最终文件：网盘\最终文件\第 6 章\6-2-1.html
视　　频：网盘\视频\第 6 章\6-2-1.swf

STEP 1 执行"文件>打开"命令，打开页面"网盘\源文件\第 6 章\6-2-1.html"，效果如图 6-1 所示。转换到代码视图中，在\<div id="login"\>与\</div\>标签之间输入表单域\<form\>标签，如图 6-2 所示。

图 6-1　　　　　　　　　　　　　　　　　　　　图 6-2

STEP 2 在表单域\<form\>与\</form\>标签之间输入文字并添加文本域代码，如图 6-3 所示。保存该页面，在浏览器中预览页面，可以看到网页中的文本域效果，如图 6-4 所示。

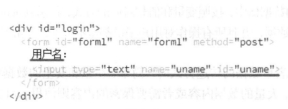

图 6-3　　　　　　　　　　　　　　　　　　　　图 6-4

6.2.2 密码域 password

密码域用于输入密码，在浏览者填入内容时，密码域内将以星号或其他系统定义的密码符号显示，以保证信息安全。密码域基本语法如下：

```
<input type="password">
```

该语法将生成一个空的密码域。除了显示不同的内容外，密码域的其他属性和单行文本框一样。

插入密码域

最终文件：网盘\最终文件\第 6 章\6-2-2.html

视　　频：网盘\视频\第 6 章\6-2-2.swf

STEP 1 执行"文件>打开"命令，打开页面"网盘\源文件\第 6 章\6-2-2.html"，效果如图 6-5 所示。转换到代码视图中，在"用户名"文本域后输入换行标签
，如图 6-6 所示。

图 6-5　　　　　　　　　　　　　　　　　　图 6-6

STEP 2 在
标签之后输入<input>标签并将其设置为密码域，如图 6-7 所示。保存该页面，在浏览器中预览页面，可以看到在密码域中输入内容的效果，如图 6-8 所示。

图 6-7　　　　　　　　　　　　　　　　　　图 6-8

提示　　在表单域<form>与</form>之外插入的所有表单元素并不会起到任何的作用，表单域是表单中必不可少的元素之一，所有的表单元素只有在表单域中才会生效。

6.2.3 文本区域 textarea

如果用户需要输入大量的内容，文本域显然无法完成，需要用到文本区域，文本区域的基本语法如下：

> `<textarea cols="宽度" rows="行数"></textarea>`

　　`<textarea>`与`</textarea>`之间的内容为初始文本内容。文本区域的常用属性有 cols（列）和 rows（行），cols 属性设定文本区域的宽度，rows 属性的值设定文本域的具体行数。

> | 自测 3 | 插入文本区域 |
> | --- | --- |
> | | 最终文件：网盘\最终文件\第 6 章\6-2-3.html |
> | | 视　　频：网盘\视频\第 6 章\6-2-3.swf |

STEP 1 执行"文件>打开"命令，打开页面"网盘\源文件\第 6 章\6-2-3.html"，效果如图 6-9 所示。转换到代码视图中，在`<div id="box">`与`</div>`标签之间输入表单域`<form>`标签，如图 6-10 所示。

图 6-9　　　　　　　　　　　　　　　　图 6-10

STEP 2 在`<form>`与`</form>`标签之间添加多行文本域`<textarea>`标签并对相关参数进行设置，如图 6-11 所示。保存该页面，在浏览器中预览页面，可以看到多行文本域的效果，如图 6-12 所示。

图 6-11　　　　　　　　　　　　　　　　图 6-12

6.2.4　隐藏域 hidden

　　很多时候传给程序的数据不需要浏览者填写，这种情况下通常采用隐藏域传递数据，隐藏域的基本语法如下：

> `<input type="hidden" value="数据">`

隐藏域在页面中不可见，但是可以装载和传输数据。

STEP 1 执行"文件>打开"命令，打开页面"网盘\源文件\第 6 章\6-2-4.html"，效果如图 6-13 所示。转换到代码视图中，可以看到该网页的 HTML 代码，如图 6-14 所示。

图 6-13　　　　　　　　　　　　　　　　　图 6-14

STEP 2 在<form>与</form>标签之间的任意位置添加隐藏域代码，如图 6-15 所示。保存该页面，在浏览器中预览页面，隐藏域在浏览器中是不可见的，如图 6-16 所示。

图 6-15　　　　　　　　　　　　　　　　　图 6-16

6.2.5　复选框 checkbox

为了让浏览者更快捷地在表单中填写数据，表单提供了复选框元素，浏览者可以在复选框中勾选一项或多项选项。复选框的基本语法如下：

```
<input type="checkbox" >
```

STEP 1 执行"文件>打开"命令，打开页面"网盘\源文件\第 6 章\6-2-5.html"，效果如

图 6-17 所示。转换到代码视图中，可以看到该网页的 HTML 代码，如图 6-18 所示。

```
<div id="diaocha">
    <span class="font01">你参加过哪些社会公益活动？</span>
    <form id="form1" name="form1" method="post" action="">
        <div id="ckbox"></div>
        <div id="btn">
            <input type="image" name="button" id="button" src=
"images/62502.jpg">
                <img src="images/62503.jpg" width="68" height="29" />
        </div>
    </form>
</div>
```

图 6-17　　　　　　　　　　　　　　　　　　　　图 6-18

STEP 2 在 <div id="checkbox"> 与 </div> 标签之间输入相应的文字并添加复选框代码，如图 6-19 所示。保存该页面，在浏览器中预览页面，可以看到在网页中插入的复选框效果，如图 6-20 所示。

```
<div id="ckbox">
    <input type="checkbox" name="checkbox" id="checkbox">
    义务献血<br>
    <input type="checkbox" name="checkbox2" id="checkbox2">
    指挥交通<br>
    <input type="checkbox" name="checkbox3" id="checkbox3">
    环境保护<br>
    <input type="checkbox" name="checkbox4" id="checkbox4">
    社会治安<br>
    <input type="checkbox" name="checkbox5" id="checkbox5">
    紧急救助<br>
    <input type="checkbox" name="checkbox6" id="checkbox6">
    文明宣传<br>
    <input type="checkbox" name="checkbox7" id="checkbox7">
    义务劳动
</div>
```

图 6-19　　　　　　　　　　　　　　　　　　　　图 6-20

提示

　　　　　在网页中通过 <input type="checkbox"> 插入到网页中的复选框，默认状态下是没有被选中的，如果希望复选框默认就是选中状态，可以在复选框的 <input> 标签中添加 checked="checked" 属性设置。

6.2.6　单选按钮 radio

单选按钮和复选框一样可以快捷地让浏览者在表单中填写数据。单选按钮的基本语法如下：

`<input type="radio">`

自测
6

插入单选按钮
最终文件：网盘\最终文件\第 6 章\6-2-6.html
视　　频：网盘\视频\第 6 章\6-2-6.swf

STEP 1 执行"文件>打开"命令，打开页面"网盘\源文件\第 6 章\6-2-6.html"，效果如图 6-21 所示。转换到代码视图中，可以看到该网页的 HTML 代码，如图 6-22 所示。

图 6-21

```
<div id="box">
    <div id="text">《三国风云》即将推出, 对此你有什么看法? </div>
    <form id="form1" name="form1" method="post">
    <div id="select"></div>
    <input type="image" name="imageField" id="imageField"
src="images/62603.JPG" class="img"><img src=
"images/62604.JPG" width="67" height="24" alt="" />
    </form>
    </div>
```

图 6-22

STEP 2 在<div id="select">与</div>标签之间添加单选按钮的相关代码, 如图 6-23 所示。保存该页面, 在浏览器中预览页面, 可以看到插入到网页中的单选按钮的效果, 如图 6-24 所示。

```
<div id="select">
    <input type="radio" name="radio" id="radio" value="非常期待" checked>
    非常期待<br>
    <input type="radio" name="radio" id="radio" value="没什么感觉">
    没什么感觉<br>
    <input type="radio" name="radio" id="radio" value="无所谓, 但是会尝试下">
    无所谓, 但是会尝试下 <br>
    <input type="radio" name="radio" id="radio" value="我不喜欢新版本">
    我不喜欢新版本 <br>
</div>
```

图 6-23

图 6-24

提示

为了保证多个单选按钮属于同一组, 一组中每个单选按钮都需要具有相同的 name 属性值, 操作时在单选按钮组中只能选定一个单选按钮。

6.2.7 选择域 select

选择域又称为列表/菜单, 也是常用的用户交互表单元素, 选择域的基本语法如下:

```
<select>
    <option>选项一</option>
    <option>选项二</option>
    …
</select>
```

选择域的所有可选择选项都包含在<select></select>标签中, 其子项<option></option>为数据选项。

自测 7

插入下拉列表

最终文件: 网盘\最终文件\第 6 章\6-2-7.html

视　　频: 网盘\视频\第 6 章\6-2-7.swf

STEP 1 执行 "文件>打开" 命令, 打开页面 "网盘\源文件\第 6 章\6-2-7.html", 效果如

图 6-25 所示。转换到代码视图中，可以看到该网页的 HTML 代码，如图 6-26 所示。

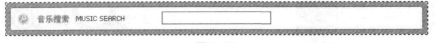

图 6-25

```
<div id="search">
  <form id="form1" name="form1" method="post">
    <input name="textfield" type="text" class="input01" id
="textfield" placeholder="请输入关键字">
  </form>
</div>
```

图 6-26

 STEP 2 在文本域<input>标签之后添加选择域<select>标签并添加相关选项，如图 6-27 所示。保存该页面，在浏览器中预览页面，可以看到页面中的选择域效果，如图 6-28 所示。

```
<div id="search">
  <form id="form1" name="form1" method="post">
    <input name="textfield" type="text" class="input01" id=
"textfield" placeholder="请输入关键字">
    <select name="select" id="select">
      <option value="歌手">按歌手名称</option>
      <option value="歌曲">按歌曲名称</option>
      <option value="专辑">按专辑名称</option>
    </select>
  </form>
</div>
```

图 6-27

图 6-28

 提示　为<select>标签添加 multiple 属性，选择域呈现为列表框，其 size 属性值设置所显示数据项的数量。数据选项<option></option>的 select 属性可指示选择域的初始值。

6.2.8　图像域 image

表单提供的图像域元素可以替代提交按钮，实现提交表单的功能。图像域的基本语法如下：

```
<input type="image" src="图片路径">
```

自测 8　**插入图像域**
最终文件：网盘\最终文件\第 6 章\6-2-8.html
视　　频：网盘\视频\第 6 章\6-2-8.swf

 STEP 1 执行"文件>打开"命令，打开页面"网盘\源文件\第 6 章\6-2-8.html"，效果如图 6-29 所示。转换到 CSS 样式表文件中，创建名为.input01 的类 CSS 样式，如图 6-30 所示。

STEP 2 返回网页 HTML 代码中，分别在文本域和密码域的<input>标签中添加 class 属性来应用刚创建的名为 input01 的类 CSS 样式，如图 6-31 所示。切换到网页设计视图中，可以看到使用 CSS 样式对表单元素外观进行美化后的效果，如图 6-32 所示。

```
.input01 {
    width: 210px;
    height: 38px;
    border: solid 1px #DDD;
    margin-top: 10px;
    margin-bottom: 10px;
}
```

图 6-29   图 6-30

```
<div id="login">
  <form id="form1" name="form1" method="post">
    用户名:
    <input type="text" name="uname" id="uname" class="input01">
    <br>
    密 码:
    <input type="password" name="upass" id="upass" class="input01">
    <br>
    <span class="font01">忘记密码? </span>
  </form>
</div>
```

图 6-31   图 6-32

提示 　　使用 CSS 样式可以对网页中的任何元素进行设置, 可以实现各种不同的外观效果, 这就有效地弥补了 HTML 代码的不足, 关于 CSS 样式的设置将在后面章节中进行详细讲解。

STEP 3 转换到代码视图中, 在<div id="login">与</div>标签之间输入换行标签和图像域代码, 如图 6-33 所示。保存该页面, 在浏览器中预览页面, 可以看到网页中图像域的效果, 如图 6-34 所示。

```
<div id="login">
  <form id="form1" name="form1" method="post">
    用户名:
    <input type="text" name="uname" id="uname" class="input01">
    <br>
    密 码:
    <input type="password" name="upass" id="upass" class="input01">
    <br>
    <span class="font01">忘记密码? </span>
    <br>
    <input type="image" name="imageField" id="imageField" src=
"images/62801.jpg">
  </form>
</div>
```

图 6-33   图 6-34

提示 　　默认情况下, 图像域只能起到提交表单数据的作用, 不能起到其他的作用, 如果想要改变其用途, 则需要在图像域标签中添加特殊的代码来实现。

6.2.9　文件域 file

表单提供的文件域表单元素, 能够让浏览者实现上传文件到服务器的功能。文件域的基本语法如下：

```
<input type="file">
```

文件域是由一个文本框和一个"浏览"按钮组成。浏览者可以通过表单的文件域来上传指定的文件，浏览者既可以在文件域的文本框中输入一个文件的路径，也可以单击文件域的"浏览"按钮来选择一个文件，当访问者提交表单时，这个文件将被上传。

自测 9	插入文件域
	最终文件：网盘\最终文件\第 6 章\6-2-9.html
	视　　频：网盘\视频\第 6 章\6-2-9.swf

STEP 1 执行"文件>打开"命令，打开页面"网盘\源文件\第 6 章\6-2-9.html"，效果如图 6-35 所示。转换到代码视图中，可以看到该网页的 HTML 代码，如图 6-36 所示。

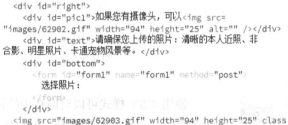

图 6-35　　　　　　　　　　　　　　　　　　图 6-36

STEP 2 在"选择照片："文字后输入文件域代码，如图 6-37 所示。保存该页面，在浏览器中预览页面，可以看到文件域的效果，单击"浏览"按钮，可以选择需要上传的文件，如图 6-38 所示。

```
<div id="bottom">
  <form id="form1" name="form1" method="post">
    选择照片：
    <input type="file" name="fileField" id="fileField">
  </form>
</div>
```

图 6-37　　　　　　　　　　　　　　　　　　图 6-38

6.2.10 按钮 button

HTML 中的按钮有着广泛的应用，根据 type 属性的不同可以分为 3 种类型。基本语法如下：

```
普通按钮：<input type="button">
重置按钮：<input type="reset">
提交按钮：<input type="submit">
```

普通按钮需要 JavaScript 技术进行动态行为的编程；重置按钮即当浏览者单击该按钮，表单中所有表单元素将恢复初始值；提交按钮即当浏览者单击该按钮，所属表单提交数据。

自测 10

插入按钮

最终文件：网盘\最终文件\第 6 章\6-2-10.html

视　频：网盘\视频\第 6 章\6-2-10.swf

STEP 1 执行"文件>打开"命令，打开页面"网盘\源文件\第 6 章\6-2-10.html"，效果如图 6-39 所示。转换到代码视图中，可以看到该网页的 HTML 代码，如图 6-40 所示。

图 6-39

```
<div id="search">
  <form id="form1" name="form1" method="post">
    <input name="textfield" type="text" class="input01" id
="textfield" placeholder="请输入关键字">
    <select name="select" id="select">
      <option value="歌手">按歌手名称</option>
      <option value="歌曲">按歌曲名称</option>
      <option value="专辑">按专辑名称</option>
    </select>
  </form>
</div>
```

图 6-40

STEP 2 在选择域的结束标签之后输入提交和重置按钮代码，如图 6-41 所示。保存该页面，在浏览器中预览页面，可以看到按钮的效果，如图 6-42 所示。

```
<div id="search">
  <form id="form1" name="form1" method="post">
    <input name="textfield" type="text" class="input01" id=
"textfield" placeholder="请输入关键字">
    <select name="select" id="select">
      <option value="歌手">按歌手名称</option>
      <option value="歌曲">按歌曲名称</option>
      <option value="专辑">按专辑名称</option>
    </select>
    <input type="submit" name="submit" id="submit" value="搜索">
    <input type="reset" name="reset" id="reset" value="重置">
  </form>
</div>
```

图 6-41

图 6-42

提示

　　对于表单而言，按钮是非常重要的，其能够控制对表单内容的操作，如"提交"或"重置"。如果要将表单内容发送到服务器上，可使用"提交"按钮；如果要清除现有的表单内容，可使用"重置"按钮。如果需要修改按钮上的文字，在按钮的<input>标签中修改 value 属性值。

6.3　本章小结

　　本章所学习的内容是表单的基本知识，让读者了解表单的概念，从整体上分析表单元素的实质。通过前面的学习，已经了解到表单的结构比较简单，但是表单元素组合比较灵活，可以添加多个表单元素在表单结构内，也可以只添加一个表单元素。要想深刻理解并灵活运用，读者必须动手多练习。

6.4　课后测试题

一、选择题

1. 在使用表单时，文本域主要有几种形式（　　　）。

　　A．1 种　　　　　　B．2 种　　　　　　C．3 种　　　　　　D．4 种

2. 完整的表单由几个部分组成，下列选项中属于表单组成部分的是（　　　）。

　　A．表单　　　　　B．表单对象　　　　C．表单域　　　　D．以上都对

3. 下面关于表单的说法不正确的是（　　　）。

　　A．表单由两部分组成，即页面中的各种表单对象及后台处理程序

　　B．表单架设了网站管理员和用户之间沟通的桥梁

　　C．表单也可用于布局页面

　　D．表单是表单对象的容器，将其他表单对象添加到表单中，便于正确处理数据

4. 下列哪些是提交按钮的语法？（　　　）

　　A．<input type="button">　　　　　　　B．<input type="submit">

　　C．<input type="reset">　　　　　　　　D．<input type="post">

二、填空题

1. 在 HTML 代码中，表单对象都需要添加在表单域标签（　　　）和（　　　）之间。

2. 表单的作用是收集用户信息，并将其提交到（　　　），从而实现与客户的交互。

3. 在网页中插入文本域、单选按钮、复选框或其他表单元素时，要先插入空白的（　　　）。

三、简答题

1. 如何设置文本域为只读，而不能输入任何内容？

2. 隐藏域在网页中的作用是什么？

PART 7

第 7 章
CSS 样式基础

本章简介

　　如今仅仅掌握 HTML 是远远不够的，还需要熟练地掌握 CSS 样式，CSS 样式控制着网页的外观，是网页制作过程中不可缺少的重要内容。本章将向读者介绍 CSS 样式的相关语法和在网页中使用 CSS 样式的方法。

本章重点

- 了解 CSS 样式
- 掌握 CSS 样式语法
- 了解 CSS 的样式规则
- 掌握网页中应用 CSS 的 4 种方式
- 掌握不同 CSS 样式选择器的创建和使用方法

7.1 了解 CSS 样式

CSS 是对 HTML 语言的有效补充,通过 CSS 样式可以轻松地设置网页元素的显示位置和格式,通过使用 CSS 样式,能够节省许多重复性的格式设置,例如网页文字的大小和颜色等,大大提升了网页的美观性。

7.1.1 什么是 CSS 样式

CSS 是 Cascading Style Sheets(层叠样式表)的缩写,它是一种对 Web 文档添加样式的简单机制,是一种表现 HTML 或 XML 等文件外观样式的计算机语言,它是由 W3C 来定义的。CSS 用来作为网页的排版与布局设计,在网页设计制作中无疑是非常重要的一环。

CSS 是由 W3C 发布的,用来取代基于表格布局、框架布局以及其他非标准的表现方法。CSS 是一组格式设置规则,用于控制 Web 页面的外观。通过使用 CSS 样式设置页面的格式,可以将页面的内容与表现形式分离。页面内容存放在 HTML 文档中,而用于定义表现形式的 CSS 样式存放在另一个文件中。将内容与表现形式分离,不仅可以使维护站点的外观更加容易,而且还可以使 HTML 文档代码更加简练,缩短浏览器的加载时间。

7.1.2 CSS 样式的发展

随着 CSS 的广泛应用,CSS 技术也越来越成熟。CSS 现在有 3 个不同层次的标准,即 CSS1.0、CSS2.0 和 CSS3.0。CSS1.0 主要定义了网页的基本属性,如字体、颜色和空白边等。CSS2.0 在此基础上添加了一些高级功能,如浮动和定位,以及一些高级选择器,如子选择器和相邻选择器等。CSS3.0 开始遵循模块化开发,这将有助于理清模块化规范之间的不同关系,减少完整文件的大小。

1. CSS 1.0

CSS 1.0 是 CSS 的第一层次标准,它正式发布于 1996 年 12 月,在 1999 年 1 月进行了修改。该标准提供简单的 CSS 样式表机制,使得网页的编写者可以通过附属的样式对 HTML 文档的表现进行描述。

2. CSS 2.0

CSS 2.0 是 1998 年 5 月正式作为标准发布的,CSS2.0 基于 CSS1.0,包含了 CSS1.0 的所有特点和功能,并在多个领域进行完善,将样式文档与文档内容相分离。CSS2.0 支持多媒体样式表,使得网页设计者能够根据不同的输出设备给文档制定不同的表现形式。

3. CSS3.0

CSS 3.0 目前正处于工作草案阶段,还没有正式对外发布,在该工作草案中制定了 CSS 3.0 的发展路线,详细列出了所有模块,并计划在未来逐步进行规范。

7.2 CSS 样式语法

CSS 样式是纯文本格式文件,在编辑 CSS 时,可以使用一些简单的纯文本编辑工具,例如记事本,同样也可以使用专业的 CSS 编辑工具,例如 Dreamweaver。CSS 样式是由若干条样式规则组成的,这些样式规则可以应用到不同的元素或文档中来定义它们所显示的外观。

7.2.1　CSS 样式基本语法

CSS 样式由选择符和属性构成，CSS 样式的基本语法如下：

CSS 选择符{属性 1:属性值 1; 属性 2:属性值 2; 属性 3:属性值 3; ……}

下面是在 HTML 页面中直接引用 CSS 样式，这个方法必须把 CSS 样式包括在<style>和</style>标签中，为了使 CSS 样式在整个页面中产生作用，应把该组标签及内容放到<head>和</head>标签中。

例如，需要设置 HTML 页面中所有 h1 标题字显示为红色，其代码如下：

```
<html>
<head>
<meta charset="utf-8">
<title>CSS 基本语法</title>
<style type="text/css">
h1 {color: red;}
</style>
</head>
<body>
<h1>这里是页面的正文内容</h1>
</body>
</html>
```

在使用 CSS 样式过程中，经常会有几个选择符用到同一个属性，例如设置页面中所有的粗体字、斜体字和 h1 标题字都显示为绿色，按照上面介绍的写法应该将 CSS 样式写为如下的形式：

```
b {color: green; }
i {color: green; }
h1{ color: green; }
```

这样书写是十分麻烦的，在 CSS 样式中引进了分组的概念，可以将相同属性的样式写在一起，CSS 样式的代码就会简洁很多，代码如下。

```
b,i,h1 {color: green ;}
```

用逗号分隔各个 CSS 样式选择器，将 3 行代码合并写在一起。

7.2.2　CSS 的样式规则

所有 CSS 样式的基础就是 CSS 规则，每一条规则都是一条单独的语句，确定应该如何设计样式，以及应该如何应用这些样式。因此，CSS 样式由规则列表组成，浏览器用它来确定页面的显示效果。

CSS 样式由两部分组成：选择器和声明，其中声明由属性和属性值组成，所以简单的 CSS 规则如下：

1. 选择器

选择器部分指定对文档中的哪个标签进行定义，选择器最简单的类型是"标签选择符"，它可以直接输入 HTML 标签的名称，便于对其进行定义，例如定义 HTML 中的<p>标签，只要给出< >尖括号内的标签名称，就可以编写标签选择器了。

2.声明

声明包含在{}大括号内，在大括号中首先给出属性名，接着是冒号，然后是属性值，结尾分号是可选项，推荐使用结尾分号，整条规则以结尾大括号结束。

3.属性

属性由官方 CSS 规范定义。用户可以定义特有的样式效果，与 CSS 兼容的浏览器会支持这些效果，尽管有些浏览器识别不是正式语言规范部分的非标准属性，但是大多数浏览器很可能会忽略一些非 CSS 规范部分的属性。

4.属性值

属性值放置在属性名和冒号之后，用于确切定义应该如何设置属性。每个属性值的范围也在 CSS 规范中有相应的定义。

7.3　4 种使用 CSS 样式的方法

CSS 样式能够很好地控制页面的显示，以达到分离网页内容和样式代码。在网页中应用 CSS 样式表有 4 种方式：内联样式、嵌入样式、链接外部样式和导入样式。在实际操作中，选择方式根据设计的不同要求来进行选择。

7.3.1　内联样式

内联 CSS 样式是所有 CSS 样式中比较简单、直观的方法，就是直接把 CSS 样式代码添加到 HTML 的标签中，即作为 HTML 标签的属性存在。通过这种方法，可以很简单地对某个元素单独定义样式。

使用内联样式方法是直接在 HTML 标签中使用 style 属性，该属性的内容就是 CSS 的属性和值，其语法格式如下：

```
<p style="font-family:宋体; font-size:12px; color:#CCCCCC; ">内容</p>
```

使用 style 属性添加内联样式
最终文件：网盘\最终文件\第 7 章\7-3-1.html
视　　频：网盘\视频\第 7 章\7-3-1.swf

STEP 1 执行"文件>打开"命令，打开页面"网盘\源文件\第 7 章\7-3-1.html"，效果如图 7-1 所示。切换到代码视图，可以看到该页面的 HTML 代码，如图 7-2 所示。

STEP 2 在<p>标签中添加 style 属性设置，添加相应的内联 CSS 样式代码，如图 7-3 所示。保存页面，在浏览器中预览该页面，可以看到应用内联 CSS 样式的效果，如图 7-4 所示。

```
<body>
<div id="menu">
  <img src="images/73102.png" width="109" height="75" alt="" /><br>
    <br>
    网站首页<br>
    工作<br>
    信息<br>
    博客<br>

</div>
<div id="text"><p>        很久很久以前，有一个充满神秘色彩的童话王国。那是
一个糖果的世界，糖果铺的街道，糖果做的路灯，糖果盖的房子，糖果建的宫殿
。人们把这个传说中的世界称之为：糖果城堡...<br>
        据说糖果城堡里的居民世代以酿醋为乐，能酿制出最甜蜜、最有趣、最可
爱的糖果，就可以获得无上的荣耀。在千百种糖果中，糖是公认的极品。QQ糖很
像一个充满清水的钻石球，会闪耀无比美丽的七彩光环，让人目眩神迷。<br>
        其实糖的神奇之处还不在于此。表面看上去美丽异常的糖，实际上却是非常
不稳定的，在外界的刺激下会发生剧烈的爆炸。</p></div>
</body>
```

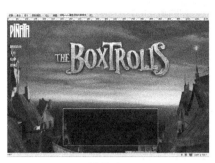

图 7-1　　　　　　　　　　　　　　　　　图 7-2

```
<div id="text"><p style="font-size:12px;color:#FFF;
line-height:24px;">        很久很久以前，有一个充满神秘色彩的童
话王国。那是一个糖果的世界，糖果铺的街道，糖果做的路灯，糖果
盖的房子，糖果建的宫殿。人们把这个传说中的世界称之为：糖果城堡...
<br>
```

图 7-3　　　　　　　　　　　　　　　　　图 7-4

提示　　内联 CSS 样式仅仅是 HTML 标签对于 style 属性的支持所产生的一种编写方式，并不符合表现与内容分离的设计模式，内联样式仅仅利用了 CSS 对于元素的精确控制优势，并没有很好地实现表现与内容的分离，所以这种书写方式应当尽量少用。

7.3.2　内部样式

　　内部 CSS 样式就是将 CSS 样式代码添加到<head>与</head>标签之间，并且用<style>与</style>标签进行声明。这种写法虽然没有完全实现页面内容与 CSS 样式表现的完全分离，但可以将内容与 HTML 代码分离在两个部分进行统一的管理。其语法格式如下：

```
<style type="text/css">
CSS 样式代码
</style>
```

自测 2　　**使用内部 CSS 样式**
　　最终文件：网盘\最终文件\第 7 章\7-3-2.html
　　视　　频：网盘\视频\第 7 章\7-3-2.swf

STEP 1　执行"文件>打开"命令，打开页面"网盘\源文件\第 7 章\7-3-2.html"，效果如图 7-5 所示。转换到代码视图，在页面头部的<head>与</head>标签之间可以看到该页面的

内部 CSS 样式代码，如图 7-6 所示。

```
<head>
<meta charset="utf-8">
<title>使用内部CSS样式</title>
<style type="text/css">
* {
    margin: 0px;
    padding: 0px;
}
body {
    background-image: url(images/73101.jpg);
    background-repeat: no-repeat;
    background-position: center top;
}
#menu {
    width: 110px;
    height: auto;
    overflow: hidden;
    margin-top: 15px;
    margin-left: 15px;
    font-family: 微软雅黑;
    font-weight: bold;
    color: #FFF;
    line-height: 35px;
    float: left;
}
#text {
    position: absolute;
    width: 500px;
    height: auto;
    overflow: hidden;
    padding: 15px;
    background-color: rgba(0,0,0,0.4);
    border: solid 1px #FFF;
    bottom: 40px;
    left: 50%;
    margin-left: -250px;
}
</style>
</head>
```

图 7-5

图 7-6

STEP 2 在内部 CSS 样式中定义名为.font01 的类 CSS 样式，如图 7-7 所示。在页面中相应的标签中应用刚定义的 CSS 样式 font01，如图 7-8 所示。

```
.font01 {
    font-size: 12px;
    color: #FFF;
    line-height: 24px;
}
```

图 7-7

```
<div id="text"><p class="font01">    很久很久以前，有一个充
满神秘色彩的童话王国。那是一个糖果的世界，糖果铺的街道，糖
果做的路灯，糖果盖的房子，糖果建的宫殿。人们把这个传说中的
世界称之为：糖果城堡...<br>
    据说糖果城堡里的居民世代以酿糖为乐，能酿制出最甜蜜、
最有趣、最可爱的糖果，就可以获得无上的荣耀。在千百种糖果中
，糖是公认的极品。QQ糖很像一个充满清水的钻石球，会闪耀无比
```

图 7-8

STEP 3 转换到设计视图中，可以看到页面中相应部分文字的效果，如图 7-9 所示。保存页面，在浏览器中预览该页面，效果如图 7-10 所示。

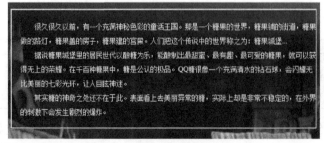

图 7-9

图 7-10

提示

内部 CSS 样式，所有的 CSS 代码都编写在<style>与</style>标签之间，方便了后期对页面的维护。但是如果一个网站拥有很多页面，对于不同页面中的<p>标签都采用同样的 CSS 样式设置时，内部 CSS 样式的方法都显得有点麻烦了。该方法只适合于单一页面设置单独的 CSS 样式。

7.3.3 外部样式表文件

外部样式表是 CSS 样式表中较为理想的一种形式。将 CSS 样式表代码单独编写在一个独立文件中，由网页进行调用，多个网页可以调用同一个外部样式表文件，因此能够实现代码的最大化使用及网站文件的最优化配置。

链接外部样式是指在外部定义 CSS 样式并形成以.css 为扩展名的文件，然后在页面中通过<link>标签将外部的 CSS 样式文件链接到页面中，而且该语句必须放在页面的<head>与</head>标签之间，其语法格式如下：

<link rel="stylesheet" type="text/css" href="样式表文件">

<link>标签的相关属性说明如表 7-1 所示。

表 7-1　<link>标签的相关属性说明

属性	说　　　明
rel	指定链接到 CSS 样式，其值为 stylesheet
type	指定链接的文件类型为 CSS 样式表
href	指定所链接的外部 CSS 样式文件的路径，可以使用相对路径也可以使用绝对路径

自测 3

链接外部样式表文件
最终文件：网盘\最终文件\第 7 章\7-3-3.html
视　　频：网盘\视频\第 7 章\7-3-3.swf

STEP 1 执行"文件>打开"命令，打开页面"网盘\源文件\第 7 章\7-3-3.html"，效果如图 7-11 所示。打开外部 CSS 样式表文件"网盘\源文件\第 8 章\style\7-3-3.css"，如图 7-12 所示。

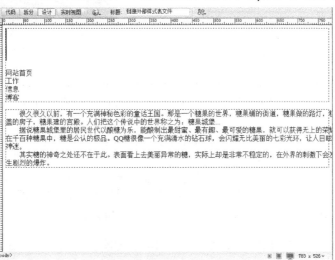

图 7-11

```
1   @charset "utf-8";
2   /* CSS Document */
3   * {
4       margin: 0px;
5       padding: 0px;
6   }
7   body {
8       background-image: url(../images/73101.jpg);
9       background-repeat: no-repeat;
10      background-position: center top;
11  }
12  #menu {
13      width: 110px;
14      height: auto;
15      overflow: hidden;
16      margin-top: 15px;
17      margin-left: 15px;
18      font-family: 微软雅黑;
19      font-weight: bold;
20      color: #FFF;
21      line-height: 35px;
22      float: left;
23  }
24  #text {
25      position: absolute;
26      width: 500px;
27      height: auto;
28      overflow: hidden;
29      padding: 15px;
30      background-color: rgba(0,0,0,0.4);
31      border: solid 1px #FFF;
```

图 7-12

STEP 2 返回到 7-3-3.html 页面中，转换到代码视图中，在<head>与</head>标签之间添加<link>标签，在该标签中添加属性设置链接外部 CSS 样式文件，如图 7-13 所示。返回设计视图，可以看到页面的效果，如图 7-14 所示。

```
<head>
<meta charset="utf-8">
<title>链接外部样式表文件</title>
<link href="style/7-3-3.css" rel="stylesheet" type=
"text/css">
</head>
```

图 7-13　　　　　　　　　　　　　　　　　图 7-14

STEP 3 切换到外部样式表文件中，定义名为.font01 的类 CSS 样式，如图 7-15 所示。切换到代码视图中，在页面中相应的标签中应用刚定义的 CSS 样式 font01，如图 7-16 所示。

```
.font01 {
    font-size: 12px;
    color: #FFF;
    line-height: 24px;
}
```

```
<div id="text"><p class="font01">    很久很久以前，有
满神秘色彩的童话王国。那是一个糖果的世界，糖果铺的街道，糖
果做的路灯，糖果盖的房子，糖果建的宫殿。人们把这个传说中的
世界称之为：糖果城堡...<br>
    据说糖果城堡里的居民世代以酿糖为乐，能酿制出最甜蜜、
最有趣、最可爱的糖果，就可以获得无上的荣耀。在千百种糖果中
```

图 7-15　　　　　　　　　　　　　　　　　图 7-16

STEP 4 转换到设计视图中，可以看到页面中相应部分文字的效果，如图 7-17 所示。保存页面，在浏览器中预览该页面，效果如图 7-18 所示。

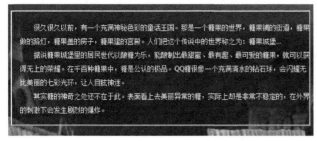
图 7-17

图 7-18

7.3.4　导入样式表文件

导入样式与链接样式基本相同，都是创建一个单独的 CSS 样式文件，然后再引入到 HTML 文件中，只不过在语法和运作方式上有区别。采用导入的 CSS 样式，在 HTML 文件初始化时，会被导入到 HTML 文件内，作为文件的一部分，类似于内部 CSS 样式。而链接样式是在 HTML 标签需要 CSS 样式风格时才以链接方式引入。

导入外部样式是指在嵌入样式的<style>与</style>标签中，使用@inport 导入一个外部 CSS 样式，其语法格式如下：

```
<style type="text/css">
@import url("外部样式表文件路径和地址");
</style>
```

自测 4

导入外部 CSS 样式表文件

最终文件：网盘\最终文件\第 7 章\7-3-4.html

视　　频：网盘\视频\第 7 章\7-3-4.swf

STEP 1 执行"文件>打开"命令，打开页面"网盘\源文件\第 7 章\7-3-4.html"，页面效果如图 7-19 所示。打开外部 CSS 样式表文件"网盘\源文件\第 8 章\style\7-3-4.css"，如图 7-20 所示。

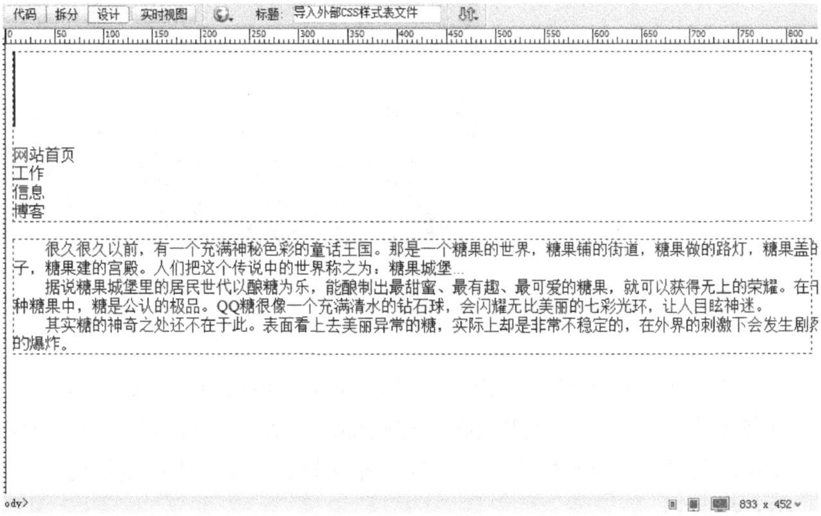

图 7-19

```
代码 拆分 设计 实时视图          标题:

1   @charset "utf-8";
2   /* CSS Document */
3   * {
4       margin: 0px;
5       padding: 0px;
6   }
7   body {
8       background-image: url(../images/73101.jpg);
9       background-repeat: no-repeat;
10      background-position: center top;
11  }
12  #menu {
13      width: 110px;
14      height: auto;
15      overflow: hidden;
16      margin-top: 15px;
17      margin-left: 15px;
18      font-family: 微软雅黑;
19      font-weight: bold;
20      color: #FFF;
21      line-height: 35px;
22      float: left;
23  }
24  #text {
25      position: absolute;
```

图 7-20

STEP 2 返回到 7-3-4.html 页面中，转换到代码视图中，在<head>与</head>标签之间添加<style>标签，并添加导入外部 CSS 样式表文件的代码，如图 7-21 所示。保存页面，在浏览器中预览页面，页面效果如图 7-22 所示。

```
<head>
<meta charset="utf-8">
<title>导入外部css样式表文件</title>
<style type="text/css">
@import url("style/7-3-4.css");
</style>
</head>
```

图 7-21   图 7-22

提示　　导入外部 CSS 样式表相当于将 CSS 样式导入到内部 CSS 样式中，其方式更有优势。导入外部样式表必须在内部样式表的开始部分，即其他内部 CSS 样式代码之前。导入样式与链接样式相比较，最大的优点就是可以一次导入多个 CSS 文件。

7.4 CSS 样式选择器

选择器也称为选择符，HTML 中的所有标签都是通过不同的 CSS 选择器进行控制的。选择器不只是 HTML 文档中的元素标签，它还可以是类（class）、ID（元素的唯一标识名称）或是元素的某种状态（如 a:hover）。根据 CSS 选择器用途可以把选择器分为标签选择器、类选择器、全局选择器、ID 选择器和伪类选择器。

7.4.1 通配选择器

在进行网页设计时，可以利用通配选择器设置网页中所有的 HTML 标签使用同一种样式，它对所有 HTML 元素起作用。通配选择器的基本语法如下：

*｛属性:属性值; ｝

*号表示页面中的所有 HTML 标签。

> **自测 5** 使用通配选择器控制网页中所有标签
> 最终文件：网盘\最终文件\第 7 章\7-4-1.html
> 视　　频：网盘\视频\第 7 章\7-4-1.swf

STEP 1 执行"文件>打开"命令，打开页面"网盘\源文件\第 7 章\7-4-1.html"，页面效果如图 7-23 所示。在浏览器中预览该页面，效果如图 7-24 所示。

图 7-23

图 7-24

STEP 2 转换到该网页所链接的外部 CSS 样式表文件中，创建名为*的通配符 CSS 样式，如图 7-25 所示。保存页面，并保存外部 CSS 样式表文件，在浏览器中预览页面，效果如图 7-26 所示。

```
* {
    margin: 0px;
    padding: 0px;
}
```

图 7-25

图 7-26

提示

在 HTML 页面中许多 HTML 标签的边界和填充值默认并不为 0，例如 <body>标签的默认边界值并不为 0，<ul>标签的默认边界值也不为 0，这就导致在网页制作过程中并不太好控制，通配符*表示 HTML 页面中的所有标签，通过通配符 CSS 样式的设置，将网页中所有标签中的默认边界、填充和边框都设置为 0，在制作的过程中，如果某些元素需要设置边界、填充和边框，再单独进行设置，这样便于控制。

7.4.2 标签选择器

HTML 文档是由多个不同标签组成的，标签选择器可以用来控制标签的应用样式。例如，p 选择器可以用来控制页面中所有<p>标签的样式风格。标签选择器的基本语法如下：

标签名称 {属性:属性值;}

自测 6

使用标签选择器控制网页整体属性
最终文件：网盘\最终文件\第 7 章\7-4-2.html
视　　频：网盘\视频\第 7 章\7-4-2.swf

STEP 1 执行"文件>打开"命令，打开页面"网盘\源文件\第 7 章\7-4-2.html"，效果如图 7-27 所示。在浏览器中预览该页面，页面效果如图 7-28 所示。

图 7-27

图 7-28

STEP 2 转换到该网页所链接的外部 CSS 样式表文件中，创建名为 body 的标签 CSS 样式，如图 7-29 所示。保存页面，并保存外部 CSS 样式表文件，在浏览器中预览页面，效果如图 7-30 所示。

```
body {
    font-family: 微软雅黑;
    font-size: 24px;
    font-weight: bold;
    color: #d8583a;
    background-image: url(../images/74201.gif);
    background-repeat: repeat;
}
```

图 7-29

图 7-30

提示

此处的 body 标签 CSS 样式中，定义了页面中的字体、字体大小、字体加粗和字体颜色，以及整个页面的背景图像和背景图像重复。

7.4.3 类选择器

在网页中通过使用标签选择器，可以控制网页所有该标签显示的样式，但是，根据网页设计过程中的实际需要，标签选择器对设置个别标签的样式还是力不能及的，因此，就需要使用类（class）选择器，来达到特殊效果的设置。

类选择器用来为一系列的标签定义相同的显示样式，其基本语法如下：

.类名称 {属性:属性值;}

类名称表示类选择器的名称，其具体名称由 CSS 定义者自己命名。在定义类选择器时，需要在类名称前面加一个英文句点（.）。

.font01 { color: black;}
.font02 { font-size: 12px;}

以上定义了两个类选择器，分别是 font01 和 font02。类的名称可以是任意英文字符串，也可以是以英文字母开头与数字组合的名称，通常情况下，这些名称都是其效果与功能的简要缩写。

可以使用 HTML 标签的 class 属性来引用类选择器。

<p class="font01">class 属性是被用来引用类选择符的属性</p>

以上所定义的类选择器被应用于指定的 HTML 标签中（如<p>标签），同时它还可以应用于不同的 HTML 标签中，使其显示出相同的样式。

<p class="font01">段落样式</p>
<h1 class="font01">标题样式</h1>

自测
7

创建类 CSS 样式
最终文件：网盘\最终文件\第 7 章\7-4-3.html
视　　频：网盘\视频\第 7 章\7-4-3.swf

STEP 1 执行"文件>打开"命令，打开页面"网盘\源文件\第 7 章\7-4-3.html"，页面效果如图 7-31 所示。转换到该文件所链接的外部 CSS 样式表文件中，创建名为.font01 的类 CSS 样式，如图 7-32 所示。

STEP 2 切换到代码视图中，为相应文字应用刚创建的类 CSS 样式 font01，如图 7-33 所示。保存页面，并保存外部 CSS 样式表文件，在浏览器中预览页面，页面效果如图 7-34 所示。

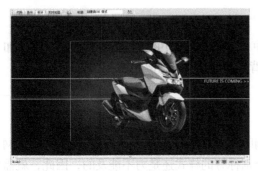

图 7-31

```
.font01 {
    font-family: "Arial Black";
    font-size: 30px;
    line-height: 80px;
}
```

图 7-32

```
<body>
<div id="box" class="font01">FUTURE IS COMING
&gt;&gt;</div>
<div id="pic"><img src="images/74102.png" width=
"490" height="400"  alt=""/></div>
</body>
```

图 7-33

图 7-34

7.4.4 ID 选择器

ID 选择器定义的是 HTML 页面中某一个特定的元素，即一个网页中只能有一个元素使用某一个 ID 的属性值。在正常情况下，ID 的属性值在文档中具有唯一性，只有具备 ID 属性的标签才可以使用 ID 选择符定义样式。

ID 选择器与类选择器有一定的区别，ID 选择器并不像类选择器那样可以给任意数量的标签定义样式，它在页面的标签中只能使用一次；同时，ID 选择器比类选择器还具有更高的优先级，当 ID 选择器与类选择器发生冲突时，将会优先使用 ID 选择器。ID 选择器的语法如下：

#ID 名称 { 属性:属性值; }

ID 名称表示 ID 选择器的名称，其具体名称由 CSS 定义者自己命名。

自测
8

创建 ID CSS 样式
最终文件：网盘\最终文件\第 7 章\7-4-4.html
视　　频：网盘\视频\第 7 章\7-4-4.swf

STEP 1 执行"文件>打开"命令，打开页面"网盘\源文件\第 7 章\7-4-4.html"，页面效果如图 7-35 所示。切换到代码视图，在 ID 名称为 center 的 Div 的结束标签之后插入 ID 名称为 left 的 Div，如图 7-36 所示。

STEP 2 切换到该网页所链接的外部样式表文件中，定义名为 #left 的 CSS 样式，如图 7-37 所示。返回网页设计视图，可以看到该 Div 的显示效果，如图 7-38 所示。

STEP 3 切换到网页代码视图中，在 ID 名称为 left 的 Div 中插入 ID 名称为 menu 的 Div，并编写相应的内容，如图 7-39 所示。返回网页设计视图，可以看到该 Div 的显示效果，如图 7-40 所示。

图 7-35

```html
<body>
<div id="center"><img src="images/74402.png" width
="413" height="69"  alt=""/></div>
<div id="left"></div>
<img src="images/74401.gif" class="pic" alt=""/>
</body>
```

图 7-36

```css
#left {
    position: absolute;
    width: 180px;
    height: 100%;
    background-color: #000;
    padding-left: 20px;
    padding-right: 20px;
}
```

图 7-37

图 7-38

```html
<div id="left">
    <div id="menu">
    <p>网站首页</p>
    <p>我们的建筑设计理念</p>
    <p>全球范围内的作品</p>
    <p>领先的环保设计理念</p>
    <p>创建的设计风格</p>
    <p>遍布全球的设计机构和代理</p>
    <p>与我们取得联系</p>
    </div>
</div>
```

图 7-39

图 7-40

STEP 4 切换到外部样式表文件中，定义名为#menu 的 CSS 样式，如图 7-41 所示。保存页面，并保存外部 CSS 样式表文件，在浏览器中预览页面，页面效果如图 7-42 所示。

```css
#menu {
    width: 100%;
    height: auto;
    overflow: hidden;
    padding-top: 160px;
}
```

图 7-41

图 7-42

提示

ID CSS 样式是针对网页中唯一的 ID 名称的元素，在为网页中的元素设置 ID 名称时需要注意，ID 名称可以包含任何字母和数字组合，但不能够以数字或特殊字符开头，ID CSS 样式的命名必须以井号(#)开头，接着是 ID 名称。

7.4.5 伪类选择器

伪类也属于选择器的一种，其中最常用的一组伪类就是超链接伪类，包括:link、:visited、:hover 和:active。

利用伪类定义的 CSS 样式并不是作用在标签上，而是作用在标签的状态上。其最常应用在<a>标签上，表示链接的 4 种不同状态：link（未访问链接）、visited（已访问链接）、active（激活链接）、hover（鼠标停留在链接上）。但是，<a>标签可以只具有一种状态，也可以同时具有两种或者三种状态。可以根据具体的网页设计需要而设置。

例如，如下的伪类选择符 CSS 样式设置。

```
a:link { color:#00FF00; text-decoration : none; }
a:visited { color:#0000FF; text-decoration : underline; }
a:hover { color:#FF00FF; text-decoration : none; }
a:active { color:#FF0000; text-decoration : underline; }
```

> **自测 9**
>
> **定义网页中超链接文字效果**
> 最终文件：网盘\最终文件\第 7 章\7-4-5.html
> 视　　频：网盘\视频\第 7 章\7-4-5.swf

STEP 1 执行"文件>打开"命令，打开页面"网盘\源文件\第 7 章\7-4-5.html"，页面效果如图 7-43 所示。切换到代码视图中，为文字添加超链接<a>标签并创建空链接，如图 7-44 所示。

```
<body>
<div id="box"><img src="images/74502.png" width="298"
height="302"  alt=""/>
  <div id="btn"><a href="#">开始奇妙旅程</a></div>
</div>
<img src="images/74501.png" class="pic01" alt=""/>
</body>
```

图 7-43　　　　　　　　　　　　　　　　　图 7-44

STEP 2 保存页面，在浏览器中预览页面，可以看到网页中默认的文字超链接的效果，如图 7-45 所示。转换到该网页所链接的外部 CSS 样式表文件中，创建超链接标签<a>的 4 种伪类 CSS 样式，如图 7-46 所示。

```
a:link{
    color:#CDCDCD;
    text-decoration:none;
}
a:hover{
    color: #F30;
    text-decoration:underline;
}
a:active{
    color:#F30;
    text-decoration:underline;
}
a:visited{
    color: #999;
    text-decoration:line-through;
}
```

图 7-45　　　　　　　　　　　　　　　　　图 7-46

STEP 3 返回网页设计视图，可以看到页面中超链接文字的显示效果，如图 7-47 所示。保存页面，并保存外部 CSS 样式表文件，在浏览器中预览页面，可以看到页面中超链接文字的效果，如图 7-48 所示。

图 7-47

图 7-48

提示

伪类 CSS 样式在网页中应用最广泛的是应用在网页中的超链接中，但是也可以为其他的网页元素应用伪类 CSS 样式，特别是:hover 伪类，该伪类是当鼠标移至元素上时的状态，通过该伪类 CSS 样式的应用可以在网页中实现许多交互效果。

7.4.6 复合选择器

复合选择器是指将多种选择器进行搭配，如将标签选择器和类选择器组合或标签选择器和 ID 选择器组合可以构成一种复合选择器，这是一种组合形式，而并非是一种真正的选择器。例如，如下的复合选择器形式：

```
.newslist    li{ }
#box    img { }
```

自测
10

创建复合 CSS 样式
最终文件：网盘\最终文件\第 7 章\7-4-6.html
视　　频：网盘\视频\第 7 章\7-4-6.swf

STEP 1 执行"文件>打开"命令，打开页面"网盘\源文件\第 7 章\7-4-6.html"，页面效果如图 7-49 所示。转换到代码视图中，为相应的段落文本添加项目列表代码，如图 7-50 所示。

图 7-49

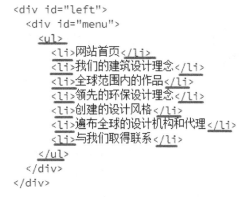
图 7-50

STEP 2 转换到该网页所链接的外部 CSS 样式表文件中，创建名为#menu li 的复合 CSS 样式，如图 7-51 所示。保存页面，并保存外部 CSS 样式表文件，在浏览器中预览页面，可以看到页面效果，如图 7-52 所示。

```
#menu li {
    list-style-type: none;
    width: 100%;
    height: 55px;
    border-bottom: solid 1px #FFF;
    text-align: center;
    font-weight: bold;
    line-height: 55px;
}
```

图 7-51   图 7-52

提示　　复合选择符是指选择符组合中的前一个对象包含后一个对象，对象之间使用空格作为分隔符。这样做能够避免定义多过的 ID 和类 CSS 样式，直接对需要设置的元素进行设置。复合选择符除了可以二级包含，也可以多级包含。

7.4.7　群选择器

可以对于单个 HTML 对象进行样式指定，同样可以对一组选择器进行相同的 CSS 样式设置。

```
h1,h2,h3,p,span {
    font-size: 12px;
    font-family: 宋体;
}
```

使用逗号对选择器进行分隔，使得页面中所有的<h1>、<h2>、<h3>、<p>和<span>标签都将具有相同的样式定义，这样做的好处是对于页面中需要使用相同样式的地方只需要书写一次 CSS 样式即可实现，减少代码量，改善 CSS 代码的结构。

> **自测 11**　**使用群选择器同时定义网页中元素样式**
> 最终文件：网盘\最终文件\第 7 章\7-4-7.html
> 视　　频：网盘\视频\第 7 章\7-4-7.swf

STEP 1 执行"文件>打开"命令，打开页面"网盘\源文件\第 7 章\7-4-7.html"，页面效果如图 7-53 所示。转换到代码视图中，可以看到该页面的 HTML 代码，如图 7-54 所示。

STEP 2 删除 ID 名称为 box 的 Div 标签中多余文字，并插入 ID 名称为 pic01 与 pic02 的两个 Div，并分别插入相应的图像和文字，如图 7-55 所示。返回网页设计视图，可以看见刚添加的 HTML 代码的显示效果，如图 7-56 所示。

图 7-53

```
<!doctype html>
<html>
<head>
<meta charset="utf-8">
<title>使用群选择符同时定义网页中元素样式</title>
<link href="style/7-4-7.css" rel="stylesheet" type=
"text/css">
</head>

<body>
<div id="box">此处显示　id "box" 的内容</div>
</body>
</html>
```

图 7-54

```
<body>
<div id="box">
    <div id="pic1"><img src="images/74703.jpg"
width="230" height="322"  alt=""/><br>
    产品宣传海报</div>
    <div id="pic2"><img src="images/74704.jpg"
width="230" height="322"  alt=""/><br>
    食品广告</div>
</div>
</body>
```

图 7-55

图 7-56

STEP 3 转换到该网页所链接的外部 CSS 样式表文件中，创建群选择器 CSS 样式，如图 7-57 所示。保存页面，并保存外部 CSS 样式表文件，在浏览器中预览页面，效果如图 7-58 所示。

```
#pic1,#pic2 {
    width: 240px;
    height: auto;
    overflow: hidden;
    background-color: #FFF;
    text-align: center;
    padding-top: 5px;
    color: #333;
    float: left;
    margin: 98px 20px 0px auto;
}
```

图 7-57

图 7-58

提示　　在群选择符中使用逗号对选择符进行分隔，使得群选择符中所定义的多个选择符均具有相同的 CSS 样式定义，这样做的好外是使页面中需要使用相同样式的地方只需要书写一次 CSS 样式即可实现。

7.5　本章小结

　　CSS 用来进行网页的排版与布局设计，在网页设计制作中是非常重要的一环。本章主要介绍了 CSS 样式相关的基础知识，并且详细讲解了如何使用 CSS 样式来控制网页。读者需要能够熟练地掌握 CSS 样式的相关知识，为后面学习打下良好的基础。

7.6 课后测试题

一、选择题

1. 下列哪一项是 CSS 样式正确的语法结构？（　　　）
   A. {body:color=black(body)   B. body:color=black
   C. {body;color:black}   D. body {color: black;}

2. CSS 中定义 ID 选择器时，选择器名称前的指示符是什么？（　　　）
   A. !   B. #   C. *   D. .

3. CSS 中的选择器包括哪些类型？（　　　）（多选）
   A. 超文本标记选择器   B. 类选择器
   C. 标签选择器   D. ID 选择器

二、判断题

1. 在网页中应用 CSS 样式的方式有两种，分别是内部 CSS 样式和外部 CSS 样式。（　　　）
2. 创建类 CSS 样式时，样式名称的前面必须加一个英文句点符号。（　　　）
3. CSS 样式中的选择器是指标签选择器。（　　　）

三、简答题

1. 类 CSS 样式有什么特点？
2. 使用外部 CSS 样式表文件有哪些优势？

PART 8

第 8 章
设置文本的 CSS 属性

本章简介

　　文字一直都是网页中必不可少的一个元素，使用 CSS 对文字样式进行控制是一种非常有效且实用的方法，不仅能够灵活控制文字样式，还便于设计师对网页内容进行修改和设置。本章主要介绍如何通过 CSS 样式对网页中的文本和段落进行有效地控制。

本章重点

- 理解各种文字控制 CSS 属性的语法及属性设置
- 掌握使用 CSS 样式对网页中的文字进行控制
- 理解各种段落控制 CSS 属性的语法及属性设置
- 掌握使用 CSS 样式对网页中的段落进行控制
- 掌握 CSS 3.0 中新增的对文字进行控制的属性的设置方法

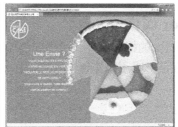

8.1 使用 CSS 控制文字样式

在制作网站页面时，可以通过 CSS 控制文字样式，对文字的字体、大小、颜色、粗细、斜体、下划线、顶划线和删除线等属性进行设置。使用 CSS 控制文字样式的最大好处是，可以同时为多段文字赋予同一 CSS 样式，在修改时只需修改某一个 CSS 样式，即可同时修改应用该 CSS 样式的所有文字。

8.1.1 字体 font-family 属性

在 HTML 中提供了字体样式设置的功能，在 HTML 语言中文字样式是通过<font face="字体名称">来设置的，而在 CSS 样式中则是通过 font-family 属性来进行设置的。font-family 属性的语法格式如下：

> font-family:name1,name2,name3…;

通过 font-family 属性的语法格式可以看出，可以为 font-family 属性定义多个字体，按优先顺序，用逗号隔开，当系统中没有第一种字体时会自动应用第二种字体，以此类推。需要注意的是如果字体名称中包含空格，则字体名称需要用双引号引起来。

8.1.2 字体大小 font-size 属性

在网页应用中，字体大小的区别可以起到突出网站主题的作用。字体大小可以是相对大小也可以是绝对大小。在 CSS 样式中，可以通过设置 font-size 属性来控制字体的大小。font-size 属性的基本语法如下：

> font-size: 字体大小;

提示

在设置字体大小时，可以使用绝对大小单位也可以使用相对大小单位。设置绝对大小需要使用绝对单位，使用绝对大小的方法设置的文字无论在何种分辨率下显示出来的字体大小都是不变的。

8.1.3 字体颜色 color 属性

在 HTML 页面中，通常在页面的标题部分或者需要浏览者注意的部分使用不同的颜色，使其与其他文字有所区别，从而能够吸引浏览者的注意。在 CSS 样式中，文字的颜色是通过 color 属性进行设置的。

color 属性的基本语法如下：

> color: 颜色值;

在 CSS 样式中颜色值的表示方法有多种，可以使用颜色英文名称、RGB 和 HEX 等多种方式设置颜色值。

自测
1

定义网页中文字
最终文件：网盘\最终文件\第 8 章\8-1-3.html
视　　频：网盘\视频\第 8 章\8-1-3.swf

STEP 1 执行"文件>打开"命令，打开页面"网盘\源文件\第 8 章\8-1-3.html"，可以看到网页中默认的文字效果，如图 8-1 所示。转换到该网页链接的外部样式表文件中，创建名为.font01 的类 CSS 样式，如图 8-2 所示。

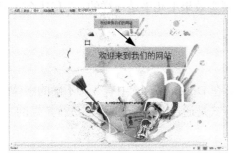

```
.font01 {
    font-family: 微软雅黑;
    font-size: 18px;
    color: #FFF;
}
```

图 8-1   图 8-2

STEP 2 返回网页设计视图，选择页面中相应的文字，在"类"下拉列表中选择刚定义的 CSS 样式 font01 应用，如图 8-3 所示。保存页面，并保存外部 CSS 样式表文件，在浏览器中预览页面，可以看到网页中文字的效果，如图 8-4 所示。

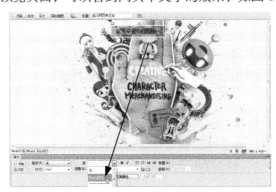

图 8-3   图 8-4

8.1.4 字体粗细 font-weight 属性

在 HTML 页面中，将字体加粗或变细是吸引浏览者注意的另一种方式，同时还可以使网页的表现形式更多样。在 CSS 样式中通过 font-weight 属性对字体的粗细进行控制。定义字体粗细 font-weight 属性的基本语法如下：

font-weight: normal | bold | bolder | lighter | inherit | 100~900;

font-weight 属性的属性值说明如表 8-1 所示。

表 8-1　font-weight 属性值说明

属性值	说　　明
normal	该属性值设置字体为正常的字体，相当于参数为 400
bold	该属性值设置字体为粗体，相当于参数为 700
bolder	该属性值设置的字体为特粗体
lighter	该属性值设置的字体为细体
inherit	该属性设置字体的粗细为继承上级元素的 font-weight 属性设置
100~900	font-weight 属性值可以通过 100~900 之间的数值来设置字体的粗细

使用 font-weight 属性设置网页中文字的粗细时，将 font-weight 属性设置为 bold 和 bolder，对于中文字体，在视觉效果上几乎是一样的，没有什么区别，对于部分英文字体会有区别。

8.1.5　字体样式 font-style 属性

所谓字体样式，也就是平常所说的字体风格，在 Dreamweaver 中有 3 种不同的字体样式，分别是正常、斜体和偏斜体。在 CSS 中，字体的样式是通过 font-style 属性进行定义的。定义字体样式 font-style 属性的基本语法如下：

font-style: normal | italic | oblique;

font-style 属性的属性值说明如表 8-2 所示。

表 8-2　font-style 属性值说明

属性值	说　　明
normal	该属性值是默认值，显示的是标准字体样式
italic	设置 font-weight 属性为该属性值，则显示的是斜体的字体样式
oblique	设置 font-weight 属性为该属性值，则显示的是倾斜的字体样式

自测
2

设置网页中文字的加粗和倾斜样式
最终文件：网盘\最终文件\第 8 章\8-1-5.html
视　　频：网盘\视频\第 8 章\8-1-5.swf

STEP 1 执行"文件>打开"命令，打开页面"网盘\源文件\第 8 章\8-1-5.html"，页面效果如图 8-5 所示。转换到该网页链接的外部样式表中，创建名为.font01 的类 CSS 样式，如图 8-6 所示。

```
.font01 {
    font-family: 微软雅黑;
    font-size: 16px;
    color: #FFF;
    font-weight: bold;
}
```

图 8-5　　　　　　　　　　　　　图 8-6

STEP 2 返回设计页面中，选择页面中相应的文字，在"类"下拉列表中选择刚定义的 CSS 样式 font01 应用，如图 8-7 所示。完成类 CSS 样式的应用后，可以看到文字的效果，如图 8-8 所示。

STEP 3 转换到外部样式表文件中，创建名为.font02 的类 CSS 样式，如图 8-9 所示。返回设计页面中，选择页面中相应的文字，在"类"下拉列表中选择刚定义的 CSS 样式 font02 应用，如图 8-10 所示。

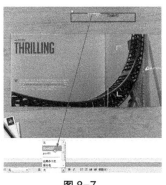

图 8-7

图 8-8

```
.font02 {
    font-family: "Arial Black";
    font-size: l6px;
    color: #FFF;
    font-style: italic;
}
```

图 8-9

图 8-10

STEP 4 完成类 CSS 样式的应用后，可以看到文字的效果，如图 8-11 所示。执行"文件>保存"命令，保存页面，并保存外部 CSS 样式表文件，在浏览器中预览页面，效果如图 8-12 所示。

图 8-11

图 8-12

8.1.6 英文字体大小写 text-transform 属性

英文字体大小写转换是 CSS 提供的非常实用的功能之一，其主要通过设置英文段落的 text-transform 属性来定义。text-transform 属性的基本语法如下：

text-transform: capitalize | uppercase | lowercase;

text-transform 属性的属性值说明如表 8-3 所示。

表 8-3　text-transform 属性值说明

属性值	说　　明
capitalize	表示单词首字母大写
uppercase	表示单词所有字母全部大写
lowercase	表示单词所有字母全部小写

自测 3　**定义网页中英文字母大小写**

最终文件：网盘\最终文件\第 8 章\8-1-6.html

视　　频：网盘\视频\第 8 章\8-1-6.swf

STEP 1 执行"文件>打开"命令，打开页面"网盘\源文件\第 8 章\8-1-6.html"，页面效果如图 8-13 所示。转换到该网页链接的外部样式表中，创建名为.font01 的类 CSS 样式，如图 8-14 所示。

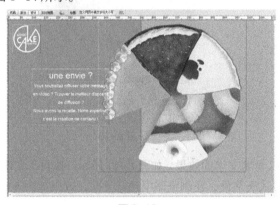

```
.font01{
    text-transform:capitalize;
}
```

图 8-13　　　　　　　　　　　　　　　　　　图 8-14

STEP 2 返回设计页面中，选择页面中相应的文字，在"类"下拉列表中选择刚定义的 CSS 样式 font01 应用，如图 8-15 所示。完成类 CSS 样式的应用后，可以看到英文单词首字母大写的效果，如图 8-16 所示。

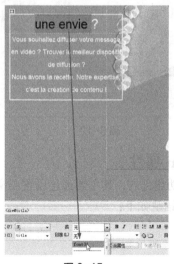

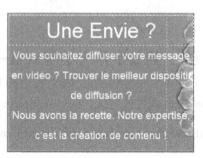

图 8-15　　　　　　　　　　　　　　　　　　图 8-16

STEP 3 转换到外部样式表文件中，创建名为.font02 的类 CSS 样式，如图 8-17 所示。返回设计页面中，选中页面中相应的文字，在"类"下拉列表中选择刚定义的 CSS 样式 font02应用，可以看到英文单词所有字母大写的效果，如图 8-18 所示。

```
.font02{
    text-transform:uppercase;
}
```

图 8-17　　　　　　　　　　　　　　　图 8-18

STEP 4 转换到外部样式表文件中，创建名为.font03 的类 CSS 样式，如图 8-19 所示。返回设计页面中，选中页面中相应的文字，在"类"下拉列表中选择刚定义的 CSS 样式 font03应用，可以看到英文单词所有字母小写的效果，如图 8-20 所示。

```
.font03{
    text-transform:lowercase;
}
```

图 8-19　　　　　　　　　　　　　　　图 8-20

STEP 5 执行"文件>保存"命令，保存页面，并保存外部 CSS 样式表文件，在浏览器中预览页面，效果如图 8-21 所示。

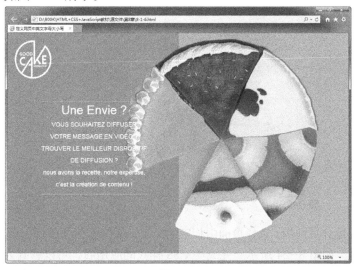

图 8-21

提示　　在 CSS 中设置 text-transform 属性值为 capitalize，便可定义英文单词的首字母大写。但是需要注意，如果单词之间有逗号和句号等标点符号隔开，那么标点符号后的英文单词便不能实现首字母大写的效果，解决的办法是，在该单词前面加上一个空格，便能实现首字母大写的样式。

8.1.7 文字修饰 text-decoration 属性

在网站页面的设计中，为文字添加下划线、顶划线和删除线是美化和装饰网页的一种方法。在 CSS 样式中，可以通过 text-decoration 属性来实现这些效果。text-decoration 属性的基本语法如下：

text-decoration: underline | overline | lin-throuth;

text-transform 属性的属性值说明如表 8-4 所示。

表 8-4　text-decoration 属性值说明

属性值	说　　明
underline	为文字添加下划线效果
overline	为文字添加顶划线效果
line-through	为文字添加删除线效果

自测 4	为网页中的文字添加下划线、顶划线和删除线效果 最终文件：网盘\最终文件\第 8 章\8-1-7.html 视　　频：网盘\视频\第 8 章\8-1-7.swf

STEP 1 执行"文件>打开"命令，打开页面"网盘\源文件\第 8 章\8-1-7.html"，页面效果如图 8-22 所示。转换到该网页链接的外部样式表中，创建名为.font01 的类 CSS 样式，如图 8-23 所示。

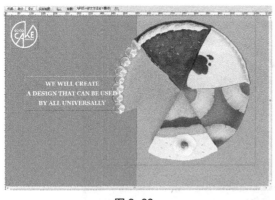

```
.font01{
    text-decoration:underline;
}
```

图 8-22　　　　　　　　　　　　　　　　　　图 8-23

STEP 2 返回设计页面中，选择页面中相应的文字，在"类"下拉列表中选择刚定义的 CSS 样式 font01 应用，如图 8-24 所示。完成类 CSS 样式的应用后，可以看到为文字添加下划线的效果，如图 8-25 所示。

STEP 3 转换到外部样式表文件中，创建名为.font02 的类 CSS 样式，如图 8-26 所示。返回设计视图中，选中页面中相应的文字，在"类"下拉列表中选择刚定义的 CSS 样式 font02 应用，在设计视图中预览效果，可以看到为文字添加顶划线的效果，如图 8-27 所示。

STEP 4 转换到外部样式表文件中，创建名为.font03 的类 CSS 样式，如图 8-28 所示。返回设计页面中，选中页面中相应的文字，在"类"下拉列表中选择刚定义的 CSS 样式 font03

应用，可以看到为文字添加删除线的效果，如图 8-29 所示。

图 8-24

图 8-25

```
.font02 {
    text-decoration: overline;
}
```

图 8-26

图 8-27

```
.font03 {
    text-decoration: line-through;
}
```

图 8-28

图 8-29

STEP 5 执行 "文件>保存" 命令，保存页面，并保存外部 CSS 样式表文件，在浏览器中预览页面，效果如图 8-30 所示。

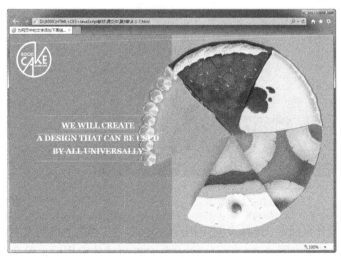

图 8-30

提示　　　在对网页进行设计制作时，如果希望文字既有下划线，同时也有顶划线或者删除线，在 CSS 样式中，可以将下划线和顶划线或者删除线的值同时赋予到 text-decoration 属性上。

8.2 使用 CSS 控制字间距和段落样式

在设计网页时，CSS 样式可以控制字体样式，同时也可以控制字间距和段落样式。但在大多数情况下，文字样式只能对少数文字起作用，对于段落文字来说，还需要通过专门的段落样式进行控制。

8.2.1 字间距 word-spacing 属性

在 CSS 样式中，字间距的控制是通过 letter-spacing 属性来进行调整的，该属性既可以设置相对数值，也可以设置绝对数值，但在大多数情况下使用相对数值进行设置。letter-spacing 属性的语法格式如下：

letter-spacing: 字间距;

```
自测       设置段落文本字间距
 5        最终文件：网盘\最终文件\第 8 章\8-2-1.html
          视    频：网盘\视频\第 8 章\8-2-1.swf
```

STEP 1 执行"文件>打开"命令，打开页面"网盘\源文件\第 8 章\8-2-1.html"，页面效果如图 8-31 所示。转换到该网页链接的外部样式表中，创建名为.font01 的类 CSS 样式，如图 8-32 所示。

```
.font01{
    letter-spacing:12px;
}
```

图 8-31   图 8-32

STEP 2 返回设计页面中，选择页面中相应的文字，在"类"下拉列表中选择刚定义的 CSS 样式 font01 应用，效果如图 8-33 所示。完成类 CSS 样式的应用后，保存页面，并保存外部 CSS 样式表文件，在浏览器中预览页面，效果如图 8-34 所示。

提示　　在对网页中的文本设置字间距时，需要根据页面整体的布局和构图进行适当的设置，同时还要考虑到文本内容的性质。如果是一些新闻类的文本则不宜设置的太过夸张和花哨，应以严谨、整齐为主。

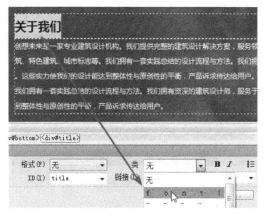

| 图 8-33 | 图 8-34 |

8.2.2　行间距 line-height 属性

在 CSS 中，可以通过 line-height 属性对段落的行间距进行设置。line-height 的值表示的是两行文字基线之间的距离，既可以设置相对数值，也可以设置绝对数值。line-height 属性的基本语法格式如下：

line-height: 行间距;

通常在静态页面中，字体的大小使用的是绝对数值，从而达到页面整体的统一，但在一些论坛或者博客等用户可以自由定义字体大小的网页中，使用的则是相对数值，从而便于用户通过设置字体大小来改变相应行距。

> 自测
> 6
>
> **设置网页中的文本行间距**
> 最终文件：网盘\最终文件\第 8 章\8-2-2.html
> 视　　频：网盘\视频\第 8 章\8-2-2.swf

STEP 1 执行"文件>打开"命令，打开页面"网盘\源文件\第 8 章\8-2-2.html"，页面效果如图 8-35 所示。转换到该网页链接的外部样式表中，创建名为.font02 的类 CSS 样式，如图 8-36 所示。

```
.font02 {
    line-height: 25px;
}
```

| 图 8-35 | 图 8-36 |

STEP 2 返回设计页面中，选择页面中相应的文字，在"类"下拉列表中选择刚定义的 CSS 样式 font02 应用，如图 8-37 所示。完成类 CSS 样式的应用后，可以看到所设置的文本行距效果，如图 8-38 所示。

图 8-37

图 8-38

 提示　由于是通过相对行距的方式对该段文字进行设置的，因此行间距会随着字体大小的变化而变化，从而不会出现因为字体变大而出现行间距过宽或者过窄的情况。

8.2.3　段落首字下沉

首字下沉也称首字放大，一般应用在报纸、杂志或者网页上的一些文章中，开篇的第一个字都会使用首字下沉的效果进行排版，以此来吸引浏览者的目光。在 CSS 样式中，首字下沉是通过对段落中的第一个文字单独设置 CSS 样式来实现的。其基本语法如下：

> font-size: 文字大小;
> float: 浮动方式;

 自测7　在网页中实现段落文字首字下沉
最终文件：网盘\最终文件\第 8 章\8-2-3.html
视　　频：网盘\视频\第 8 章\8-2-3.swf

STEP 1 执行"文件>打开"命令，打开页面"网盘\源文件\第 8 章\8-2-3.html"，页面效果如图 8-39 所示。转换到该网页链接的外部样式表中，创建名为.font02 的类 CSS 样式，如图 8-40 所示。

STEP 2 返回设计页面中，选中段落中的第一个文字，在"类"下拉列表中选择刚定义的类 CSS 样式 font02 应用，如图 8-41 所示。保存页面，并保存外部 CSS 样式表文件，在浏览器中预览页面，可以看到页面中段落首字下沉的效果，如图 8-42 所示。

图 8-39

```css
.font02 {
    float: left;
    font-size: 36px;
    line-height: 50px;
}
```

图 8-40

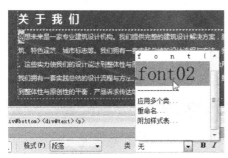

图 8-41

图 8-42

提示
首字下沉是通过定义段落中第一个文字的大小并设置为左浮动而达到的效果。在 CSS 样式中可以看到，首字的大小是其他文字大小的一倍，并且首字大小不是固定不变的，主要是看页面整体布局的需要。

8.2.4 段落首行缩进 text-indent 属性

段落首行缩进在一些文章开头通常都会用到。段落首行缩进是对一个段落的第 1 行文字缩进两个字符进行显示。在 CSS 样式中，是通过 text-indent 属性进行设置的。text-indent 属性的基本语法如下：

text-indent:首行缩进量;

在网页中实现段落首行缩进效果
最终文件：网盘\最终文件\第 8 章\8-2-4.html
视　　频：网盘\视频\第 8 章\8-2-4.swf

STEP 1 执行"文件>打开"命令，打开页面"网盘\源文件\第 8 章\8-2-4.html"，页面效果如图 8-43 所示。转换到该网页链接的外部样式表中，创建名为.font02 的类 CSS 样式，如图 8-44 所示。

```
.font02 {
    text-indent: 24px;
}
```

图 8-43   图 8-44

STEP 2 返回设计页面中，选择页面中相应的段落文本，在"类"下拉列表中选择刚定义的 CSS 样式 font02 应用，如图 8-45 所示。使用相同方法，为其他段落应用 font02 类样式，保存页面，并保存外部 CSS 样式表文件，在浏览器中预览页面，可以看到段落首行缩进的效果，效果如图 8-46 所示。

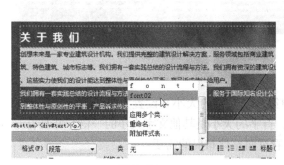 

图 8-45   图 8-46

提示 段落首行缩进的 CSS 样式属性 text-indent 属性必须应用在段落标签<p>中，才能够起作用，如果应用的对象不是段落文本则不会看到段落首行缩进的效果。

8.2.5 段落水平对齐 text-align 属性

在 CSS 样式中，段落的水平对齐是通过 text-align 属性进行控制的，段落对齐有 4 种方式，分别为左对齐、水平居中对齐、右对齐和两端对齐。text-align 属性的基本语法如下：

text-align: left | center | right | justify;

text-align 属性的属性值说明如表 8-5 所示。

表 8-5　text-align 属性值说明

属性值	说　　　明
left	表示段落的水平对齐方式为左对齐
center	表示段落的水平对齐方式为居中对齐
right	表示段落的水平对齐方式为右对齐
justify	表示段落的水平对齐方式为两端对齐

提示

两端对齐可以使段落的两端与边界对齐。但两端对齐的方式只对整段的英文起作用，对于中文来说没有什么作用。这是因为英文段落在换行时为保留单词的完整性，整个单词会一起换行，所以会出现段落两端不对齐的情况，两端对齐只能对这种两端不对齐的段落起作用。

自测
9

设置网页中文本水平对齐
最终文件：网盘\最终文件\第 8 章\8-2-5.html
视　　频：网盘\视频\第 8 章\8-2-5.swf

STEP 1 执行"文件>打开"命令，打开页面"网盘\源文件\第 8 章\8-2-5.html"，页面效果如图 8-47 所示。转换到该网页链接的外部样式表文件中，创建名为.font01 的类 CSS 样式，如图 8-48 所示。

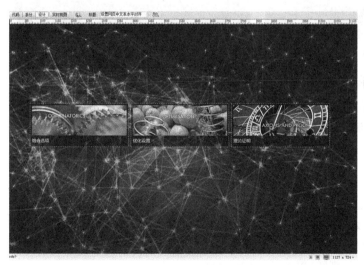

```
.font01 {
    text-align: left;
}
```

图 8-47　　　　　　　　　　　　　　　　图 8-48

STEP 2 返回设计页面中，选中 ID 名为 pic1 的 Div，在"类"下拉列表中选择刚定义的类 CSS 样式 font01 应用，如图 8-49 所示。可以看到段落文本内容水平居左显示的效果。转换到外部样式表文件中，创建名为.font02 和.font03 的类 CSS 样式，如图 8-50 所示。

STEP 3 返回设计页面中，分别为相应的段落文本应用 font02 和 font03 的类 CSS 样式，可以看到文本水平居中对齐和水平居右对齐的效果，如图 8-51 所示。保存页面，并保存外部样式表文件，在浏览器中预览页面，效果如图 8-52 所示。

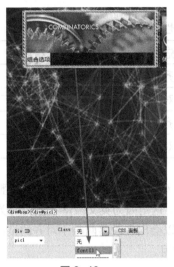

图 8-49

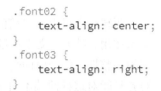

```
.font02 {
    text-align: center;
}
.font03 {
    text-align: right;
}
```

图 8-50

图 8-51

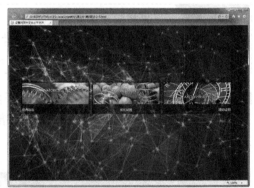

图 8-52

8.2.6 文本垂直对齐 vertical-align 属性

在 CSS 样式中，文本垂直对齐是通过 vertical-align 属性进行设置的，常见的文本垂直对齐方式有 3 种，分别为顶端对齐、垂直居中对齐和底端对齐。vertical-align 属性的语法格式如下：

vertical-align: 对齐方式;

自测 10

设置网页中文本垂直对齐

最终文件：网盘\最终文件\第 8 章\8-2-6.html

视　　频：网盘\视频\第 8 章\8-2-6.swf

STEP 1 执行"文件>打开"命令，打开页面"网盘\源文件\第 8 章\8-2-6.html"，页面效果如图 8-53 所示。转换到该网页链接的外部样式表文件中，创建名为.font01 的类 CSS 样式，如图 8-54 所示。

STEP 2 返回设计页面中，选中相应的图片，在"类"下拉列表中选择刚定义的类 CSS 样式 font01 应用，如图 8-55 所示。可以看到文本与图像顶端对齐的效果，如图 8-56 所示。

图 8-53

```
.font01 {
    vertical-align: top;
}
```

图 8-54

图 8-55

图 8-56

在使用 CSS 样式为文字设置垂直对齐时，首先必须要选择一个参照物，也就是行内元素。但是在设置时，由于文字并不属于行内元素，因此，在 Div 中不能直接对文字进行垂直对齐的设置，只能对元素中的图片进行垂直对齐设置，从而达到文字的对齐效果。

STEP 3 转换到外部样式表文件中，分别创建名为.font02 和.font03 的类 CSS 样式，如图 8-57 所示。返回设计页面中，分别为相应的图像应用所创建的类 CSS 样式，保存页面，并保存外部样式表文件，在浏览器中预览页面，可以看到所实现的文本垂直对齐的效果，如图 8-58 所示。

```
.font02 {
    vertical-align: middle;
}
.font03 {
    vertical-align: bottom;
}
```

图 8-57

图 8-58

137

第8章 设置文本的 CSS 属性

段落垂直对齐只对行内元素起作用，行内元素也称为内联元素，在没有任何布局属性作用时，默认排列方式是同行排列，直到宽度超出包含的容器宽度时才会自动换行。段落垂直对齐需要在行内元素中进行，如<span></span>、<p></p>以及图片等，否则段落垂直对齐不会起作用。

8.3 CSS 3.0 新增文本控制属性

在 CSS3.0 中新增加了 3 种有关网页文字控制的属性，分别是 word-wrap、text-overflow、text-shadow，本节将分别进行介绍。

8.3.1 控制文本换行 word-wrap 属性

word-wrap 属性用于设置当前文本行超过指定容器的边界时是否断开转行，word-wrap 属性的语法格式如下：

word-wrap: normal | break-word;

word-wrap 属性的属性值说明如表 8-6 所示。

表 8-6　word-wrap 属性值说明

属性值	说　　明
normal	控制连续文本换行
break-word	内容将在边界内换行。如果需要，词内换行也会发生

word-wrap 属性主要是针对英文或阿拉伯数字进行强制换行，而中文内容本身具有遇到容器边界后自动换行的功能，所以将该属性应用于中文起不到什么效果。

8.3.2 文本溢出处理 text-overflow 属性

在网页中显示信息时，如果指定显示信息过长超过了显示区域的宽度，其结果就是信息撑破指定的信息区域，从而破坏了整个网页布局。如果设置的信息显示区域过长，就会影响整体页面的效果。以前遇到这种情况，需要使用 JavaScript 将超出的信息进行省略。现在，只需要使用 CSS 3.0 中新增的 text-overflow 属性，就可以解决这个问题。

text-overflow 属性用于设置是否使用一个省略标记（…）标示对象内文本的溢出。text-overflow 属性仅是注解，当文本溢出时是否显示省略标记，并不具备其他的样式属性定义。要实现溢出时产生省略号的效果还需要定义：强制文本在一行内显示（white-space: nowrap）及溢出内容为隐藏（overflow: hidden），只有这样才能实现溢出文本显示省略号的效果。text-overflow 属性的语法格式如下：

text-overflow: clip | ellipsis;

text-overflow 属性的属性值说明如表 8-7 所示。

表 8-7 text-overflow 属性值说明

属性值	说　　明
clip	不显示省略标记（…），而是简单地裁切
ellipsis	当对象内文本溢出时显示省略标记（…）

8.3.3　文字阴影 text-shadow 属性

在显示文字时，有时需要制作出文字的阴影效果，从而增强文字的瞩目性。通过 CSS 3.0 中新增的 text-shadow 属性就可以轻松地实现为文字添加阴影的效果，text-shadow 属性的语法格式如下：

text-shadow: none | <length> none | [<shadow>,]* <opacity>或 none | <color> [,<color>]* ;

text-shadow 属性的属性值说明如表 8-8 所示。

表 8-8 text-shadow 属性值说明

属性值	说　　明
length	有浮点数字和单位标识符组成的长度值，可以为负值，用于指定阴影的水平延伸距离
color	指定阴影颜色
opacity	有浮点数字和单位标识符组成的长度值，不可以为负值，用于指定模糊效果的作用距离。如果仅仅需要模糊效果，将前两个 length 属性全部设置为 0

自测 11　**实现网页文本的阴影效果**

最终文件：网盘\最终文件\第 8 章\8-3-2.html

视　　频：网盘\视频\第 8 章\8-3-2.swf

STEP 1 执行"文件>打开"命令，打开页面"网盘\源文件\第 8 章\8-3-2.html"，效果如图 8-59 所示。转换到该网页链接的外部样式表文件中，创建名为.font01 的类 CSS 样式，如图 8-60 所示。

图 8-59

```
.font01 {
    text-shadow: 4px 3px 2px #CCC;
}
```

图 8-60

STEP 2 返回设计页面中，选中相应的文字，在"类"下拉列表中选择刚定义的类 CSS 样式 font01 应用，如图 8-61 所示。保存页面，在浏览器中预览页面，可以看到文字阴影效果，如图 8-62 所示。

图 8-61

图 8-62

8.4 本章小结

本章主要讲解了使用 CSS 样式对网页中的文字和段落效果进行设置的方法和技巧，通过这些属性可以对网页中的文本元素的位置和外观等进行设置。读者一定要仔细体会、多练习，这样才能够更快地掌握 CSS 样式对网页中文本元素的控制。

8.5 课后测试题

一、选择题

1. font-family 属性是设置文本的哪种属性？（　　）
   A. 颜色　　　　　　B. 大小　　　　　　C. 字体　　　　　　D. 粗细
2. 下列哪种不属于 CSS 样式控制文本属性？（　　）
   A. font-size　　　　B. font-color　　　　C. color　　　　　　D. font-weight
3. 通过 CSS 样式可以对下列哪些文本属性进行设置？（　　）（多选）
   A. 字体　　　　　　B. 字体大小　　　　C. 顶划线　　　　　D. 斜体
4. 下列属于 CSS 3.0 新增文本控制属性的有（　　）。
   A. word-wrap　　　　　　　　　　　B. break-word
   C. text-align　　　　　　　　　　　D. vertical-align

二、判断题

1. 设置 text-decoration 属性为 overline，可以实现为文字添加顶划线的颜色效果。（　　　）

2. 通过设置 text-indent 属性，可以实现网页中任意文字的首行缩进效果。（　　　）

三、简答题

1. 斜体和偏斜体有什么区别？

2. 网页中常用的颜色表现方式是什么？

PART 9

第 9 章
设置背景和图像的CSS属性

本章简介

在网页设计中，使用 CSS 样式控制背景和图片样式是较为常用的一项技术，它有效地避免了 HTML 对页面元素控制所带来的不必要的麻烦。在本章中将向读者介绍用于设置背景和图片的相关 CSS 属性，并且对 CSS 3.0 中有关背景和边框设置的新增属性进行介绍。

本章重点

- 了解并掌握设置背景颜色和背景图像的属性方法
- 理解并掌握 CSS 设置图片样式的方法和技巧
- 了解 CSS3.0 新增颜色设置方式
- 理解 CSS3.0 新增背景控制的属性
- 掌握 CSS 3.0 新增的边框控制属性

9.1 使用 CSS 控制背景颜色和背景图像

页面背景颜色的合理设置能够给人一种协调、美观的视觉感受，同时还有利于烘托页面主体。在网页设计中，使用 CSS 控制网页背景颜色和图像是一项非常实用的技术，它有效地避免了 HTML 对页面元素控制所带来的不必要的麻烦，能够更方便、更灵活地设置网页背景和背景图像。通过灵活运用 CSS 功能，可以使整个页面更加多姿多彩。

9.1.1 背景颜色 background-color 属性

在 CSS 样式中，background-color 属性用于设置背景颜色，background-color 属性的基本语法如下：

```
background-color: color | transparent;
```

background-color 属性的属性值说明如表 9-1 所示。

表 9-1　background-color 属性值说明

属性值	说　　明
color	该属性值设置背景的颜色，可以采用英文单词、十六进制、RGB、HSL、HSLA 和 RGRBA
transparent	该属性值为默认值，表示透明，也就是没有背景颜色

自测 1　设置网页的背景颜色
最终文件：网盘\最终文件\第 9 章\9-1-1.html
视　　频：网盘\视频\第 9 章 9-1-1.swf

STEP 1 打开页面"网盘\源文件\第 9 章\9-1-1.html"，可以看到页面效果，如图 9-1 所示。转换到代码视图中，可以看到该网页的 HTML 代码，如图 9-2 所示。

```
<body>
<div id="box"><img src="images/91101.png" width="794"
height="398"  alt=""/></div>
<div id="logo"><img src="images/91102.png" width="68"
height="68"  alt=""/></div>
</body>
```

图 9-1　　　　　　　　　　　　　　　　图 9-2

STEP 2 转换到外部 CSS 样式表文件中，在名为 body 标签的 CSS 样式代码添加 background-color 属性设置，如图 9-3 所示。保存页面，在浏览器中预览，可以看到页面添加背景颜色的效果，如图 9-4 所示。

```
body {
    font-family: 微软雅黑;
    font-size: 14px;
    color: #333;
    line-height: 30px;
    background-color:#9CC;
}
```

图 9-3

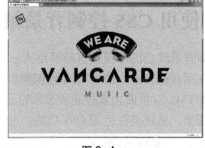

图 9-4

9.1.2 背景图像 background-image 属性

在 CSS 样式中，background-image 属性用于将图片设置为背景图像，background-image 属性的基本语法如下：

background-image: none | url;

background-image 属性的属性值说明如表 9-2 所示。

表 9-2 background-image 属性值说明

属性值	说　　明
none	该属性值是默认属性，为无背景图片
url	该属性值定义了所需要使用的背景图片地址，图片地址可以是相对路径，也可以是绝对路径

> **自测 2**　为网页设置背景图像
> 最终文件：网盘\最终文件\第 9 章\9-1-2.html
> 视　　频：网盘\视频\第 9 章 9-1-2.swf

STEP 1 打开页面"网盘\源文件\第 9 章\9-1-2.html"，可以看到页面效果，如图 9-5 所示。转换到代码视图中，可以看到该网页的 HTML 代码，如图 9-6 所示。

```
<body>
<div id="box"><img src="images/91202.jpg" width="900"
height="450" alt="" />
</div>
</body>
```

图 9-5

图 9-6

STEP 2 转换到外部 CSS 样式表文件中，在名为 body 标签的 CSS 样式代码添加 background-image 属性设置，如图 9-7 所示。保存页面，在浏览器中预览页面，可以看到网页背景图像效果，如图 9-8 所示。

```
body {
    font-size: 12px;
    color: #333;
    background-image: url(../images/91201.png);
}
```

图 9-7

图 9-8

9.1.3 背景图像重复方式 background-repeat 属性

背景图片在默认的情况下会以平铺的方式重复显示，但是大多数情况下这种方式并不适用于一般页面。在 CSS 样式中，background-repeat 属性用于设置背景图片的重复方式，background-repeat 属性的基本语法如下：

background-repeat: no-repeat | repeat-x | repeat-y | repeat;

background-repeat 属性的属性值说明如表 9-3 所示。

表 9-3　background-repeat 属性值说明

属性值	说　　明
no-repeat	该属性值设置背景图像不重复平铺
repeat-x	该属性值设置背景图像水平方向重复平铺
repeat-y	该属性值设置背景图像垂直重复平铺
repeat	该属性值设置背景图片水平和垂直方向都重复平铺

自测 3　**设置网页背景图像重复**
最终文件：网盘\最终文件\第 9 章\9-1-3.html
视　　频：网盘\视频\第 9 章 9-1-3.swf

STEP 1 打开页面 "网盘\源文件\第 9 章\9-1-3.html"，可以看到页面效果，如图 9-9 所示。转换到代码视图中，可以看到该网页的 HTML 代码，如图 9-10 所示。

图 9-9

```
<body>
<div id="box"><img src="images/91302.png" width="592"
height="453" alt="" /></div>
</body>
```

图 9-10

STEP 2 转换到外部 CSS 样式表文件中，找到名为 body 标签的 CSS 样式代码，在该 CSS 样式中添加背景图像和背景图像平铺方式的 CSS 样式设置，如图 9-11 所示。保存页面，在浏览器中预览页面，可以看到背景图像的显示效果，如图 9-12 所示。

```
body {
    background-color: #CDE9DA;
    background-image: url(../images/91301.jpg);
    background-repeat:no-repeat;
}
```

图 9-11

图 9-12

STEP 3 返回到外部 CSS 样式表文件中，修改 body 标签的 CSS 样式中背景图像重复方式的设置，如图 9-13 所示，保存页面，在浏览器中预览页面，可以看到背景图像在水平方向平铺的效果，如图 9-14 所示。

```
body {
    background-color: #CDE9DA;
    background-image: url(../images/91301.jpg);
    background-repeat:repeat-x;
}
```

图 9-13

图 9-14

提示

为图片设置重复方式，图片就会沿 X 轴或 Y 轴进行平铺。在网页设计中，这是一种很常见的方式。该方法一般用于设置渐变类背景图像，可以使渐变图像沿设定的方向进行平铺，形成渐变背景、渐变网格等效果，从而达到减小背景图片大小，加快网页下载速度的目的。

9.1.4 背景图像位置 background-position 属性

通过 CSS 定义背景图像的好处是可以为指定的背景图像进行精确定位，在 CSS 样式中，background-position 属性用于更改初始背景图像的位置，background-position 属性的基本语法如下：

background-position: length | percentage | top | center | bottom | left | right;

background-position 属性的属性值说明如表 9-4 所示。

表 9-4　background-position 属性值说明

属性值	说　　明
length	设置背景图像与边距水平和垂直方向的距离长度，长度单位为（cm、mm 和 px 等）
percentage	根据页面元素的宽度或高度的百分比放置背景图像

属性值	说　明
top	设置背景图像顶部显示
center	设置背景图像显示
bottom	设置背景图像底部显示
left	设置背景图像左部显示
right	设置背景图像右部显示

自测 4　设置网页背景图像位置
最终文件：网盘\最终文件\第 9 章\9-1-4.html
视　　频：网盘\视频\第 9 章 9-1-4.swf

STEP 1 打开页面"网盘\源文件\第 9 章\9-1-4.html"，可以看到页面效果，如图 9-15 所示。转换到外部 CSS 样式表文件中，找到名为#box 的 CSS 样式，如图 9-16 所示。

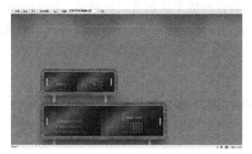

图 9-15

```
#box {
    position: absolute;
    width: 964px;
    height: 398px;
    bottom: 0px;
    left: 50%;
    margin-left: -482px;
    padding-top: 212px;
}
```

图 9-16

STEP 2 在该 CSS 样式中添加图像和图像平铺方式的 CSS 属性设置，如图 9-17 所示，返回设计视图中，可以看到为名称为 box 的 Div 设置背景图像的效果，如图 9-18 所示。

```
#box {
    position: absolute;
    width: 964px;
    height: 398px;
    bottom: 0px;
    left: 50%;
    margin-left: -482px;
    padding-top: 212px;
    background-image:url(../images/91403.png);
    background-repeat:no-repeat;
}
```

图 9-17

图 9-18

提示　　通过使用 background-repeat 的属性值 no-repeat 和 background-position 的属性值 center，可以将暗淡的图像用作水印。

STEP 3 转换到外部 CSS 样式表文件中，继续添加 background-position 属性设置，如图 9-19

所示。保存外部样式表文件，在浏览器中预览该页面，可以看到背景图像的位置，如图 9-20
所示。

```
#box {
    position: absolute;
    width: 964px;
    height: 398px;
    bottom: 0px;
    left: 50%;
    margin-left: -482px;
    padding-top: 212px;
    background-image:url(../images/91403.png);
    background-repeat:no-repeat;
    background-position:738px 94px;
}
```

图 9-19

图 9-20

 提示

background-position 属性的默认值为 top left，它与 0% 是一样的。与 background-repeat 属性相似，该属性的值不从包含的块继承。background-position 属性可以与 background-repeat 属性一起使用，在页面上水平或者垂直放置重复的图像。

9.1.5 固定背景图像 background-attachment 属性

在 CSS 样式中，background-attachment 属性用于设置背景图像和页面的关系，background-attachment 属性的基本语法如下：

background-attachment: scroll | fixed;

background-attachment 属性的属性值说明如表 9-5 所示。

表 9-5 background-attachment 属性值说明

属性值	说　　明
scroll	该属性值是默认值，当页面滚动时，页面背景会自动跟随滚动条的下拉操作与页面的其余部分一起滚动
fixed	该属性值用于设置背景图像在页面的可见区域，也就是固定背景图像

自测5	设置网页中的背景图像固定不动 最终文件：网盘\最终文件\第 9 章\9-1-5.html 视　　频：网盘\视频\第 9 章 9-1-5.swf

STEP 1 打开页面"网盘\源文件\第 9 章\9-1-5.html"，可以看到页面效果，如图 9-21
所示。转换到外部 CSS 样式表文件中，可以看到 body 标签的 CSS 样式代码，如图 9-22 所示。

STEP 2 在 body 标签的 CSS 样式代码中添加背景图像固定的 CSS 样式设置，如图 9-23
所示。保存外部 CSS 样式文件，在浏览器中预览页面，可以看到无论如何拖动滚动条，背景
图像的位置始终是固定的，如图 9-24 所示。

图 9-21

```
body {
    font-family: 微软雅黑;
    font-size: 14px;
    color: #333;
    line-height: 25px;
    background-image: url(../images/91501.jpg);
    background-repeat: no-repeat;
    background-position: center top;
}
```

图 9-22

```
body {
    font-family: 微软雅黑;
    font-size: 14px;
    color: #333;
    line-height: 25px;
    background-image: url(../images/91501.jpg);
    background-repeat: no-repeat;
    background-position: center top;
    background-attachment: fixed;
}
```

图 9-23

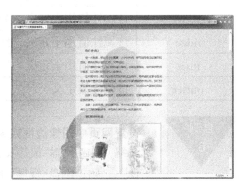

图 9-24

提示

默认情况下，在网页中所设置的背景图像并不会固定不动，背景图像会跟着网页滚动条的滚动而滚动，通过 background-attachment 属性可以设置背景图像固定，通过设置背景图像固定可以使背景图像在网页中固定不动，这样不论如何拖动滚动条，依然可以显示网页的背景图像。

149

9.2　使用 CSS 设置图片样式

图片样式可以通过 HTML 页面直接设置，与其相比，通过 CSS 设置图像样式的好处是不仅能够实现一些在 HTML 页面中无法实现的特殊效果，避免了制作烦琐，而且更有利于图片的后期修改。

9.2.1　边框 border 属性

HTML 页面中定义图片边框，只能对边框的粗细进行设置，并且边框的颜色都是统一的黑色，样式单调；在 CSS 样式中，border 属性的设置可以使边框的样式更加丰富，border 属性的基本语法格式如下：

border: border-style | border-color | border-width;

border-color 属性用于设置图片边框的颜色；border-width 属性用于设置图片边框的粗细；border-style 属性用于设置图片边框的样式。

border-style 属性的属性值说明如表 9-6 所示。

表 9-6　border-style 属性值说明

属性值	说　明
none	该属性值表示无边框
hidden	该属性值与 none 相同，表示无边框
dotted	该属性值用于定义点状边框
dashed	该属性值用于定义虚线边框
solid	该属性值用于定义实线边框
double	该属性值用于定义双线边框，双线宽度等于 border-width 的值
groove	该属性值用于定义 3D 凹槽边框，其效果取决于 border-color 的值
ridge	该属性值用于定义脊线式边框
inset	该属性值用于定义内嵌效果的边框
outset	该属性值定义突起效果的边框

自测 6　设置网页中图像边框效果

最终文件：网盘\最终文件\第 9 章\9-2-1.html

视　　频：网盘\视频\第 9 章 9-2-1.swf

STEP 1　打开页面"网盘\源文件\第 9 章\9-2-1.html"，页面效果如图 9-25 所示。转换到代码视图，可以看到页面的 HTML 代码，如图 9-26 所示。

```
<body>
<div id="pic">
<img src="images/92102.jpg" width="182" height="242" alt="" />
<img src="images/92103.jpg" width="183" height="242" alt="" />
<img src="images/92104.jpg" width="183" height="242" alt="" />
<img src="images/92105.jpg" width="182" height="242" alt="" />
<img src="images/92106.jpg" width="183" height="242" alt="" />
</div>
</body>
```

图 9-25　　　　　　　　　　　　　　　　　　图 9-26

STEP 2　转换到外部 CSS 样式表文件中，创建名为#pic img 的 CSS 样式代码，如图 9-27 所示。保存外部 CSS 样式表文件，在浏览器中预览页面，可以看到所设置的边框效果，如图 9-28 所示。

```
#pic img {
    margin-left: 5px;
    margin-right: 5px;
    border: solid 3px #FFF;
}
```

图 9-27　　　　　　　　　　　　　　　　　　图 9-28

提示　　图片的边框属性可以不完全定义，仅单独定义宽度和样式，不定义边框的颜色。通过这种方法设置的边框，默认颜色是黑色。如果单独定义宽度和样式，图片边框也会有效果，但是如果单独定义颜色，图片边框不会有任何效果。

9.2.2　图片缩放

在 CSS 样式中，可以通过 width 和 height 属性实现图片的缩放，设置图片的大小，图片缩放的基本语法如下：

width: 数值;

height: 数值;

可以通过设置 width 和 height 这两个属性的相对值或绝对值来达到图片缩放的效果。使用绝对值对图片进行缩放后，图片的大小是固定的，不会随着浏览器界面的变化而变化；使用相对值对图片进行缩放就可以实现图片随浏览器变化而变化的效果。

自测
7
　　设置网页中图片缩放效果
最终文件：网盘\最终文件\第 9 章\9-2-2.html
视　　频：网盘\视频\第 9 章 9-2-2.swf

STEP 1 打开页面"网盘\源文件\第 9 章\9-2-2.html"，可以看到页面效果，如图 9-29 所示。转换到外部 CSS 样式表文件中，创建名为.pic01 的类 CSS 样式，如图 9-30 所示。

```
.pic01 {
    width: 965px;
    height: 360px;
}
```

图 9-29　　　　　　　　　　　　　　　图 9-30

STEP 2 转换到代码视图中，为图片应用 pic01 的类 CSS 样式，保存页面，在浏览器中预览页面，效果如图 9-31 所示。当调整浏览器窗口的大小，可以看到绝对值控制的图片依然占据所定义的尺寸空间，浏览器将出现相应的滚动条，如图 9-32 所示。

图 9-31　　　　　　　　　　　　　　　图 9-32

STEP 3 返回外部 CSS 样式表文件中，创建名为.pic02 的 CSS 样式代码，如图 9-33 所示。转换到代码视图中，为图片应用 pic02 的类 CSS 样式，如图 9-34 所示。

```
.pic02 {
    width: 100%;
    height: 360px;
}
```

图 9-33

```
<body>
<img src="images/92202.jpg" alt="" class="pic02" />
</body>
```

图 9-34

STEP 4 保存该页面和外部 CSS 样式表文件，在浏览器中预览页面，可以看到网页图像的效果，如图 9-35 所示。当调整浏览器窗口大小时，可以看到使用相对值与绝对值相配合控制图片缩放的效果，如图 9-36 所示。

图 9-35

图 9-36

STEP 5 返回外部 CSS 样式表文件中，创建名为.pic03 的 CSS 样式代码，如图 9-37 所示。转换到代码视图中，为图片应用 pic03 的类 CSS 样式，如图 9-38 所示。

```
.pic03 {
    width: 100%;
    height: auto;
}
```

图 9-37

```
<body>
<img src="images/92202.jpg" alt="" class="pic03" />
</body>
```

图 9-38

STEP 6 保存该页面和外部 CSS 样式表文件，在浏览器中预览页面，可以看到网页图像的效果，如图 9-39 所示。当调整浏览器窗口大小时，使用相对值控制的图片也会自动调整大小，如图 9-40 所示。

图 9-39

图 9-40

通过上面的图片效果可以看出，使用相对数值控制浏览器的缩放就可以实现图片随浏览器变化而变化的效果。在使用相对数值对图片进行缩放时可以看到，图片的宽度、高度都发生了变化。

9.2.3 图片水平对齐与垂直对齐

图片水平对齐和文本水平对齐属性是相同的，都是使用 text-align 属性，图片垂直对齐与文本垂直对齐属性是相同的，都是使用 vertical-align 属性。前面已经详细介绍了文本的水平对齐和垂直对齐属性设置，本节将简单介绍图像水平对齐与垂直对齐属性。

使用 CSS 样式可以让图片对齐到理想的位置，在 CSS 样式中， text-align 属性用于设置图片的水平对齐方式，text-align 属性的基本语法格式如下：

text-align: 对齐方式;

在 CSS 中，定义图片的对齐方式不能直接定义图片样式，因为<img>标签本身没有水平对齐属性，需要在图片的上一个标签级别，即父标签中定义，让图片继承父标签的对齐方式。需要使用 CSS 继承父标签的 text-align 属性来定义图片的水平对齐方式。

定义图片的水平对齐有三种方式，当 text-align 属性值为 left、center、right 时，分别代表图片水平方向上的左对齐、居中对齐和右对齐。

在 CSS 样式中，vertical-align 属性用于设置图片垂直对齐，即定义行内元素的基线对于该元素所在行的基线的垂直对齐，允许指定负长值和百分比，vertical-align 属性的基本语法格式如下：

vertical-align: baseline | sub | super | top | text-top | middle | bottom | text-bottom | length;

vertical-align 属性的属性值说明如表 9-7 所示。

表 9-7　vertical-align 属性值说明

属性值	说　　明
baseline	该属性值用于设置图片基线对齐
sub	该属性值用于设置垂直对齐文本的下标
super	该属性值用于设置垂直对齐文本的上标
top	该属性值用于设置图片顶部对齐
text-top	该属性值用于设置对齐文本顶部
middle	该属性值用于设置图片居中对齐
bottom	该属性值用于设置图片底部对齐
text-bottom	该属性值用于设置对齐文本底部
length	该属性用于设置具体的值或百分数，可以使用正值或负值，定义由基线算起的偏移量。基线对于数值来说为 0，对于百分数来说为 0%

9.3 CSS3.0 新增颜色设置方式

网页中的颜色搭配可以更好地吸引浏览者的目光，在 CSS 3.0 中新增了 3 种网页中定义颜色的方法，分别是 HSL color、HSLA color、RGBA color，下面分别对这 3 种新增的网页中定义颜色的方法进行介绍。

9.3.1 HSL 颜色方式

CSS 3.0 中新增了 HSL 颜色表现方式，HSL 色彩的定义语法如下：

hsl (<length>,<percentage>,<percentage>);

hsl 属性的属性值说明如表 9-8 所示。

表 9-8 hsl 属性值说明

属性值	说　　明
length	表示 Hue（色调），0（或 360）表示红色，120 表示绿色，240 表示蓝色，当然也可以取其他的数值来确定其他颜色
percentage	表示 Saturation（饱和度），取值为 0%到 100%之间的值
percentage	表示 Lightness（亮度），取值为 0%到 100%之间的值

9.3.2 HSLA 颜色方式

HSLA 是 HSL 颜色定义方法的扩展，在色相、饱和度、亮度三要素的基础上增加了不透明度的设置。使用 HSLA 颜色定义方法，能够灵活地设置各种不同的透明效果。HSLA 颜色定义的语法如下：

hsla (<length>,<percentage>,<percentage>,<opacity>);

前 3 个属性与 HSL 颜色定义方法的属性相同，第 4 个属性<opacity>表示不透明度，取值在 0 到 1 之间。

9.3.3 RGBA 颜色方式

RGBA 是在 RGB 的基础上多了控制 Alpha 透明度的参数，RGBA 色彩的定义语法如下：

rgba (r,g,b,<opacity>);

自测 8

使用 RGBA 颜色方式设置半透明背景色

最终文件：网盘\最终文件\第 9 章\9-3-3.html

视　　频：网盘\视频\第 9 章\9-3-3.swf

STEP 1 打开页面"网盘\源文件\第 9 章\9-3-3.html"，可以看到页面效果，如图 9-41 所示。转换到外部 CSS 样式表文件中，找到名为#pic 的 CSS 样式设置代码，如图 9-42 所示。

STEP 2 在该 CSS 样式设置代码中修改 background-color 属性设置，使用 RGBA 颜色定义方法，如图 9-43 所示。保存页面，在浏览器中预览页面，可以看到所设置的半透明背景色的效果，如图 9-44 所示。

图 9-41

```
#pic {
    position: absolute;
    width: 100%;
    height: auto;
    overflow: hidden;
    bottom: 0px;
    padding: 15px 0px;
    background-color: #9C0;
    text-align: center;
}
```

图 9-42

```
#pic {
    position: absolute;
    width: 100%;
    height: auto;
    overflow: hidden;
    bottom: 0px;
    padding: 15px 0px;
    background-color: rgba(153,255,0,0.5);
    text-align: center;
}
```

图 9-43

图 9-44

9.4 CSS3.0 新增背景控制属性

在 CSS 3.0 中新增加了 3 种有关网页背景控制的属性，分别是 background-origin 属性、background-clip 属性和 background-size 属性，下面分别对这 3 种新增的背景控制属性进行介绍。

9.4.1 背景图像显示区域 background-origin 属性

默认情况下，background-position 属性总是以元素左上角原点作为背景图像定位，使用 CSS 3.0 中新增的 background-origin 属性可以改变这种背景图像定位方式，通过该属性可以大大改善背景图像的定位方式，能够更加灵活地对背景图像进行定位，background-origin 属性的语法格式如下：

background-origin: border | padding | content;

background-origin 属性的属性值说明如表 9-9 所示。

表 9-9　background-origin 属性值说明

属性值	说　　明
border	从 border 区域开始显示背景图像
padding	从 padding 区域开始显示背景图像
content	从 content 区域开始显示背景图像

9.4.2 背景图像裁剪区域 background-clip 属性

在 CSS 3.0 中新增了背景图像裁剪区域属性 background-clip，通过该属性可以定义背景图像的裁剪区域。background-clip 属性与 background-origin 属性类似，background-clip 属性用来判断背景图像是否包含边框区域，而 background-origin 属性用来决定 background-position 属性定位的参考位置。background-clip 属性的语法格式如下：

```
background-clip: border-box | padding-box | content-box | no-clip;
```

9.4.3 背景图像大小 background-size 属性

以前在网页中背景图像的大小是无法控制的，如果想让背景图像填充整个页面背景，则需要事先设计一个较大的背景图像，只能让背景图像以平铺的方式来填充页面元素。在 CSS 3.0 中新增了一个 background-size 属性，通过该属性可以自由控制背景图像的大小，background-size 属性语法格式如下：

```
background-size: [<length> | <percentage> | auto]{1,2} | cover | contain;
```

background-size 属性的属性值说明如表 9-10 所示。

表 9-10 background-size 属性值说明

属性值	说　　明
length	由浮点数字和单位标识符组成的长度值，不可以为负值
percentage	取值为 0% 至 100% 之间的值，不可以为负值
cover	保持背景图像本身的宽高比，将背景图像缩放到正好完全覆盖所定义的背景区域
contain	保持背景图像本身的宽高比，将图片缩放到宽度和高度正好适应所定义的背景区域

> **自测 9** **设置网页中背景图像的大小**
> 最终文件：网盘\最终文件\第 9 章\9-4-3.html
> 视　　频：网盘\视频\第 9 章\9-4-3.swf

STEP 1 打开页面"网盘\源文件\第 9 章\9-4-3.html"，可以看到页面效果，如图 9-45 所示。转换到外部 CSS 样式表文件中，找到名为 body 的标签 CSS 样式设置代码，如图 9-46 所示。

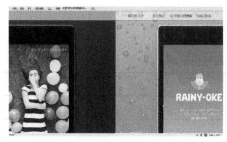

图 9-45

```
body {
    font-family: 微软雅黑;
    font-size: 14px;
    color: #333;
    line-height: 30px;
    background-image: url(../images/94301.jpg);
    background-repeat: no-repeat;
    background-position: center top;
}
```

图 9-46

STEP 2 在该标签中添加背景图像大小的属性设置，如图 9-47 所示。保存页面，在浏览器中预览页面，可以看到设置背景图像大小效果，如图 9-48 所示。

```
body {
    font-family: 微软雅黑;
    font-size: 14px;
    color: #333;
    line-height: 30px;
    background-image: url(../images/94301.jpg);
    background-repeat: no-repeat;
    background-position: center top;
    background-size: 100% auto;
}
```

图 9-47

图 9-48

提示

　　使用 background-size 属性设置背景图像的大小，可以以像素或百分比的方式指定背景图像的大小。当使用百分比值时，大小会由所在区域的宽度、高度和位置所决定。

9.5　CSS3.0 新增边框控制属性

　　在 CSS 3.0 中新增加了 3 种有关边框（border）控制的属性，分别是 border-colors 属性、border-radius 属性和 border-image 属性，下面分别对这 3 种新增的边框控制属性进行介绍。

9.5.1　多重边框颜色 border-colors 属性

　　border-color 属性可以用来设置对象边框的颜色，在 CSS 3.0 中增强了该属性的功能。如果设置了边框的宽度为 Npx，那么就可以在这个边框上使用 N 种颜色，每种颜色显示 1px 的宽度。如果所设置的边框的宽度为 10 像素，但只声明了 5 种或 6 种颜色，那么最后一个颜色将被添加到剩下的宽度，border-colors 属性的语法格式如下：

　　border-colors: <color> <color> <color>…;

　　border-colors 属性还可以分开，分别为四边设置多重颜色，四边分别写为 border-top-colors、border-right-colors、border-bottom-colors 和 border-left-colors。

9.5.2　图像边框 border-image 属性

　　为了增强边框效果，CSS 3.0 中新增了 border-image 属性，用来实现使用图像作为对象的边框效果，border-image 属性的语法格式如下：

　　border-image: none | <image> [<number> | <percentage>]{1,4}[/ <border-width>{1,4}]?
[stretch | repeat | round] {0,2}

　　border-image 属性的属性值说明如表 9-11 所示。

表 9-11　border-image 属性值说明

属性值	说　　明
none	none 为默认值，表示无图像
image	用于设置边框图像，可以使用绝对地址或相对地址
number	边框宽度或者边框图像的大小，使用固定像素值表示
percentage	用于设置边框图像的大小，即边框宽度，用百分比表示
stretch | repeat | round	拉伸|重复|平铺（其中 stretch 是默认值）

为了能够更加方便灵活地定义边框图像，CSS 3.0 允许从 border-image 属性派生出众多的子属性，border-image 的派生子属性如下：

border-image 的派生子属性的说明如表 9-12 所示。

表 9-12　border-image 的派生子属性说明

属　　性	说　　明
border-top-image	定义上边框图像
border-right-image	定义右边框图像
border-bottom-image	定义下边框图像
border-left-image	定义左边框图像
border-top-left-image	定义边框左上角图像
border-top-right-image	定义边框右上角图像
border-bottom-left-image	定义边框左下角图像
border-bottom-right-image	定义边框右下角图像
border- image-source	定义边框图像源，即图像的地址
border- image-slice	定义如何裁切边框图像
border- image-repeat	定义边框图像重复属性
border- image-width	定义边框图像的大小
border- image-outset	定义边框图像的偏移位置

9.5.3　圆角边框 border-radius 属性

在 CSS 3.0 出现之前，如果需要在网页中实现圆角边框的效果，通常都是使用图像来实现，而在 CSS 3.0 中新增了圆角边框的定义属性 border-radius，通过该属性，可以轻松地在网页中实现圆角边框效果，border-radius 属性的语法格式如下：

border-radius: none | \<length\>{1,4} [/ \<length\>{1,4}]?

border-radius 属性的属性值说明如表 9-13 所示。

表 9-13　border-radius 属性值说明

属性值	说　　明
none	none 为默认值，表示不设置圆角效果
length	设置圆角度数值，由浮点数字和单位标识符组成，不可以设置为负值

border-radius 属性还可以分开，分别为四个角设置相应的圆角值，分别写成 border-top-right-radius（右上角）、border-bottom-right-radius（右下角）、border-bottom-left-radius（左下角）、border-top-left-radius（左上角）。

```
自测   在网页中实现圆角边框效果
10    最终文件：网盘\最终文件\第 9 章\9-5-3.html
      视  频：网盘\视频\第 9 章\9-5-3.swf
```

STEP 1 打开页面"网盘\源文件\第 9 章\9-5-3.html"，可以看到页面效果，如图 9-49 所示。转换到外部 CSS 样式表文件中，找到名为#text 的 CSS 样式设置代码，如图 9-50 所示。

```
#text {
    position: absolute;
    right: 50px;
    bottom: 80px;
    width: 220px;
    height: auto;
    overflow: hidden;
    background-color: #FFF;
    padding: 10px;
    border:2px solid #000;
}
```

图 9-49　　　　　　　　　　　　　　图 9-50

STEP 2 在名为#text 的 CSS 样式中添加圆角边框的 CSS 样式设置，如图 9-51 所示。保存页面，在浏览器中预览页面，可以看到所实现的圆角效果，如图 9-52 所示。

```
#text {
    position: absolute;
    right: 50px;
    bottom: 80px;
    width: 220px;
    height: auto;
    overflow: hidden;
    background-color: #FFF;
    padding: 10px;
    border:2px solid #000;
    border-radius:20px;
}
```

图 9-51　　　　　　　　　　　　　　图 9-52

STEP 3 返回到外部 CSS 样式表文件中，修改名为#text 的 CSS 样式中圆角边框的属性设置，如图 9-53 所示。保存页面，在浏览器中预览页面，可以看到所实现的圆角效果，如图 9-54 所示。

```
#text {
    position: absolute;
    right: 50px;
    bottom: 80px;
    width: 220px;
    height: auto;
    overflow: hidden;
    background-color: #FFF;
    padding: 10px;
    border:2px solid #000;
    border-radius:20px 0px 20px 0px;
}
```

图 9-53　　　　　　　　　　　　　　图 9-54

9.6　本章小结

　　本章介绍了背景和图像的 CSS 样式常用属性，通过这些属性可以对网页中的各种元素的位置和外观等进行设置，还向大家介绍了 CSS 3.0 中新增的背景属性和边框属性，本章介绍的内容比较多，都是比较重要的内容，读者一定要仔细体会、多练习，这样才能够更快地掌握 CSS 样式的应用。

9.7　课后测试题

一、选择题

1. 下列（　　）表示上边框线宽 10px，下边框线宽 5px，左边框线宽 20px，右边框线宽 1px。

  A. border-width: 10px 1px 5px 20px B. border-width: 10px 5px 20px 1px

  C. border-width: 5px 20px 10px 1px D. border-width: 10px 20px 5px 1px

2. 在 CSS 样式中用于设置元素左边框的属性是哪个？（　　）

  A. border-left-width   B. border-top-width

  C. border-left   D. border- width

3. 下列选项中哪个 CSS 属性是用来设置背景颜色的？（　　）

  A. background-color   B. bgcolor

  C. color   D. text

4. 下列选项中，不属于 CSS3.0 新增背景设置属性的是（　　）。

  A. background-origin   B. background-clip

  C. background-size   D. background-color

二、判断题

1. 使用 background-image 属性设置背景图像，背景图像默认在网页中是以左上角为原点显示的，并且背景图像在网页中会重复平铺显示。（　　）

2. RGBA 颜色定义方式中 A 的取值范围是 0 到 1 之间。（　　）

3. 如果设置 background-clip 属性值为 content-box，则从 content 区域向外裁剪背景图像。（　　）

三、简答题

1. background-color 属性与 HTML 中的 bgcolor 属性有什么区别？

2. border-image 属性的优点是什么？

PART 10

第 10 章
设置列表和表单的 CSS 属性

本章简介

列表和表单也是网页中常见的元素。网页中默认的列表和表单外观效果太过于单调，并不能满足网页设计的需求，通过 CSS 样式则可以实现各种不同效果的列表和表单表现效果。本章主要向读者介绍如何使用 CSS 样式对网页中的列表、表单和超链接效果进行设置。

本章重点

- 掌握使用 CSS 样式对列表进行设置的方法
- 掌握使用 CSS 样式对表单元素进行美化的方法
- 理解并掌握使用 CSS 控制超链接效果的方法
- 了解使用 CSS 样式设置网页中的鼠标指针效果
- 了解和掌握新增的 CSS3.0 属性的使用

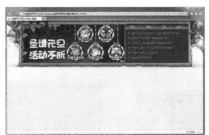

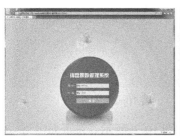

10.1　使用 CSS 设置列表属性

列表元素是网页中非常重要的应用形式之一，我们经常可以看到项目列表的应用。项目列表用于整理网页界面中相互关联的文本信息，使页面看起来整齐、规范。项目列表包括有序列表、无序列表和定义列表 3 种。

在网页设计中，通过使用 CSS 属性制作的列表，代码数量减少了很多，方便网页设计者进行读取，能够轻松实现网页界面整齐直观的效果，使浏览者方便、快捷地对页面进行查看和点击。

10.1.1　ul 无序列表样式

无序列表是网页中常见的元素之一，用于将一组相关的列表项目不分先后顺序地列在一起。无序列表使用 `<li>` 标签来罗列各个项目，并且每个项目前面都带有特殊符号。在 CSS 中，list-style-type 属性用于设置无序列表项目前的列表符号。它的基本语法格式如下：

list-style-type: 参数值;

list-style-type 属性的属性值说明如表 10-1 所示。

表 10-1　list-style-type 属性值说明

属性值	说明
disc	该属性值将项目列表符号设置为实心圆
circle	该属性值将项目列表符号设置为空心圆
square	该属性值将项目列表符号设置为实心方块

自测 1　**设置网页中的项目列表**
最终文件：网盘\最终文件\第 10 章\10-1-1.html
视　　频：网盘\视频\第 10 章\10-1-1.swf

STEP 1　打开页面"网盘\源文件\第 10 章\10-1-1.html"，可以看到页面效果，如图 10-1 所示。将光标移至名为 news 的 Div 中，将多余文字删除，并输入相应的文字，如图 10-2 所示。

图 10-1

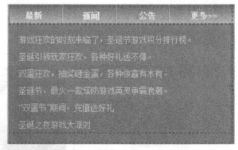

图 10-2

STEP 2　转换到代码视图中，可以看到的 HTML 代码，如图 10-3 所示。在页面中将 `<div id="news"></div>` 标签之间的 `<p></p>` 标签删除，添加相应的项目列表标签，如图 10-4 所示。

```
<div id="news"><p>游戏狂欢的时刻来临了，圣诞节游戏积分排行榜。</p>
    <p>圣诞引领玩家狂欢，各种好礼送不停。</p>
    <p>双蛋狂欢，抽奖砸金蛋，各种惊喜有木有。</p>
    <p>圣诞节，最火一款塔防游戏英灵争霸浪潮。</p>
    <p>"双蛋节"期间，充值送好礼</p>
    <p>圣诞之夜游戏大派对</p></div>
```

图 10-3

```
<div id="news">
    <ul>
        <li>游戏狂欢的时刻来临了，圣诞节游戏积分排行榜。</li>
        <li>圣诞引领玩家狂欢，各种好礼送不停。</li>
        <li>双蛋狂欢，抽奖砸金蛋，各种惊喜有木有。</li>
        <li>圣诞节，最火一款塔防游戏英灵争霸浪潮。</li>
        <li>"双蛋节"期间，充值送好礼</li>
        <li>圣诞之夜游戏大派对</li>
    </ul>
</div>
```

图 10-4

STEP 3 转换到外部 CSS 样式表文件中,创建名为#news li 的 CSS 样式设置代码,如图 10-5 所示。保存页面，并保存外部 CSS 样式表文件，在浏览器中预览页面，可以看到项目列表的效果，如图 10-6 所示。

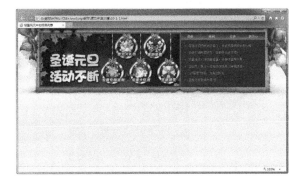

```
#news li {
    list-style-position: inside;
    border-bottom: dashed 1px #630;
}
```

图 10-5　　　　　　　　　　　　　　　　　　图 10-6

提示

list-style-position 属性用于设置列表图像位置，决定列表项目缩进的程度。选择 outside（外），则列表贴近左侧边框，选择 inside（内）则列表缩进，该项设置效果不明显。

10.1.2 ol 有序列表样式

有序列表和无序列表的区别是有序列表具有先后顺序，可以是按数字排列，也可以是按字母排列。在 CSS 样式中，可以通过 list-style-type 属性对有序列表进行控制，list-style-type 属性的基本语法格式如下：

list-style-type: 参数值;

list-style-type 属性的属性值说明如表 10-2 所示。

表 10-2　list-style-type 属性值说明

属性值	说明
decimal	该属性值代表十进制数字标记（1、2、3…）
decimal-leading-zero	该属性值代表有前导零的十进制数字标记（01、02、03…）
lower-roman	该属性值代表小写罗马数字
upper-roman	该属性值代表大写罗马数字
lower-alpha	该属性值代表小写英文字母
upper-alpha	该属性值代表大写英文字母
none	该属性值代表不包含任何项目符号
inherit	该属性值代表使用包含盒子的 list-style-type 的值

自测 2　**定义网页中的有序列表**
最终文件：网盘\最终文件\第 10 章\10-1-2.html
视　　频：网盘\视频\第 10 章\10-1-2.swf

STEP 1　打开页面"网盘\源文件\第 10 章\10-1-2.html"，可以看到页面效果，如图 10-7 所示。将光标移至名为 box 的 Div 中，将多余文字删除，并输入相应的文字，如图 10-8 所示。

图 10-7　　　　　　　　　　　　　　　　　　　图 10-8

STEP 2　转换到代码视图中，可以看到的 HTML 代码，如图 10-9 所示。在页面中将<div id="box"></div>标签之间的<p></p>标签删除，添加相应的有序列表标签，如图 10-10 所示。

```
<div id="box">
  <p>生如夏花</p>
  <p>梦娜丽莎的微笑</p>
  <p>You are beautiful</p>
  <p>睡在我上铺的兄弟</p>
  <p>风吹麦浪</p>
  <p>你是我的眼</p>
  <p>背对背拥抱</p>
  <p>有多少爱可以重来</p>
  <p>Set fair to the rain</p>
  <p>对不起我爱你</p>
  <p>我的歌声里</p>
</div>
```

```
<div id="box">
  <ol>
    <li>生如夏花</li>
    <li>梦娜丽莎的微笑</li>
    <li>You are beautiful</li>
    <li>睡在我上铺的兄弟</li>
    <li>风吹麦浪</li>
    <li>你是我的眼</li>
    <li>背对背拥抱</li>
    <li>有多少爱可以重来</li>
    <li>Set fair to the rain</li>
    <li>对不起我爱你</li>
    <li>我的歌声里</li>
  </ol>
</div>
```

图 10-9　　　　　　　　　　　　　　　　　　　图 10-10

STEP 3 转换到外部 CSS 样式表文件中，创建名为#box li 的 CSS 样式设置代码，如图 10-11 所示。保存页面，并保存外部 CSS 样式表文件，在浏览器中预览页面，可以看到有序列表的效果，如图 10-12 所示。

```
#box li {
    list-style-position: inside;
    list-style-type: upper-roman;
    color: #069;
    line-height: 25px;
}
```

图 10-11

图 10-12

提示

　　list-style-type 属性用于设置列表的类型，该属性的属性值包括 disc（圆点）、circle（圆圈）、square（方块）、decimal（数字）、lower-roman（小写罗马数字）、upper-roman（大写罗马数字）、lower-alpha（小写字母）、upper-alpha（大写字母）、none（无）9 个。

10.1.3　更改列表项目样式

　　给有序列表或无序列表设置 list-style-type 属性时，所有的\<li>标签都应用该样式，如果希望某个\<li>标签具有单独的样式，则可以对该\<li>标签单独设置 list-style-type 属性，再对该项目应用该样式，那么该样式只会对该条项目起作用。

> **自测 3**　　**设置独立的项目列表样式**
> 最终文件：网盘\最终文件\第 10 章\10-1-3.html
> 视　　频：网盘\视频\第 10 章\10-1-3.swf

STEP 1 打开页面"网盘\源文件\第 10 章\10-1-3.html"，可以看到页面效果，如图 10-13 所示。转换到外部 CSS 样式表文件中，创建名为.list01 的类 CSS 样式，如图 10-14 所示。

图 10-13

```
.list01 {
    list-style-type: circle;
}
```

图 10-14

STEP 2 转换到代码视图中，在相应的项目列表标签\<li>中应用 list01 类 CSS 样式，如图 10-15

所示。保存该页面和外部 CSS 样式表文件，在浏览器中预览页面，效果如图 10-16 所示。

```html
<div id="news">
  <ul>
    <li class="list01">游戏狂欢的时刻来临了，圣诞节游戏积分排行榜。</li>
    <li>圣诞引领玩家狂欢，各种好礼送不停。</li>
    <li>双蛋狂欢，抽奖砸金蛋，各种惊喜有木有。</li>
    <li>圣诞节，最火一款塔防游戏英灵争霸浪潮。</li>
    <li>"双蛋节"期间，充值送好礼</li>
    <li>圣诞之夜游戏大派对</li>
  </ul>
</div>
```

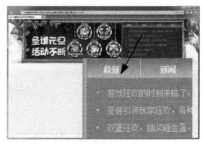

图 10-15   图 10-16

10.1.4　使用图片作为列表样式

用图片作为列表样式可以达到美化页面、提升网页整体视觉的效果。在 CSS 样式中，list-style-image 属性用于设置图片作为列表样式，list-style-image 属性的基本语法如下：

> list-style-image: 图片地址;

在 CSS 样式中，list-style-image 属性用于设置图片作为列表样式，只需输入图片的路径作为属性值即可。

自测 4　**设置项目符号为自定义图像**
最终文件：网盘\最终文件\第 10 章\10-1-4.html
视　　频：网盘\视频\第 10 章\10-1-4.swf

STEP 1 打开页面"网盘\源文件\第 10 章\10-1-4.html"，可以看到页面效果，如图 10-17 所示。转换到代码视图中，可以看到 HTML 代码，如图 10-18 所示。

```html
<div id="news">
  <ul>
    <li>游戏狂欢的时刻来临了，圣诞节游戏积分排行榜。</li>
    <li>圣诞引领玩家狂欢，各种好礼送不停。</li>
    <li>双蛋狂欢，抽奖砸金蛋，各种惊喜有木有。</li>
    <li>圣诞节，最火一款塔防游戏英灵争霸浪潮。</li>
    <li>"双蛋节"期间，充值送好礼</li>
    <li>圣诞之夜游戏大派对</li>
  </ul>
</div>
```

图 10-17   图 10-18

STEP 2 转换到外部 CSS 样式表文件中，找到名为#news li 的设置代码，并在该 CSS 样式中添加相应的属性设置代码，如图 10-19 所示。保存外部 CSS 样式表文件，在浏览器中预览页面，可以看到图片作为列表样式的效果，如图 10-20 所示。

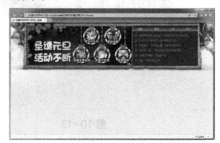

```css
#news li {
    list-style-position: inside;
    border-bottom: dashed 1px #630;
    list-style-type: none;
    list-style-image: url(../images/101401.gif);
}
```

图 10-19   图 10-20

10.1.5　定义列表

定义列表是一种比较特殊的列表形式，与有序列表和无序列表相比，应用得比较少。定义列表的<dl>标签是成对出现，制作定义列表需要在"代码"视图中手动添加，列表中每个元素的标题使用<dt></dt>标签，每个<dt></dt>标签后面跟随<dd></dd>标签，用于描述列表中的内容。

自测 5	设置定义列表样式
	最终文件：网盘\最终文件\第 10 章\10-1-5.html
	视　　频：网盘\视频\第 10 章\10-1-5.swf

STEP 1 打开页面"网盘\源文件\第 10 章\10-1-5.html"，可以看到页面效果，如图 10-21 所示。将光标移至名为 news 的 Div 中，将多余文字删除，输入相应的文字，如图 10-22 所示。

图 10-21

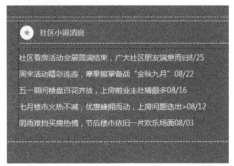

图 10-22

STEP 2 转换到代码视图中，为文字添加相应的定义列表标签，如图 10-23 所示。转换到 CSS 样式表文件中，创建名称为#news dt 和#news dd 的 CSS 样式，如图 10-24 所示。

```
<div id="news">
 <dl>
    <dt>社区看房活动会展圆满结束，广大社区朋友满意而归</dt><dd>08/25</dd>
    <dt>周末活动精彩连连，摩拳擦掌备战"金秋九月"</dt><dd>08/22</dd>
    <dt>五一期间楼盘百花齐放，上房前业主吐槽颇多</dt><dd>08/16</dd>
    <dt>七月楼市火热不减，优惠蜂拥而动，上房问题选出</dt><dd>08/12</dd>
    <dt>阴雨难挡买房热情，节后楼市依旧一片欢乐场面</dt><dd>08/03</dd>
 </dl>
</div>
```

图 10-23

```
#news dt {
    width: 380px;
    background-image: url(../images/101503.gif);    #news dd {
    background-repeat: no-repeat;                        width: 50px;
    background-position: left center;                    color: #CCC;
    padding-left: 15px;                                  text-align: right;
    border-bottom: dashed 1px #F8EFD2;                   border-bottom: dashed 1px #F8EFD2;
    float: left;                                         float: left;
}                                                    }
```

图 10-24

提示 在 Dreamweaver 中并没有提供定义列表的可视化创建操作，设计者可以转换到代码视图中，手动添加相关的<dl>、<dt>和<dd>标签来创建定义列表。注意，<dl>、<dt>和<dd>标签都是成对出现的。

STEP 3 返回设计视图中，可以看到所制作的定义列表的效果，如图 10-25 所示。保存页面，保存外部 CSS 样式表文件，在浏览器中预览页面，效果如图 10-26 所示。

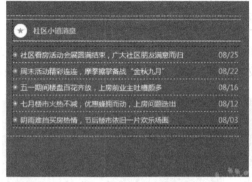

图 10-25

图 10-26

提示 默认情况下，构成定义列表的<dt>和<dd>标签都属于块元素，块元素在网页中默认占据一整行的空间，如果需要将<dt>和<dd>标签中的内容在一行中显示，则必须在设置 CSS 样式时加入 float 属性设置。

10.2　使用 CSS 控制表单元素

很多具有交互功能的网站都用到表单，它由很多表单元素组成，可以用来接收并记录用户输入的数据信息，然后通过按钮操作提交给 Web 服务器，以此来实现用户和服务器的交互。单纯的表单元素的外观相对来说比较简陋，通过 CSS 属性可以给表单元素设计一个令人赏心悦目的交互界面，从而使浏览者能够在一个美观、整齐的氛围中与网站服务器进行交互。

10.2.1　表单元素的背景颜色

网页中，表单元素默认的背景颜色为白色，在 CSS 样式中 background-color 属性可以对表单的背景颜色加以设置，让其背景更加美观。

自测 6

使用 CSS 样式定义文本框背景颜色

最终文件：网盘\最终文件\第 10 章\10-2-1.html

视　　频：网盘\视频\第 10 章\10-2-1.swf

STEP 1 打开页面"网盘\源文件\第 10 章\10-2-1.html"，可以看到页面效果，如图 10-27 所示。转换到外部 CSS 样式表文件中，定义名为.input01 的类 CSS 样式，如图 10-28 所示。

图 10-27

```
.input01 {
    background-color: #CFE6F8;
}
```

图 10-28

STEP 2 转换到代码视图中，为页面文本域和密码域应用 input01 的类 CSS 样式，如图 10-29 所示。保存该页面和外部 CSS 样式表文件，在浏览器中预览页面，可以看到页面中文本域和密码域的效果，如图 10-30 所示。

```
<div id="login">
  <form id="form1" name="form1" method="post">
    <label for="uname">用户名: </label>
    <input name="uname" type="text" class="input01" id=
"uname" placeholder="请输入用户名">
    <br>
    <label for="upass">密  码: </label>
    <input name="upass" type="password" class="input01" id
="upass" placeholder="请输入密码">
    <br>
    <input type="image" name="btn" id="btn" src=
"images/102102.jpg">
  </form>
</div>
```

图 10-29

图 10-30

提示

　　表单元素的背景颜色默认为白色，色调单一，不能满足网页设计需求和浏览者的视觉感受，所以很多时候需要对表单元素的背景颜色进行设置。

10.2.2　表单元素的边框

　　在 CSS 样式中，可以通过 border 属性对表单元素的边框进行设置，从而美化表单。border 属性包括 3 个参数，分别为 style、color 和 width，设置表单元素的边框只需对这 3 个参数进行相应的设置。

自测
7

使用 CSS 样式定义文本框的边框效果
最终文件：网盘\最终文件\第 10 章\10-2-2.html
视　　频：网盘\视频\第 10 章\10-2-2.swf

STEP 1 打开页面"网盘\源文件\第 10 章\10-2-2.html"，可以看到页面效果，如图 10-31 所示。转换到外部 CSS 样式表文件中，定义名为.input01 的类 CSS 样式，如图 10-32 所示。
STEP 2 转换到代码视图中，为页面相应的文本域和密码域应用 input01 的类 CSS 样式，如图 10-33 所示。保存该页面和外部 CSS 样式表文件，在浏览器中预览页面，可以看到页面中文本域和密码域的效果，如图 10-34 所示。

图 10-31

```
.input01 {
    background-color: #CFE6F8;
    border: solid 1px #EBA631;
}
```

图 10-32

```
<div id="login">
  <form id="form1" name="form1" method="post">
    <label for="uname">用户名: </label>
    <input name="uname" type="text" class="input01" id=
"uname" placeholder="请输入用户名">
    <br>
    <label for="upass">密　码: </label>
    <input name="upass" type="password" class="input01" id
="upass" placeholder="请输入密码">
    <br>
    <input type="image" name="btn" id="btn" src=
"images/102102.jpg">
  </form>
</div>
```

图 10-33

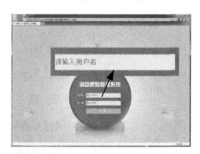

图 10-34

10.2.3　圆角文本字段

通过 CSS 样式，可以定义圆角文本字段，从而让文本字段的外观更加新颖，产生更好的视觉效果。设置圆角文本字段的方法是首先设置文本字段的 border 属性值为 none，然后添加相应的背景图片。

自测
8

使用 CSS 样式实线圆角文本字段效果

最终文件：网盘\最终文件\第 10 章\10-2-3.html

视　　频：网盘\视频\第 10 章\10-2-3.swf

STEP 1 打开页面"网盘\源文件\第 10 章\10-2-2.html"，可以看到页面效果，如图 10-35 所示。转换到外部 CSS 样式表文件中，找到名为#uname,#upass 的 CSS 样式设置代码，如图 10-36 所示。

图 10-35

```
#uname,#upass {
    width: 220px;
    height: 28px;
    margin-top: 10px;
    margin-bottom: 10px;
}
```

图 10-36

STEP 2 在该 CSS 样式中添加相应的 CSS 样式属性设置，如图 10-37 所示。保存该页面和外部 CSS 样式表文件，在浏览器中预览页面，可以看到页面中的圆角文本字段的效果，如图 10-38 所示。

```
#uname,#upass {
    width: 220px;
    height: 28px;
    margin-top: 10px;
    margin-bottom: 10px;
    border: 0px;
    background-image: url(../images/102301.png);
    background-repeat: no-repeat;
    padding-left: 10px;
}
```

图 10-37

图 10-38

提示

　　　　默认情况下所有的表单元素都有边框，而表单元素的圆角边框效果是通过设置背景图像来实现的，如果没有设置 border 属性为 none，则显示的圆角边框外面还会显示一个矩形框。

10.3　使用 CSS 控制超链接效果

　　超链接是网页中最重要、最根本的元素，是整个因特网的基础。超链接可以将网站中的每个页面关联在一起，通过超链接能够快速实现页面的跳转、功能的激活等。通过 CSS 样式，可以设置出美观大方、具有不同外观和样式的超链接，从而增加页面的样式效果和超链接交互效果。

自测
9

设置文本超链接效果
最终文件：网盘\最终文件\第 10 章\10-3.html
视　　频：网盘\视频\第 10 章\10-3.swf

STEP 1 打开页面"网盘\源文件\第 10 章\10-3.html"，可以看到页面效果，如图 10-39 所示。转换到网页的 HTML 代码中，为页面中相应的文字分别添加超链接<a>标签，并设置超链接，如图 10-40 所示。

图 10-39

```
<div id="news">
    <ul>
        <li><a href="#">游戏狂欢的时刻来临了，圣诞节游戏积分排行榜</a></li>
        <li><a href="#">圣诞引领玩家狂欢，各种好礼送不停</a></li>
        <li><a href="#">双蛋狂欢，抽奖砸金蛋，各种惊喜有不有</a></li>
        <li><a href="#">圣诞节，最火一款塔防游戏英灵争霸浪潮</a></li>
        <li><a href="#">"双蛋节"期间，充值送好礼</a></li>
        <li><a href="#">圣诞之夜游戏大派对</a></li>
    </ul>
</div>
```

图 10-40

STEP 2 保存页面，在实时视图中预览页面，可以看到网页中超链接文字的默认效果，如

图 10-41 所示。转换到外部 CSS 样式表文件中，创建名为.link01 的类 CSS 样式的 4 种伪类样式，如图 10-42 所示。

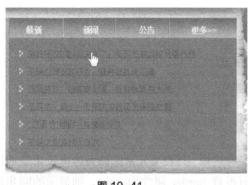

```
.link01:link {
    color: #827C69;
    text-decoration: none;
}
.link01:hover {
    color: #C60;
    text-decoration: underline;
}
.link01:active {
    color: #930;
    text-decoration: underline;
}
.link01:visited {
    color: #333;
    text-decoration: none;
}
```

图 10-41   图 10-42

STEP 3 转换到网页 HTML 代码中，在第一条新闻的超链接<a>标签中应用名称为 link01 的类 CSS 样式，如图 10-43 所示。保存页面，在实时视图中预览页面，可以看到超链接文字的效果，如图 10-44 所示。

```
<div id="news">
  <ul>
    <li><a href="#" class="link01">游戏狂欢的时刻来临了，圣诞
节游戏积分排行榜</a></li>
    <li><a href="#">圣诞引领玩家狂欢，各种好礼送不停</a></li>
    <li><a href="#">双蛋狂欢，抽奖砸金蛋，各种惊喜有木有</a></li>
    <li><a href="#">圣诞节，最火一款塔防游戏英灵争霸浪潮</a></li>
    <li><a href="#">"双蛋节"期间，充值送好礼</a></li>
    <li><a href="#">圣诞之夜游戏大派对</a></li>
  </ul>
</div>
```

图 10-43   图 10-44

STEP 4 把鼠标放到该链接上，可以看到超链接文字的效果，如图 10-45 所示。单击该超链接文字，可以看到访问过后的超链接文字效果，如图 10-46 所示。

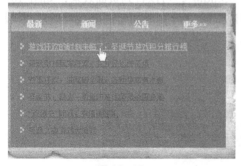

图 10-45   图 10-46

STEP 5 返回外部 CSS 样式表文件中，创建名为.link02 的类 CSS 样式的 4 种伪类样式，如图 10-47 所示。转换到网页 HTML 代码中，在其他标签文字的超链接标签中应用名为 link02

的类 CSS 样式，如图 10-48 所示。

```css
.link02:link {
    color: #827C69;
    text-decoration: underline;
}
.link02:hover {
    color: #C60;
    text-decoration: none;
    margin-top: 1px;
    margin-left: 1px;
}
.link02:active {
    color: #930;
    text-decoration: none;
    margin-top: 1px;
    margin-left: 1px;
}
.link02:visited {
    color: #333;
    text-decoration: underline;
}
```

图 10-47

```html
<div id="news">
    <ul>
        <li><a href="#" class="link01">游戏狂欢的时刻来临了，圣诞节游戏积分排行榜</a></li>
        <li><a href="#" class="link02">圣诞引领玩家狂欢，各种好礼送不停</a></li>
        <li><a href="#" class="link02">双蛋狂欢，抽奖砸金蛋，各种惊喜有木有</a></li>
        <li><a href="#" class="link02">圣诞节，最火一款塔防游戏英灵争霸浪潮</a></li>
        <li><a href="#" class="link02">"双蛋节"期间，充值送好礼</a></li>
        <li><a href="#" class="link02">圣诞之夜游戏大派对</a></li>
    </ul>
</div>
```

图 10-48

STEP 6 保存该页面和外部 CSS 样式表文件，在浏览器中预览页面，效果如图 10-49 所示。鼠标移至超链接文本上，可以看到文本超链接的效果，如图 10-50 所示。

图 10-49

图 10-50

10.4 设置鼠标指针效果

通过 CSS 样式，可以设置出不同的鼠标指针样式。当鼠标指针移至不同的页面元素上时，鼠标指针呈现出的形状也会有所不同，从而使页面更具个性色彩。

10.4.1 鼠标指针样式

在 CSS 样式中，cursor 属性用于设置鼠标指针样式，该属性可以在任何标签里使用，从而改变各种页面元素的鼠标指针效果，cursor 属性的基本语法格式如下：

cursor: 属性值;

cursor 属性包含 17 个属性值，分别对应鼠标的 17 种样式，而且还可以通过 URL 链接地址自定义鼠标指针，属性值说明如表 10-3 所示。

表 10-3　cursor 属性的属性值说明

属性值	说明	属性值	说明
auto	浏览器默认设置	nw-resize	⬊
crosshair	＋	pointer	👆
default	▸	se-resize	⬊
e-resize	⬌	s-resize	↕
help	▸?	sw-resize	⬈
inherit	继承	text	I
move	✥	wait	○
ne-resize	⬈	w-resize	⬌
n-resize	↕		

自测 10　使用 CSS 样式定义网页鼠标指针效果

最终文件：网盘\最终文件\第 10 章\10-4-1.html

视　　频：网盘\视频\第 10 章\10-4-1.swf

STEP 1 打开页面"网盘\源文件\第 10 章\10-4-1.html"，可以看到页面效果，如图 10-51 所示。转换到代码视图中，可以看到该网页的 HTML 代码，如图 10-52 所示。

图 10-51

```
<div id="top">
  <div id="logo"><img src="images/104102.png" width="256"
height="38" alt=""/></div>
  <div id="menu">
    <ul>
      <li>关于我们</li>
      <li>我们的工作</li>
      <li>新闻资讯</li>
      <li>联系我们</li>
    </ul>
  </div>
</div>
<div id="main"><span class="font01">我们仅仅为您种下一颗希
望的种子</span>
<div id="btn">查看案例详情</div>
</div>
```

图 10-52

STEP 2 转换到外部 CSS 样式表文件中，在名为 body 标签的 CSS 样式代码中添加 cursor 属性设置，如图 10-53 所示。保存该页面和外部 CSS 样式表文件，预览页面，可以看到网页中的光标指针效果，如图 10-54 所示。

```
body {
    font-family: 微软雅黑;
    font-size: 14px;
    color: #FFF;
    line-height: 30px;
    background-color: #000;
    cursor: move;
}
```

图 10-53

图 10-54

10.4.2 鼠标变换效果

通过 CSS 不仅能够定义不同的鼠标指针样式，还可以定义鼠标指针的变化效果，即鼠标移至某个超链接对象上时，鼠标指针也可以发生变化。

自测 11 使用 CSS 样式实线鼠标变换效果
最终文件：网盘\最终文件\第 10 章\10-4-2.html
视　　频：网盘\视频\第 10 章\10-4-2.swf

STEP 1 打开页面 "网盘\源文件\第 10 章\10-4-2.html"，可以看到页面效果，如图 10-55 所示。转换到外部 CSS 样式表文件中，找到名为#btn 的 CSS 样式设置代码，如图 10-56 所示。

图 10-55

```
#btn {
    width: 220px;
    height: 40px;
    border: solid 1px #FFF;
    background-color: rgba(255,255,255,0.7);
    color: #333;
    line-height: 40px;
    margin: 0px auto;
}
```

图 10-56

STEP 2 在该样式代码中添加 cursor 属性设置，如图 10-57 所示。保存该页面和外部 CSS 样式表文件，在浏览器中预览页面，当鼠标移至该元素上方时，光标指针发生变化，如图 10-58 所示。

```
#btn {
    width: 220px;
    height: 40px;
    border: solid 1px #FFF;
    background-color: rgba(255,255,255,0.7);
    color: #333;
    line-height: 40px;
    margin: 0px auto;
    cursor: help;
}
```

图 10-57

图 10-58

提示 很多时候，浏览器调用的鼠标是操作系统的鼠标效果，因此同一浏览器之间的差别很小，但不同操作系统的用户之间还是存在差异的。

10.5　CSS3.0 新增内容和透明度属性

CSS 3.0 还新增了控制元素内容和透明度的新属性。通过新增的属性，可以非常方便地为容器赋予内容或者设置元素的不透明度，本节将详细的介绍这两个新增的 CSS 3.0 属性。

10.5.1 内容 content 属性

content 属性用于在网页中插入生成内容。content 属性与:before 以及:after 伪元素配合使用,可以将生成的内容放在一个元素内容的前面或后面,content 属性的语法格式如下:

content: normal | string | attr() | url() | counter();

content 属性的属性值说明如表 10-4 所示。

表 10-4 content 属性值说明

属性值	说 明
normal	默认值,表示不赋予内容
string	赋予文本内容
attr()	赋予元素的属性值
url()	赋予一个外部资源(图像、声音、视频或浏览器支持的其他任何资源)
content()	计数器,用于插入赋予标识

自测 12 为网页元素赋予内容
最终文件:网盘\最终文件\第 10 章\10-5-1.html
视　　频:网盘\视频\第 10 章\10-5-1.swf

STEP 1 打开页面 "网盘\源文件\第 10 章\10-5-1.html",可以看到页面效果,如图 10-59 所示。光标移至名为 title 的 Div 中,将多余文字删除。转换到外部 CSS 样式表文件中,创建名为#title:before 的 CSS 样式,在该 CSS 样式中设置 content 属性,如图 10-60 所示。

```
#title:before {
    content: "我们的相关设计作品";
}
```

图 10-59　　　　　　　　　　　　　　　　图 10-60

STEP 2 返回页面的设计视图,在设计视图中看不出任何效果,如图 10-61 所示。保存页面,在浏览器中预览页面,可以看到为网页元素赋予内容的效果,如图 10-62 所示。

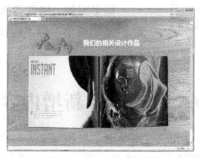

图 10-61　　　　　　　　　　　　　　　　图 10-62

使用 content 属性为网页中的容器赋予相应的内容，但是 content 属性必须与:after 或者:before 伪类元素结合使用，例如在本实例中定义 ID 名称为 title 的 Div 的 before 伪类 CSS 样式。

10.5.2 透明度 opacity 属性

opacity 属性用来设置一个元素的透明度，opacity 属性的语法格式如下：

opacity: <length> | inherit;

opacity 属性的属性值说明如表 10-5 所示。

表 10-5 opacity 属性值说明

属性值	说 明
length	由浮点数字和单位标识符组成的长度值，不可以为负值，默认值为 1
inherit	默认继承，继承父级元素的 opacity 属性设置

<table>
<tr><td>自测
13</td><td>设置网页元素的半透明效果
最终文件：网盘\最终文件\第 10 章\10-5-2.html
视　　频：网盘\视频\第 10 章\10-5-2.swf</td></tr>
</table>

STEP 1 打开页面"网盘\源文件\第 10 章\10-5-2.html"，可以看到页面效果，如图 10-63 所示。转换到外部 CSS 样式表文件中，创建名为.pic01 的类 CSS 样式，如图 10-64 所示。

图 10-63

```
.pic01 {
    opacity: 0.50;
}
```

图 10-64

STEP 2 返回设计视图中，在相应图像上应用刚定义的 pic01 类 CSS 样式，如图 10-65 所示。保存页面，在浏览器中预览页面，效果如图 10-66 所示。

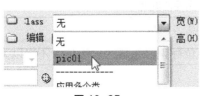

图 10-65

图 10-66

10.6 CSS3.0 新增的多列布局属性

网页设计者如果要设计多列布局，有两种方法，一种是浮动布局，另一种是定位布局。浮动布局比较灵活，但容易发生错位，需要添加大量的附加代码或无用的换行符，增加了不必要的工作量。定位布局可以精确地确定位置，不会发生错位，但是无法满足模块的适应能力。CSS 3.0 新增了 column 属性，通过该属性可以轻松地实现多列布局。

10.6.1 列宽度 column-width 属性

column-width 属性可以定义多列布局中每一列的宽度，可以单独使用，也可以和其他多列布局属性组合使用，column-width 属性的语法格式如下：

column-width: [<length> | auto];

10.6.2 列数 column-count 属性

使用 column-count 属性可以设置多列布局的列数，而不需要通过列宽度自动调整列数，column-count 属性的语法格式如下：

column-count: <integer> | auto;

10.6.3 列间距 column-gap 属性

在多列布局中，可以通过 column-gap 属性设置列与列之间的间距，从而可以更好地控制多列布局中的内容和版式，column-gap 属性的语法格式如下：

column-gap: <length> | normal;

column-gap 属性的属性值说明如表 10-6 所示。

表 10-6　column-gap 属性值说明

属性值	说　　明
length	由浮点数和单位标识符组成的长度值，不可以为负值
auto	根据浏览器默认设置进行解析，一般为 1em

10.6.4 列边框 column-rule 属性

边框是非常重要的 CSS 属性之一，通过边框可以划分不同的区域。在多列布局中，同样可以设置多列布局的边框，用于区分不同的列。通过 column-rule 属性可以定义列边框的颜色、样式和宽度等，column-rule 属性的语法格式如下：

column-rule: <length> | <style> | <color>;

column-rule 属性的属性值说明如表 10-7 所示。

表 10-7　column-rule 属性值说明

属性值	说　　明
length	设置边框的宽度，由浮点数和单位标识符组成的长度值，不可以为负值
style	设置边框的样式
color	设置边框的颜色

自测 14

在网页中实现文本分栏效果

最终文件：网盘\最终文件\第 10 章\10-6-4.html

视　　频：网盘\视频\第 10 章\10-6-4.swf

STEP 1 打开页面"网盘\源文件\第 10 章\10-6-4.html"，可以看到页面效果，如图 10-67 所示。在浏览器中预览页面，效果如图 10-68 所示。

图 10-67

图 10-68

STEP 2 转换到外部 CSS 样式表文件中，找到名为#text 的 CSS 样式设置，在该 CSS 样式中添加相应的属性设置，如图 10-69 所示。保存页面，并保存外部 CSS 样式表文件，在浏览器中预览页面，可以看到网页中文本分栏的效果，如图 10-70 所示。

```
#text {
    font-family: 微软雅黑;
    font-size: 14px;
    line-height: 25px;
    column-count: 3;
    column-gap: 30px;
    column-rule: dashed 1px #06C;
}
```

图 10-69

图 10-70

提示

column-gap 属性不能单独设置，只有通过 column-count 属性为元素进行分栏后才可以使用 column-gap 属性设置列间距。column-count 属性用于定义栏目的列数，取值为大于 0 的整数，不可以为负值，如果设置 column-count 属性的值为 auto，则根据浏览器自动计算列数。

10.7 CSS3.0 新增其他属性

CSS 3.0 新增加了 4 种有关网页用户界面控制的属性，分别是 box-shadow 属性、overflow 属性、resize 属性和 outline 属性。下面分别对这 4 种新增的 CSS 属性进行介绍。

10.7.1　内容溢出处理 overflow 属性

当对象的内容超过其指定的高度及宽度时应该如何进行处理？CSS 3.0 新增了 overflow 属性。通过该属性可以设置当内容溢出时的处理方法，overflow 属性的语法格式如下：

overflow: visible | auto | hidden | scroll;

overflow 属性的属性值说明如表 10-8 所示。

表 10-8　overflow 属性值说明

属性值	说　　明
visible	不剪切内容也不添加滚动条。如果显示声明该默认值，对象将被剪切为包含对象的 window 或 frame 的大小，并且 clip 属性设置将失效
auto	该属性值为 body 对象和 textarea 的默认值，在需要时剪切内容并添加滚动条
hidden	不显示超过对象尺寸的内容
scroll	总是显示滚动条

10.7.2　轮廓外边框 outline 属性

outline 属性用于为元素周围绘制轮廓外边框，通过设置一个数值使边框边缘的外围偏移，可以起到突出元素的作用，outline 属性的语法格式如下：

outline: [outline-color] || [outline-style] || [outline-width] || [outline-offset] | inherit;

outline 属性的属性值说明如表 10-9 所示。

表 10-9　outline 属性值说明

属性值	说　　明
outline-color	该属性值用于指定轮廓边框的颜色
outline-style	该属性值用于指定轮廓边框的样式
outline-width	该属性值用于指定轮廓边框的宽度
outline-offset	该属性值用于指定轮廓边框偏移位置的数值
inherit	默认继承

10.7.3　区域缩放调节 resize 属性

CSS 3.0 新增了区域缩放调节的功能设置。通过新增的 resize 属性可以实现页面中元素的区域缩放操作，调节元素的尺寸大小。resize 属性的语法格式如下：

resize: none | both | horizontal | vertical | inherit;

resize 属性的属性值说明如表 10-10 所示。

表 10-10　resize 属性值说明

属性值	说　　明
none	不提供元素尺寸调整机制，用户不能操纵调节元素的尺寸
both	提供元素尺寸的双向调整机制，让用户可以调节元素的宽度和高度
horizontal	提供元素尺寸的单向水平方向调整机制，让用户可以调节元素的宽度
vertical	提供元素尺寸的单向垂直方向调整机制，让用户可以调节元素的高度
inherit	默认继承

10.7.4　元素阴影 box-shadow 属性

CSS 3.0 新增了为元素添加阴影的 box-shadow 属性，通过该属性可以轻松地实现网页中元素的阴影效果，box-shadow 属性的语法格式如下：

box-shadow: <length> <length> <length> || <color>;

自测 15

为网页元素添加阴影效果

最终文件：网盘\最终文件\第 10 章\10-7-4.html

视　　频：网盘\视频\第 10 章\10-7-4.swf

STEP 1 打开页面 "网盘\源文件\第 10 章\10-7-4.html"，可以看到页面效果，如图 10-71 所示。转换到外部的 CSS 样式表文件中，找到名为#text 的样式设置代码，如图 10-72 所示。

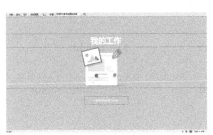

```
#text {
    width: 272px;
    height: 48px;
    background-image: url(../images/107402.gif);
    background-repeat: no-repeat;
    text-align: center;
    line-height: 48px;
    margin: 50px auto 0px auto;
}
```

图 10-71　　　　　　　　　　　　　　　　　　图 10-72

STEP 2 在该样式中添加 box-shadow 属性设置，如图 10-73 所示。保存页面，在浏览器中预览页面，可以看到所实现的元素阴影效果，如图 10-74 所示。

```
#text {
    width: 272px;
    height: 48px;
    background-image: url(../images/107402.gif);
    background-repeat: no-repeat;
    text-align: center;
    line-height: 48px;
    margin: 50px auto 0px auto;
    box-shadow: 3px 3px 3px #996600;
}
```

图 10-73

图 10-74

设置 box-shadow 属性时，第 1 个 length 值表示阴影水平偏移值（可以取正负值）；第 2 个 length 值表示阴影垂直偏移值（可以取正负值）；第 3 个 length 值表示阴影模糊值。color 用于设置阴影的颜色。

提示

10.8　本章小结

本章介绍使用 CSS 样式设置列表和表单的常用属性。通过这些属性可以在网页中实现各种不同的列表和表单表现效果。完成本章内容的学习，读者能够熟练掌握对网页中列表和表单进行设置的方法和技巧，并了解各种 CSS 3.0 新增属性的应用。

10.9　课后测试题

一、选择题

1. 在 CSS 样式中用于设置自定义列表图像的属性是（　　　）。
   A. background-image　　　　　　　　B. border-image
   C. list-style-type　　　　　　　　　D. list-style-image

2. 下列哪些属性是 CSS 3.0 新增的属性（　　　）。（多选）
   A. list-style-type　　　　　　　　　B. content
   C. list-style-image　　　　　　　　D. opacity

3. 下列哪一项不是 border 属性的参数（　　　）。
   A. style　　　　　B. color　　　　　C. width　　　　　D. height

4. column-rule 属性的属性值有（　　　）。
   A. width　　　　B. content　　　　C. length　　　　D. column-color

二、判断题

1. 超链接由源地址文件和目标地址文件构成。（　　　）
2. 链接路径主要可以分为相对路径和绝对路径 2 种。（　　　）

三、简答题

1. 可以在表单域<form>与</form>之外插入表单元素?
2. 定义类 CSS 样式的 4 种伪类与定义<a>标签的 4 种伪类有什么区别?

PART 11

第 11 章
Div+CSS 网页布局

本章简介

    Div+CSS 网页布局是为了便于以后对网页进行修改操作，真正实现了结构分离的网页，是符合 Web 标准的网页设计。所以，掌握基于 Div+CSS 的网页布局方式，就是实现 Web 标准的根本。本章将向读者介绍如何使用 Div+CSS 来实现网页布局。

本章重点

- 了解什么是 Div，以及插入 Div 的方法
- 理解并掌握 CSS 盒模型
- 理解并掌握网页元素的各种定位方式
- 掌握常用 Div+CSS 布局方式的实现方法
- 了解块元素和行内元素的基本知识

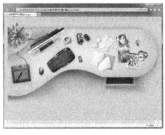

11.1 创建 Div

使用 Div 进行网页排版布局是现在网页设计制作的趋势，通过 CSS 样式可以轻松地控制 Div 的位置，从而实现许多不同的布局方式。Div 与其他 HTML 标签一样，是一个 HTML 所支持的标签，Div 在使用时也是同样以<div></div>的形式出现。

11.1.1 了解 Div

Div 是一个容器。在 HTML 页面中的每个标签对象几乎都可以称得上是一个容器，例如使用<p>标签对象。

> <p>文档内容</p>

<p>标签作为一个容器，其中放入了内容。相同的，Div 也是一个容器，能够放置内容，代码如下：

> <div>文档内容</div>

在传统的表格式的布局当中之所以能进行页面的排版布局设计，完全依赖于表格对象 table。而在今天，所要接触的是一种全新的布局方式"CSS 布局"，Div 是这种布局方式的核心对象，Div 是 HTML 中指定的，专门用于布局设计的容器对象。使用 CSS 布局的页面排版不需要依赖表格，仅从 Div 的使用上说，做一个简单的布局只需要依赖 Div 与 CSS，因此也可以称为 Div+CSS 布局。

11.1.2 如何插入 Div

与其他 HTML 对象一样，只需在代码中应用<div></ div>这样的标签形式，将内容放置其中，便可以应用 Div 标签。

提示　<div>标签只是一个标识，作用是把内容标识为一个区域，并不负责其他事情，Div 只是 CSS 布局工作的第一步，需要通过 Div 将页面中的内容元素标识出来，而为内容添加样式则由 CSS 来完成。

Div 对象除了可以直接放入文本和其他标签，也可以多个 Div 标签进行嵌套使用，最终的目的是合理地标识出页面的区域。

Div 对象在使用时，同其他 HTML 对象一样，可以加入其他属性，如 id、class、align、style 等，而在 CSS 布局方面，为了实现内容与表现分离，不应当将 align（对齐）属性，与 style（行间样式表）属性编写在 HTML 页面的<div>标签中，因此，Div 代码只可能拥有以下两种形式：

> <divid="id 名称">内容</div>
> <divclass="class 名称"> 内容</div>

使用 id 属性，可以给当前这个 Div 指定一个 ID 名称，在 CSS 中使用 ID 选择器进行 CSS 样式编写。同样，可以使用 class 属性，在 CSS 中使用类选择器进行 CSS 样式编写。

提示

同一名称的 id 值在当前 HTML 页面中，只允许使用一次，不管是应用到 Div 还是其他对象的 id 中。而 class 名称则可以重复使用。

在 Div+CSS 布局之中所需要的工作可以简单归集为两个步骤：首先使用 Div 将内容标记出来，然后为这个 Div 编写需要的 CSS 样式。

11.2　什么是 CSS 盒模型

盒模型是使用 Div+CSS 对网页元素进行控制时一个非常重要的概念，只有很好地理解和掌握了盒模型以及其中每个元素的用法，才能真正地控制页面中各元素的位置。

11.2.1　可视化盒模型

盒模型就是在 CSS 中，所有页面元素都包含在一个矩形框内，而这个矩形框就称为盒模型。盒模型描述了元素及属性在页面布局中所占空间大小，因此盒模型可以影响其他元素的位置及大小。

盒模型是由 margin（边界）、border（边框）、padding（填充）和 content（内容）几个部分组成的，此外，在盒模型中，还具备高度和宽度两个辅助属性，盒模型如图 11-1 所示。

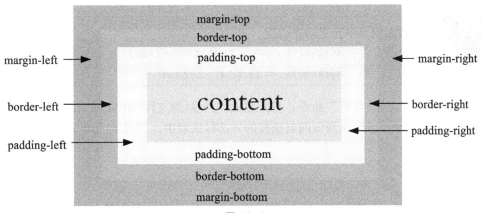

图 11-1

盒模型属性说明如表 11-1 所示。

表 11-1　盒模型属性说明

属性	说　　明
margin	该属性被称为边界或称为外边距，用来设置内容与内容之间的距离
border	该属性称为边框，内容边框线，可以设置边框的粗细、颜色和样式等
padding	该属性被称为填充或称为内边距，用来设置内容与边框之间的距离
content	该属性被称为内容，是盒模型中必须的一部分，可以放置文字、图像等内容

一个盒子的实际高度或宽度是由 content、padding、border 和 margin 组成。在 CSS 中，可

以通过设置 width 或 height 属性来控制 content 部分大小，并且对于每个盒子，都可以分别设置 4 边的 border、margin 和 padding。

提示
关于盒模型还有以下几点需要注意：1. 边框默认的样式（border-style）可设置为不显示（none）。2. 填充值（padding）不可为负。3. 内联元素，例如<a>，定义上下边界不会影响到行高。4. 如果盒中没有内容，则即使定义了宽度和高度都为 100%，实际上只占 0%，因此不会被显示，此处在使用 Div+CSS 布局时需要特别注意。

11.2.2　margin 属性

margin 属性用于设置页面中元素和元素之间的距离，即定义元素周围的空间范围，是页面排版中一个比较重要的概念。margin 属性的语法格式如下：

margin: auto | length;

其中，auto 表示根据内容自动调整，length 表示由浮点数字和单位标识符组成的长度值或百分数，百分数是基于父对象的高度。对于内联元素来说，左右外延边距可以是负数值。

margin 属性包含 4 个子属性，分别用于控制元素 4 周的边距，包括 margin-top（上边界）、margin-right（右边界）、margin-bottom（下边界）和 margin-left（左边界）。

自测 1
控制网页中元素的外边距
最终文件：网盘\最终文件\第 11 章\11-2-2.html
视　　频：网盘\视频\第 11 章\11-2-2.swf

STEP 1 执行"文件>打开"命令，打开页面"网盘\源文件\第 11 章\11-2-2.html"，页面效果如图 11-2 所示。转换到该网页链接的外部样式表中，找到名为#box 的 CSS 样式，如图 11-3 所示。

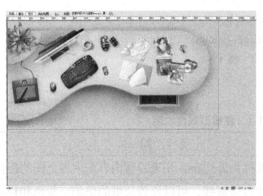

```
#box {
    width: 959px;
    height: 476px;
}
```

图 11-2　　　　　　　　　　　　　　图 11-3

STEP 2 在名为#box 的 CSS 样式设置中添加上边界和左边界属性设置，如图 11-4 所示。保存页面和外部 CSS 样式表文件，在浏览器中预览页面，可以看到设置 margin 属性后的效果，如图 11-5 所示。

```
#box {
    width: 959px;
    height: 476px;
    margin-top: 30px;
    margin-left: 20px;
}
```

图 11-4

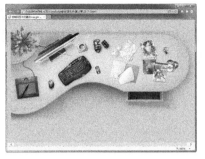

图 11-5

提示

可以设置 margin-left 和 margin-right 两个属性值为 auto，即设置元素的左边界为自动，右边界也为自动，这样就可以使元素水平居中对齐。

11.2.3　border 属性

border 属性是内边距和外边距的分界线，可以分离不同的 HTML 元素，border 的外边是元素的最外围。在网页设计中，如果计算元素的宽和高，则需要把 border 属性值计算在内。border 属性的语法格式如下：

border: border-style | border-color | border-width;

border 属性有 3 个子属性，分别是 border-style（边框样式）、border-width（边框宽度）和 border-color（边框颜色）。

自测
2

为网页中的图像添加边框效果
最终文件：网盘\最终文件\第 11 章\11-2-3.html
视　　频：网盘\视频\第 11 章\11-2-3.swf

STEP 1　执行"文件>打开"命令，打开页面"网盘\源文件\第 11 章\11-2-3.html"，页面效果如图 11-6 所示。转换到该网页链接的外部样式表中，分别创建名为.img、.img01、.img02 和.img03 的类 CSS 样式，如图 11-7 所示。

图 11-6

```
.img{
    border:solid #21242c 3px;
    padding:3px;
}
.img01{
    border:dashed #21242c 3px;
    padding:3px;
}
.img02{
    border:dotted #21242c 3px;
    padding:3px;
}
.img03{
    border:double #21242c 3px;
    padding:3px;
}
```

图 11-7

STEP 2 转换到代码视图中，分别为相应的图片应用刚创建的类 CSS 样式，如图 11-8 所示。保存页面和外部 CSS 样式表文件，在浏览器中预览页面，可以看到为图像应用边框的效果，如图 11-9 所示。

```
<body>
<div id="box">
    <div id="logo"><img src="images/112303.png" width="269" height="37" alt="" /></div>
    <div id="main">
    <img src="images/112304.jpg" width="210" height="190" alt="" class="img02" />
    <img src="images/112305.jpg" width="210" height="190" alt="" class="img" />
    <img src="images/112306.jpg" width="210" height="190" alt="" class="img03" />
    <img src="images/112307.jpg" width="210" height="190" alt="" class="img01" />
    <img src="images/112308.jpg" width="210" height="190" alt="" class="img02" />
    <img src="images/112309.jpg" width="210" height="190" alt="" class="img" />
    <img src="images/112310.jpg" width="210" height="190" alt="" class="img03" />
    <img src="images/112311.jpg" width="210" height="190" alt="" class="img01" />
    </div>
</div>
</body>
```

图 11-8

图 11-9

提示

　　　border 属性不仅可以设置图像的边框，还可以为其他元素设置边框，比如文字、Div 和表单元素等。

11.2.4 padding 属性

在 CSS 样式中，可以通过设置 padding 属性定义内容与边框之间的距离，即内边距，也称为内填充。padding 属性的语法格式如下：

padding: length;

padding 属性值可以是一个具体的长度，也可以是一个相对于上级元素的百分比，但不可以使用负值。

padding 属性包括 4 个子属性，包括 padding-top（上边界）、padding-right（右边界）、padding-bottom（下边界）和 padding-left（左边界），分别可以为盒子定义上、右、下、左各边填充的值。

为网页元素设置填充效果

最终文件：网盘\最终文件\第 11 章\11-2-4.html

视　　频：网盘\视频\第 11 章\11-2-4.swf

STEP 1 执行"文件>打开"命令，打开页面"网盘\源文件\第 11 章\11-2-4.html"，页面效果如图 11-10 所示。光标移至名为 box 的 Div 中，将多余文字删除，在该 Div 中插入相应的图像，效果如图 11-11 所示。

图 11-10

图 11-11

STEP 2 转换到该网页所链接的外部 CSS 样式表文件中，找到名为#box 的 CSS 样式，如图 11-12 所示。在名为#box 的 CSS 样式中添加 padding 属性设置代码，如图 11-13 所示。

```
#box {
    width: 700px;
    height: 556px;
    background-image: url(../images/112401.png);
    background-repeat: no-repeat;
    margin: 80px auto 0px auto;
}
```

图 11-12

```
#box {
    width: 636px;
    height: 333px;
    background-image: url(../images/112401.png);
    background-repeat: no-repeat;
    margin: 80px auto 0px auto;
    padding: 31px 32px 192px 32px;
}
```

图 11-13

提示

在设置元素的填充值时需要注意，如果需要保持元素的大小尺寸不变，则需要在宽度值上减去所设置的左填充和右填充值，需要在高度值上减去所设置的上填充和下填充值。

STEP 3 返回设计视图，可以看到名为 box 的 Div 的显示效果，如图 11-14 所示。保存页面和外部 CSS 样式表文件，在浏览器中预览页面，效果如图 11-15 所示。

图 11-14

图 11-15

11.2.5 content（内容）部分

从盒模型中可以看出中间部分就是 content（内容），它主要用来显示内容，这部分也是整个盒模型的主要部分，其他的如 margin、border、padding 所做的操作都是对 content 部分所做的修饰。对于内容部分的操作，也就是对文、图像等页面元素的操作。

11.3 网页元素定位属性

CSS 的排版是一种比较新的排版理念。将页面首先在整体上进行<div>标签的分块，然后对各个块进行 CSS 定位，最后再在各个块中添加相应的内容。通过 CSS 排版的页面，更新十分容易。

11.3.1 CSS 定位属性

在网页设计制作中，定位就是精确定义 HTML 元素在页面中的位置，可以是页面中的绝对位置，也可以是相对于父级元素或另一个元素的相对位置。在使用 Div+CSS 布局制作页面的过程中，都是通过 CSS 的定位属性对元素完成位置和大小的控制。

CSS 中的定位属性说明如表 11-2 所示。

表 11-2　CSS 中的定位属性说明

属性	说　　明
position	该属性定义网页元素的位置
top	该属性设置网页元素垂直距顶部的距离
right	该属性设置网页元素水平距右部的距离
bottom	该属性设置网页元素垂直距底部的距离
left	该属性设置网页元素水平距左部的距离
z-index	该属性设置网页元素的层叠顺序
width	该属性设置网页元素的宽度
height	该属性设置网页元素的高度
overflow	该属性设置网页元素内容溢出的处理方法
clip	该属性设置网页元素剪切

上面前 6 个属性是实际的元素定位属性；后面的 4 个有关属性，是用来对元素内容进行控制的属性。其中，position 属性是最主要的定位属性，它既可以定义元素的绝对位置又可以定义元素的相对位置，而 top、right、bottom 和 left 只有在 position 属性中使用才会起作用。position 属性的语法格式如下：

position: static | absolute | fixed | relative;

position 属性的属性值说明如表 11-3 所示。

表 11-3　position 属性的属性值说明

属性	说　　明
static	无特殊定位，网页元素定位的默认值，对象遵循 HTML 元素定位规则，不能通过 z-index 属性进行层次分级
absolute	绝对定位，相对于其父级元素进行定位，元素的位置可以通过 top、right、bottom 和 left 等属性进行设置
fixed	固定定位，相对于浏览器窗口进行的定位，元素的位置可以通过 top、right、bottom 和 left 等属性进行设置
relative	相对定位，对象不可以重叠，可以通过 top、right、bottom 和 left 等属性在页面中偏移位置，可以通过 z-index 属性进行层次分级

11.3.2　相对定位 relative

设置 position 属性为 relative，即可将元素的定位方式设置为相对定位。对一个元素进行相对定位，首先它将出现在它所在的位置上。然后通过设置垂直或水平位置，让这个元素相对于它的原始起点进行移动。

position: relative;

自测
4

在网页中使用相对定位

最终文件：网盘\最终文件\第 11 章\11-3-2.html

视　　频：网盘\视频\第 11 章\11-3-2.swf

STEP 1 执行"文件>打开"命令，打开页面"网盘\源文件\第 11 章\11-3-2.html"，页面效果如图 11-16 所示。转换到该网页链接的外部样式表中，创建名为 #text 的 CSS 样式，通过相对定位使该 Div 覆盖在图片上方，如图 11-17 所示。

图 11-16

```
#text {
    position: relative;
    width: auto;
    height: 40px;
    background-color: rgba(0,0,0,0.7);
    margin-top: -49px;
    color: #FFF;
    line-height: 40px;
    padding-left: 20px;
}
```

图 11-17

STEP 2 返回设计视图，将名称为 text 的 Div 中多余文字删除，输入相应内容，如图 11-18 所示。保存页面和外部 CSS 样式表文件，在浏览器中预览页面，效果如图 11-19 所示。

提示

在使用相对定位时，无论是否进行移动，元素仍然占据原来的空间。因此，移动元素会导致其覆盖其他框。

图 11-18   图 11-19

11.3.3 绝对定位 absolute

设置 position 属性为 absolute，即可将元素的定位方式设置为绝对定位。绝对定位是参照浏览器的左上角，配合 top、right、bottom 和 left 进行定位的，如果没有设置上述的 4 个值，则默认的依据是父级元素的坐标原点为原始点。

父级元素的 position 属性为默认值时，top、right、bottom 和 left 的坐标原点以 body 的坐标原点为起始位置。

自测 5 **设置网页元素绝对定位**
最终文件：网盘\最终文件\第 11 章\11-3-3.html
视　　频：网盘\视频\第 11 章\11-3-3.swf

STEP 1 执行"文件>打开"命令，打开页面"网盘\源文件\第 11 章\11-3-3.html"，效果如图 11-20 所示。转换到代码视图中，在图像后插入 ID 名称为 pic 的 Div，并在该 Div 中插入相应的图像，如图 11-21 所示。

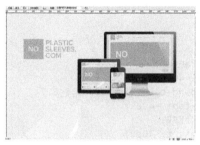

```
<body>
<img src="images/113301.png"  alt="" class="pic01"/>
<div id="pic"><img src="images/113302.png" width="431"
height="431"  alt=""/></div>
</body>
```

图 11-20   图 11-21

STEP 2 转换到该网页链接的外部样式表文件中，创建名为#pic 的 CSS 样式，通过绝对定位设置该图像始终位于浏览器右上角，如图 11-22 所示。保存页面和外部 CSS 样式表文件，在浏览器中预览页面，如图 11-23 所示。

提示　　绝对定位的框与文档流无关，因此其可以覆盖页面上的其他元素；另外还可以通过设置 z-index 属性来控制这些框的堆放次序，z-index 属性的值越大，框在叠放中的位置就越高。

```
#pic {
    position: absolute;
    width: 431px;
    height: 431px;
    top: 0px;
    right: 0px;
}
```
图 11-22

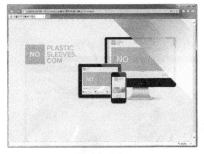
图 11-23

11.3.4 固定定位 fixed

设置 position 属性为 fixed，即可将元素的定位方式设置为固定定位。固定定位和绝对定位比较相似，它是绝对定位的一种特殊形式，固定定位的容器不会随着滚动条的拖动而变化位置。在视线中，固定定位的容器位置是不会改变的。固定定位可以把一些特殊效果固定在浏览器的视线位置。

自测6 　**设置网页元素固定定位**
　　最终文件：网盘\最终文件\第 11 章\11-3-4.html
　　视　　频：网盘\视频\第 11 章\11-3-4.swf

STEP 1 执行"文件>打开"命令，打开页面"网盘\源文件\第 11 章\11-3-4.html"，效果如图 11-24 所示。在浏览器中预览页面，发现顶部导航菜单会跟着滚动条一起滚动，如图 11-25 所示。

图 11-24

图 11-25

STEP 2 转换到该网页链接的外部 CSS 样式表文件中，找到名为#menu 的 CSS 样式，如图 11-26 所示。在该 CSS 样式代码中添加固定定位设置代码，如图 11-27 所示。

```
#menu{
    height:65px;
    width:100%;
    background-color: rgba(255,255,255,0.7);
}
```
图 11-26

```
#menu{
    position:fixed;
    height:65px;
    width:100%;
    background-color: rgba(255,255,255,0.7);
}
```
图 11-27

STEP 3 保存页面和外部 CSS 样式表文件，在浏览器中预览页面，可以看到页面效果，如

图 11-28 所示。拖动浏览器滚动条,发现顶部导航菜单始终固定在浏览器顶部不动,如图 11-29 所示。

图 11-28

图 11-29

提示

固定定位的参照位置不是上级元素而是浏览器窗口,所以可以使用固定定位来设定类似传统框架样式布局,以及广告框架或导航架等。使用固定定位的元素可以脱离页面,无论页面如何滚动,始终处在页面的同一位置上。

11.3.5　浮动定位 float

float 属性表示浮动属性,它用来改变元素块的显示方式。float 定位只能在水平方向上定位,而不能在垂直方向上定位。

浮动定位是 CSS 排版中非常重要的手段。浮动的框可以左右移动,直到它外边缘碰到包含框或另一个浮动框的边缘。float 属性语法格式如下:

float: none | left | right

float 属性的属性值说明如表 11-4 所示。

表 11-4　float 属性的属性值说明

属性	说　　明
none	设置 float 属性为 none,表示元素不浮动
left	设置 float 属性为 left,表示元素向左浮动
right	设置 float 属性为 right,表示元素向右浮动

自测
7

在网页中应用浮动定位
最终文件:网盘\最终文件\第 11 章\11-3-5.html
视　　频:网盘\视频\第 11 章\11-3-5.swf

STEP 1 执行"文件>打开"命令,打开页面"网盘\源文件\第 11 章\11-3-5.html",效果如图 11-30 所示。分别在 pic01、pic02、pic03、pic04 和 pic05 这 5 个 Div 中删除多余文字,并插入相应的图像,效果如图 11-31 所示。

STEP 2 转换到该网页所链接的外部 CSS 样式表文件中,分别创建名为#pic01、#pic02、#pic03、#pic04 和#pic05 的 CSS 样式,如图 11-32 所示。返回设计视图中,可以看到效果如

图 11-33 所示。

图 11-30

图 11-31

```
#pic01 {
    width: 290px;
    height: 221px;
    background-color: #FFF;
    padding: 5px;
    margin: 0px 5px 10px 5px;
}
#pic02 {
    width: 290px;
    height: 221px;
    background-color: #FFF;
    padding: 5px;
    margin: 0px 5px 10px 5px;
}
#pic03 {
    width: 290px;
    height: 221px;
    background-color: #FFF;
    padding: 5px;
    margin: 0px 5px 10px 5px;
}
```

```
#pic04 {
    width: 290px;
    height: 221px;
    background-color: #FFF;
    padding: 5px;
    margin: 0px 5px 10px 5px;
}
#pic05 {
    width: 290px;
    height: 221px;
    background-color: #FFF;
    padding: 5px;
    margin: 0px 5px 10px 5px;
}
```

图 11-32

图 11-33

STEP 3 转换到外部 CSS 样式表文件，如果需要将 id 名为 pic01 的 Div 向右移动，在名为 #pic01 的 CSS 样式代码中添加右浮动代码，如图 11-34 所示。返回设计视图中，可以看到设置右浮动后的效果，如图 11-35 所示。

```
#pic01 {
    width: 290px;
    height: 221px;
    background-color: #FFF;
    padding: 5px;
    margin: 0px 5px 10px 5px;
    float: right;
}
```

图 11-34

图 11-35

STEP 4 转换到外部 CSS 样式表文件，将 id 名为 pic01 的 Div 向左浮动，在名为#pic01 的 CSS 样式代码中添加左浮动代码，如图 11-36 所示。返回设计视图，可以看到设置左浮动后的效果，如图 11-37 所示。

```
#pic01 {
    width: 290px;
    height: 221px;
    background-color: #FFF;
    padding: 5px;
    margin: 0px 5px 10px 5px;
    float: left;
}
```

图 11-36   图 11-37

 提示 　当 id 名为 pic01 的 Div 脱离文档流并向左浮动时，它的边缘会碰到包含框的左边缘。因为它不再处于文档流中，所以它不占据空间，实际上覆盖住了 id 名为 pic02 的 Div，使 pic2 的 Div 从视图中消失，但是该 Div 中的内容还占据着原来的空间。

STEP 5 转换到外部 CSS 样式表文件，分别在#pic02、#pic03、#pic04 和#pic05 的 CSS 样式中添加向左浮动代码，如图 11-38 所示。保存页面和外部 CSS 样式表文件，在浏览器中预览页面，效果如图 11-39 所示。

```
#pic02 {
    width: 290px;
    height: 221px;
    background-color: #FFF;
    padding: 5px;
    margin: 0px 5px 10px 5px;
    float: left;
}
#pic03 {
    width: 290px;
    height: 221px;
    background-color: #FFF;
    padding: 5px;
    margin: 0px 5px 10px 5px;
    float: left;
}
```

```
#pic04 {
    width: 290px;
    height: 221px;
    background-color: #FFF;
    padding: 5px;
    margin: 0px 5px 10px 5px;
    float: left;
}
#pic05 {
    width: 290px;
    height: 221px;
    background-color: #FFF;
    padding: 5px;
    margin: 0px 5px 10px 5px;
    float: left;
}
```

图 11-38   图 11-39

 提示 　如果包含框太窄，无法容纳水平排列的多个浮动元素，那么其他浮动元素将向下移动，直到有足够空间的地方。如果浮动元素的高度不同，那么当它们向下移动时可能会被其他浮动元素卡住。

11.3.6 空白边叠加

空白边叠加是一个比较简单的概念，当一个元素出现在另一个元素上面时，第一个元素的底空白边与第二个元素的顶空白边发生叠加。当两个垂直空白边相遇时，它们将形成一个空白边。这个空白边的高度是两个发生叠加的空白边中的高度的较大者。

网页中空白边叠加的应用

最终文件：网盘\最终文件\第 11 章\11-3-6.html

视　　频：网盘\视频\第 11 章\11-3-6.swf

STEP 1 执行"文件>打开"命令，打开页面"网盘\源文件\第 11 章\11-3-6.html"，效果如图 11-40 所示。转换到该网页链接的外部 CSS 样式表文件中，可以看到#pic1 和#pic2 的 CSS 样式，如图 11-41 所示。

```
#pic1 {
    width: 600px;
    height: 170px;
    padding: 10px;
    background-color: #FFF;
}
#pic2 {
    width: 600px;
    height: 170px;
    padding: 10px;
    background-color: #FFF;
}
```

图 11-40　　　　　　　　　　　　　图 11-41

STEP 2 在名为#pic1 的 CSS 样式代码中添加下边界的设置，在名为#pic2 的 CSS 样式代码中添加上边界的设置，如图 11-42 所示。返回设计视图中，选中 id 名为 pic1 的 Div，可以看到所设置的下边界效果，如图 11-43 所示。

```
#pic1 {
    width: 600px;
    height: 170px;
    padding: 10px;
    background-color: #FFF;
    margin-bottom: 40px;
}
#pic2 {
    width: 600px;
    height: 170px;
    padding: 10px;
    background-color: #FFF;
    margin-top: 10px;
}
```

图 11-42　　　　　　　　　　　　　图 11-43

STEP 3 选中 id 名为 pic2 的 Div，可以看到所设置的上边界效果，如图 11-44 所示。保存页面和外部 CSS 样式表文件，在浏览器中预览页面，可以看到空白边叠加的效果，如图 11-45 所示。

提示

空白边的高度是两个发生叠加的空白边中的高度的较大者。当一个元素包含另一元素中时(假设没有填充或边框将空白边隔开)，它们的顶和底空白边也会发生叠加。

图 11-44

图 11-45

11.4　常用网页布局方式

CSS 是控制网页布局样式的基础，并是真正能够做到网页表现和内容的分离的一种样式设计语言。相对于传统的 HTML 的简单样式控制来说，CSS 能够对网页中的对象的位置排版进行像素级的精确控制，支持几乎所有的字体、字号的样式，还拥有着对网页对象盒模型样式的控制能力，并且能够进行初步页面交互设计，是当前基于文件展示的最优秀的表达设计语言。

11.4.1　居中的布局

居中的设计目前在网页布局的应用中非常广泛，所以如何在 CSS 中让设计居中显示是大多数开发人员首先要学习的重点之一。实现内容居中的网页布局主要有两种方法，一种是使用自动空白边居中，另一种是使用定位和负值空白边居中。

1. 使用自动空白边居中

假设一个布局，希望其中的容器 Div 在屏幕上水平居中。HTML 代码如下：

```
<body>
<div id="box"></div>
</body>
```

只需定义 Div 的宽度，然后将水平空白边设置为 auto 即可。CSS 代码如下：

```
#box {
    width:720px;
    height: 400px;
    background-color: #F90;
    border: 2px solid #F30;
    margin:0 auto;
}
```

则 id 名为 box 的 Div 在页面中是居中显示的，如图 11-46所示。

2. 使用定位和负值空白边居中

首先定义容器的宽度，然后将容器的 position 属性设置为 relative，将 left 属性设置为 50%，就会把容器的左边缘定位在页面的中间。CSS 样式设置如下：

图 11-46

```
#box {
    width:720px;
    position:relative;
    left:50%;
    height: 400px;
    background-color: #F90;
    border: 2px solid #F30;
}
```

如果不希望让容器的左边缘居中，而是让容器的中间居中，只要对容器的左边应用一个负值的空白边，宽度等于容器宽度的一半。这样就会把容器向左移动它的宽度的一半，从而让它在屏幕上居中。CSS 样式设置如下：

```
#box {
    width:720px;
    position:relative;
    left:50%;
    margin-left:-360px;
    height: 400px;
    background-color: #F90;
    border: 2px solid #F30;
}
```

11.4.2 浮动的布局

在 Div+CSS 布局中，浮动布局是使用最多，也是最常见的布局方式。浮动的布局又可以分为多种形式，下面分别向大家进行介绍。

1. 两列固定宽度浮动布局

两列固定宽度布局非常简单，HTML 代码如下：

```
<div id="left">左列</div>
<div id="right">右列</div>
```

为 id 名为 left 与 right 的 Div 设置 CSS 样式，让两个 Div 在水平行中并排显示，从而形成两列式布局，CSS 代码如下：

```
#left {
    width:400px;
    height:400px;
    background-color:#F90;
    border:2px solid #F30;
    float:left;
}
#right {
    width:400px;
```

```
    height:400px;
    background-color:#F90;
    border:2px solid #F30;
    float:left;
}
```

为了实现两列式布局，使用了 float 属性，这样两列固定宽度的布局就能够完整地显示出来，在浏览器中预览可以看到两列固定宽度浮动布局的效果，如图 11-47 所示。

2.两列宽度自适应布局

设置自适应主要通过宽度的百分比值设置，因此，在两列宽度自适应布局中也同样是对百分比宽度值设定，CSS 代码如下：

```
#left {
    width:30%;
    height:400px;
    background-color:#F90;
    float:left;
}
#right {
    width:70%;
    height:400px;
    background-color:#09C;
    float:left;
}
```

左栏宽度设置为 30%，右栏宽度设置为 70%，在浏览器中预览可以看到两列宽度自适应布局的效果，如图 11-48 所示。

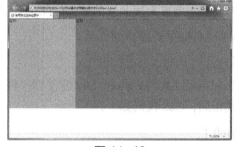

图 11-47　　　　　　　　　　　　　图 11-48

3.两列右列宽度自适应布局

在实际应用中，有时候需要左栏固定宽度，右栏根据浏览器窗口的大小自动适应。在 CSS 中只需要设置左栏宽度，右栏不设置任何宽度值，并且右栏不浮动。CSS 代码如下：

```
#left {
    width:400px;
    height:400px;
```

```
        background-color:#For0;
        float:left;
    }
    #right {
        height:400px;
        background-color:#09C;
    }
```

左栏将呈现 400px 的宽度，而右栏将根据浏览器窗口大小自动适应，两列右列宽度自适应经常在网站中用到，不仅右列，左列也可以自适应，方法是一样的。在浏览器中预览可以看到两列右列宽度自适应布局的效果，如图 11-49 所示。

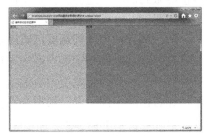

图 11-49

4. 两列固定宽度居中布局

两列固定宽度居中布局可以使用 Div 的嵌套方式来完成，用一个居中的 Div 作为容器，将两列分栏的两个 Div 放置在容器中，从而实现两列的居中显示。HTML 代码结构如下：

```
<div id="box">
    <div id="left">左列</div>
    <div id="right">右列</div>
</div>
```

为分栏的两个 Div 加上了一个 id 名为 box 的 Div 容器，CSS 代码如下：

```
#box {
    width:808px;
    margin:0px auto;
}
#left {
    width:400px;
    height:400px;
    background-color:#F90;
    border:2px solid #F30;
    float:left;
}
#right {
    width:400px;
    height:400px;
    background-color:#F90;
    border:2px solid #F30;
    float:left;
}
```

一个对象的宽度，不仅仅由 width 值来决定，它的真实宽度是由本身的宽、左右外边距及左右边框和内边距这些属性相加而成的，而#left 宽度为 400px，左右都有 2px 的边距，因此，实际宽度为 404，#right 同#left 相同，所以#box 的宽度设定为 808px。

提示

id 名称为 box 的 Div 有了居中属性，自然里面的内容也能做到居中，这样就实现了两列的居中显示，预览效果如图 11-50 所示。

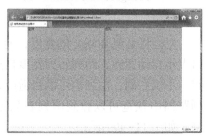

图 11-50

5. 三列浮动中间列宽度自适应布局

三列浮动中间列宽度自适应布局，是左栏固定宽度居左显示，右栏固定宽度居右显示，而中间栏则需要在左栏和右栏的中间显示，根据左右栏的间距变化自动适应。单纯地使用 float 属性与百分比属性不能实现，这就需要绝对定位来实现了。绝对定位后的对象，不需要考虑它在页面中的浮动关系，只需要设置对象的 top、right、bottom 及 left 四个方向即可。HTML 代码结构如下：

```
<div id="left">左列</div>
<div id="main">中列</div>
<div id="right">右列</div>
```

首先使用绝对定位将左列与右列进行位置控制，CSS 代码如下：

```
* {
    margin: 0px;
    padding: 0px;
}
#left {
    width:200px;
    height:400px;
    background-color:#F90;
    position:absolute;
    top:0px;
    left:0px;
}
#right {
    width:200px;
    height:400px;
    background-color:#F90;
    position:absolute;
    top:0px;
    right:0px;
}
```

而中列则用普通 CSS 样式，CSS 代码如下：

```css
#main {
        height:400px;
        background-color: #09C;
        margin:0px 200px 0px 200px;
}
```

对于 id 名为 main 的 Div 来说，不需要再设定浮动方式，只需要让它的左边和右边的边距永远保持#left 和#right 的宽度，便实现了两边各让出 200px 的自适应宽度，刚好让#main 在这个空间中，从而实现了布局的要求，在浏览器中预览可以看到三列浮动中间列宽度自适应布局，如图 11-51 所示。

图 11-51

11.4.3　自适应高度的解决方法

高度值同样可以使用百分比进行设置，不同的是直接使用 height:100%;不会显示效果的，这与浏览器的解析方式有一定关系，如下实现高度自适应的 CSS 代码。

```css
html,body {
    margin:0px;
    height:100%;
}
#box{
    width:800px;
    height:100%;
    background-color:#F90;
}
```

图 11-52

对名为 box 的 Div 设置 height:100%的同时，也设置了 HTML 与 body 的 height:100%，一个对象高度是否可以使用百分比显示，取决于对象的父级对象，名为 box 的 Div 在页面中直接放置在 body 中，因此他的父级就是 body，而浏览器默认状态下，没有给 body 一个高度属性，因此直接设置名为 box 的 Div 的 height:100%时，不会产生任何效果，而当给 body 设置了 100%之后，它的子级对象名为 box 的 Div 的 height:100%便起了作用，这便是浏览器解析规则引发的高度自适应问题。而给 HTML 对象设置 height:100%，是能使 IE 与 Firefox 浏览器都能实现高度自适应，在浏览器中预览可以看到高度自适应的效果，如图 11-52 所示。

11.5　什么是块元素和行内元素

HTML 中的元素分为块元素和行内元素，通过 CSS 样式可以改变 HTML 元素原本具有的显示属性，也就是说，通过 CSS 样式的设置可以将块元素与行内元素相互转换。

11.5.1　块元素

每个块级元素默认占一行高度，一行内添加一个块级元素后一般无法添加其他元素（float 浮动后除外）。两个块级元素连续编辑时，会在页面自动换行显示。块级元素一般可嵌套块级元素或行内元素。

在 HTML 代码中，常见的块元素包括<div>、<p>、<table>等，块元素具有如下特点：

1. 总是在新行上开始显示。

2. 行高以及顶和底边距都可以控制。

3. 如果不设置其宽度的话，则会默认为整个容器的 100%；而如果设置了其宽度值，就会应用所设置的宽度。

在 CSS 样式中，可以通过 display 属性控制元素显示，即元素的显示方式。display 属性语法格式如下：

display: block | none | inline | compact | marker | inline-table | list-item | run-in | table | table-caption | table-cell | table-column | table-column-group | table-footer-group | table-header-group | table-row | table-row-group

display 属性的属性值说明如表 11-5 所示。

表 11-5　display 属性的属性值说明

属性	说　　明
block	设置网页元素以块元素方式显示
none	设置网页元素隐藏
inline	设置网页元素以行内元素方式显示
compact	分配对象为块对象或基于内容之上的行内对象
marker	指定内容在容器对象之前或之后。如果要使用该参数，对象必须和:after 以及:before 伪元素一起使用
inline-table	将表格显示为无前后换行的行内对象或行内容器
list-item	将块对象指定为列表项目，并可以添加可选项目标志
run-in	分配对象为块对象或基于内容之上的行内对象
table	将对象作为块元素级的表格显示
table-caption	将对象作为表格标题显示
table-cell	将对象作为表格单元格显示
table-column	将对象作为表格列显示

属性	说　明
table-column-group	将对象作为表格列组显示
table-footer-group	将对象作为表格脚注组显示
table-header-group	将对象作为表格标题组显示
table-row	将对象作为表格行显示
table-row-group	将对象作为表格行组显示

display 属性的默认值为 block，即元素的默认方式是以块元素方式显示。

11.5.2　行内元素

行内元素也叫内联元素等，行内元素一般都是基于语义级(semantic)的基本元素，只能容纳文本或其他内联元素，常见内联元素 <a>标签。

当 display 属性值被设置为 inline 时，可以把元素设置为行内元素，块元素具体有如下特点：

1. 和其他元素显示在一行上。

2. 行高以及顶边距和底边距不可以改变。

3. 宽度就是它的文字或图片的宽度，不可以改变。

在常用的一些元素中，<span>、<a>、<img>、<b>、<font>和<input>等默认都是行内元素。

11.6　本章小结

本章主要向读者介绍了 Div+CSS 布局的相关知识，包括什么是 Div、CSS、盒模型和常用的网页布局方式等内容，这些内容都是 Div+CSS 布局的核心，读者一定要仔细地理解本章的内容，完成本章内容的学习，掌握 Div+CSS 布局的相关知识和方法，并能够灵活地运用制作出网页。

11.7　课后测试题

一、选择题

1. 下列哪个属性能够设置盒模型的左侧外边距？（　　　）

  A. margin   B. text-indent

  C. indent   D. margin-left

2. 如果需要设置盒模型的上、右、下、左 4 个方向的内填充值分别为 10、20、30、40，CSS 样式应该如何设置？（　　　）

  A. padding:10px 20px 30px 40px   B. padding:10px 20px

  C. padding:5px 20px 10px   D. padding:10px

3. 属于 CSS 盒模型控制的属性有哪些？（　　　）（多选）

  A. font   B. margin   C. padding

  D. visible   E. border

二、判断题

1. 如果需要实现 Div 的高度为 100%，则首先需要设置 html 和 body 的高度为 100%，只有这样才能实现 Div 高度的自适应。（　　　）

2. float 属性的属性值包括 left 和 right。（　　　）

三、简答题

1. 空白边叠加在什么情况下才会发生？

2. padding 属性与 margin 属性的区别是什么？

PART 12

第 12 章
JavaScript 入门

本章简介

JavaScript 是最常见的脚本语言，它可以嵌入到 HTML 中，在客户端执行，是网页特效制作的最佳选择，同时也是浏览器普遍支持的网页脚本语言。本章将向读者介绍有关 JavaScript 的相关基础知识，使读者对 JavaScript 有更加深入的了解和认识。

本章重点

- 了解 JavaScript 的作用以及在网页中使用 JavaScript 的方法
- 理解并掌握 JavaScript 的语法基础
- 了解什么是 JavaScript 变量，以及其声明和使用方法
- 理解并掌握 JavaScript 的数据类型和运算符
- 掌握 JavaScript 中条件和循环语句的使用

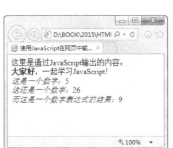

12.1 JavaScript 概述

网页中的程序可分为服务器端程序和客户端程序两种。服务器端程序，即运行在网页服务器中并得出结果，如 ASP、PHP 等程序；客户端程序，即通过网页加载到客户端的浏览器后，才开始运行并得出结果。JavaScript 程序是网页设计制作中常用的客户端（浏览端）程序。

12.1.1 了解 JavaScript

JavaScript 是一种脚本编程语言，是基于对象并且事件驱动的程序。其程序代码嵌在 HTML 网页文件中，需要浏览者的浏览器进行解释运行。前面所学习的 HTML 属于一种标记语言，是用某种结构储存数据并在设备上显示的手段，两者属于完全不同的概念。在一个完整的网页中是离不开 JavaScript 程序的，因为有太多的功能需要它来实现。如果只是想单纯的显示网页的基本内容，那么，就没有必要再使用 JavaScript 程序了。

12.1.2 JavaScript 的作用

JavaScript 程序用于检测网页中的各种事件，并且做出相应的反应，它的功能非常之强大，简单来说，JavaScript 程序可以实现以下功能：

- 控制文档的外观和内容。JavaScript 能够轻松地动态改变网页的 CSS 样式及结构，甚至页面显示内容，这样大大增强了页面的灵活性。
- 控制浏览器的行为。例如浏览器的前进、刷新、加入收藏夹等相关操作。
- 用户交互操作。例如网上查询、网上测试页面等。
- 与页面各种元素交互。例如操作图片、与 Flash 动画通信等。
- 读写部分客户端信息。例如读写浏览者电脑的 Cookie 信息。

JavaScript 是一种脚本程序，即通过解释运行，没有编译所以效率比较低，且代码暴露在网页源代码中。同时，JavaScript 程序对 C++、C#和 Java 等程序也存在着一定的局限性。JavaScript 只能嵌于网页中使用，不能读写客户端程序（Cookie 除外），但是足以用来操作网页。

JavaScript 程序由浏览器解释运行，目前常用的版本为 1.5，相对 CSS 来讲，浏览器兼容性少很多。JavaScript 同样是 Web 标准的一部分，负责动态交互行为部分。

12.1.3 在网页中使用 JavaScript 的方法

JavaScript 有着非常严格的编写规范，在前面的 HTML 学习中了解到 JavaScript 包含在网页的\<script\>与\</script\>标签中。由于 JavaScript 程序代码嵌入在 HTML 代码中，为了使页面代码结构清晰，设计者经常把 JavaScript 部分的代码放置在头部信息区。当然，也可以在 HTML 文档中多处嵌入 JavaScript 代码，但并不提倡这样的做法。因为浏览器解析 HTML 文档时是自上而下的顺序，设计者需要确保 JavaScript 代码被优先解析。

在前面的 HTML 学习过程中，接触了部分的 JavaScript 程序嵌入方法，第一种是将程序代码直接放入\<script\>\</script\>中。

```
<html>
<head>
<script language=" javascript">
javascript 程序代码
```

```
</script>
</head>
…
</html>
```

第二种是编写在外部的js文件中，然后通过类似于链接外部CSS文件的方式链接到HTML文档中。

```
<html>
<head>
<script language=" javascript" src=" JavaScript 文件路径">
</script>
</head>
```

编写 JavaScript 程序代码与网页代码类似，推荐使用 Dreamweaver 来编写 JavaScript 程序代码。

 编写一个简单的 JavaScript 脚本
最终文件：网盘\最终文件\第 12 章\12-1-3.html
视　　频：网盘\视频\第 12 章\12-1-1.swf

STEP 1 执行 "文件>新建" 命令，弹出 "新建文档" 对话框，单击 "创建" 按钮，创建 html 页面，如图 12-1 所示。将页面保存为 "网盘\源文件\第 12 章\12-1-3.html"。转换到代码视图中，在<title>与</title>标签之间输入网页的标题，如图 12-2 所示。

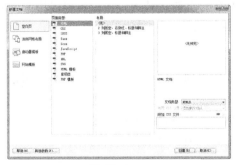

```
<!doctype html>
<html>
<head>
<meta charset="utf-8">
<title>编写一个简单的JavaScript脚本</title>
</head>

<body>
</body>
</html>
```

图 12-1　　　　　　　　　　　　　　　　　图 12-2

STEP 2 在<head>与</head>之间输入 JavaScript 程序代码声明代码，如图 12-3 所示。在刚刚添加的<script>与</script>标签之间输入 JavaScript 程序代码，如图 12-4 所示。

```
<!doctype html>
<html>
<head>
<meta charset="utf-8">
<title>编写一个简单的JavaScript脚本</title>
<script language="javascript">

</script>
</head>
```

图 12-3

```
<!doctype html>
<html>
<head>
<meta charset="utf-8">
<title>编写一个简单的JavaScript脚本</title>
<script language="javascript">
function rec() {
    alert("你好，欢迎学习JavaScript! ")
    }
</script>
</head>
```

图 12-4

STEP 3 在<head>与</head>之间输入 HTML 代码，添加一个按钮表单元素，如图 12-5 所示。保存页面，在浏览器中预览页面，单击页面中的按钮，可以看到 JavaScript 实现的弹出信息效果，如图 12-6 所示。

```
<!doctype html>
<html>
<head>
<meta charset="utf-8">
<title>编写一个简单的JavaScript脚本</title>
<script language="javascript">
function rec() {
    alert("你好，欢迎学习JavaScript! ")
    }
</script>
</head>

<body>
<form>
  <input name="button" type="button" value="运行程序" onClick="rec()">
</form>
</body>
</html>
```

图 12-5

图 12-6

提示　　在<input>标签中添加 onClick 属性设置，onClick 表示当鼠标单击时，调用相应的 JavaScript 脚本。

12.2　JavaScript 语法基础

很多读者觉得编写代码是一件相当烦琐和困难的事情，其实，只要将程序中的内容与HTML 元素相结合的话，编写程序代码将会变得容易很多。

12.2.1　<script>标签声明

将 JavaScript 代码嵌入到 HTML 文档中需要使用到<script></script>标签，它可以放在HTML 文档中的任意位置，如果需要 Document 对象的 write()方法输出字符串，则代码放在HTML 文档中<body></body>之间需要显示的地方。<script></script>标签同样具有很多属性，在 Web 标准中，建议使用 type 属性代替 language 属性，代码编写格式如下：

```
<script type="text/javascript">
Javascript 代码
</script>
```

12.2.2　JavaScript 代码格式

JavaScript 代码的编写比较自由。JavaScript 解释器将忽略标识符和运算符之间的空白字符。每一句 JavaScript 代码语句之间用英文分号分隔，建议一行只写一条语句，这样可以保持格式分明。编写格式如下面的代码所示：

```
<script type="text/javascript">
var w=20;
var h=40;
```

```
var txt="程序代码";
</script>
```

在函数名、变量名等标识符中，不可以加入空白字符。字符串和正则表达式的空白字符是其组成部分，JavaScript 解释器将会保留。编写代码时可以根据个人需要进行自由缩进，以方便结构的查看与调试。

12.2.3　大小写规范

很多初学者由于不注意编写代码的大小写，经常会犯一些低级的错误，类似于 CSS 中的 id 和 class 的名称，JavaScript 最基本的要求就是区分字母的大小写。所以，设计者一定要注意，尽量统一使用小写。例如以下代码：

```
var china,CHINA,China,cHina
```

以上是声明变量的语句，因为没有注意大小写，导致以上语句声明了 4 个变量。

12.2.4　添加注释

和 HTML 注释一样，JavaScript 代码也有注释代码，对某一段代码进行说明，JavaScript 解释器将忽略注释部分。和其他的程序语言相同，JavaScript 的注释可分为单行注释和多行注释。单行注释以 "//" 开头，其后面的同一行部分为注释内容。而多行注释以 "/*" 开头，以 "*/" 结尾，包含部分为注释内容。注释编写方法如下：

```
<script type="text/javascript">
var x=30;
//单行注释：定义名为 x 的变量，其初值为 30
var y=60;
//单行注释：定义名为 y 的变量，其初值为 60
var text="网页设计";
/*多行注释：定义名为 text 的变量，
  并且其值为字符串 "网页设计" */
</script>
```

12.2.5　JavaScript 中的保留字

编程语言都有属于自己的保留字，一般在一些特殊场合使用这些单词。它们都含有特定的含义，但是，需要注意，在用户自定义的各种名称中是不可以使用这些保留字的。JavaScript 的保留字如表 12-1 所示。

表 12-1　JavaScript 中的保留字

abstract	boolean	break	byte	Case	catch	char
class	const	continue	default	Delete	do	double
else	extends	false	final	Finally	float	for
function	goto	if	implements	Import	in	instanceof
int	interface	long	native	New	null	package
private	protected	public	return	short	static	super

switch	synchronized	this	throw	Throws	transient	true
try	typeof	var	void	volatile	while	with

12.2.6 输出方法

字符串是由多个字符组成的一个序列。在 JavaScript 代码中引用字符串必须用英文双引号或者英文单引号包含，如果字符串中也含有一对英文双（单）引号，那么，引用字符串的引号类型必须相反。

在 JavaScript 中可以使用 document.write() 来输出字符串内容，document 在这里是一个对象，代表已经加载的整个 HTML 文档，而 write() 是 document 对象的一个方法，用于输出字符串的值，write() 方法可以把填入的任何值转换为字符串的内容。

自测 2　　使用 JavaScript 在网页中输出内容
最终文件：网盘\最终文件\第 12 章\12-2-6.html
视　　频：网盘\视频\第 12 章\12-2-6.swf

STEP 1 执行"文件>新建"命令，弹出"新建文档"对话框，单击"创建"按钮，创建 html 页面，如图 12-7 所示。将页面保存为"网盘\源文件\第 12 章\12-2-6.tml"。转换到代码视图中，在 `<title>` 与 `</title>` 标签之间输入网页的标题，如图 12-8 所示。

```
<!doctype html>
<html>
<head>
<meta charset="utf-8">
<title>使用JavaScript在网页中输出内容</title>
</head>

<body>
</body>
</html>
```

图 12-7　　　　　　　　　　　　　　　　　　图 12-8

STEP 2 在 `<body>` 与 `</body>` 之间输入相应的 JavaScript 程序代码，如图 12-9 所示。保存页面，在浏览器中预览该页面，可以看到使用 JavaScript 在网页中输出内容的效果，如图 12-10 所示。

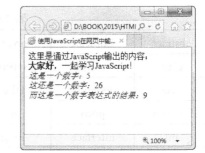

```
<body>
<script type="text/javascript">
document.write("这里是通过JavaScript输出的内容: <br>");
document.write("<b>大家好</b>，一起学习JavaScript! <br>");
document.write("<i>这是一个数字: </i>"+5+"<br>");
document.write("<i>这还是一个数字: </i>"+2+6+"<br>");
document.write("<i>而这是一个数字表达式的结果: </i>",3+6);
</script>
</body>
```

图 12-9　　　　　　　　　　　　　　　　　　图 12-10

write()括号中可以存放多个值，并用英文逗号分隔。如果用加号连接字符串和数字，那么数字将首先转换为字符串，然后进行字符串拼接。而括号中同一个值中，如果加号连接的只有数字，那么数字进行符号运算，计算所得结果转换为字符串输出。

12.3　JavaScript 变量

JavaScript 程序的运行需要操作各种数据值，这些数据值在程序运行时暂时存储在计算机的内存中。计算机内存开辟了许多的小块，类似一个个小房间用于存放这些数据。这些房间，可以称之为变量。

12.3.1　什么是变量

可以把变量看作是一个数学方程式里面的未知数，用它来代表和存储一个值，需要时直接调用变量就可以了。可以说变量是临时存放数据的地方，在程序中可以引用变量来操作其中的数据。

事实上，这和计算机硬件系统的工作相似，当声明一个变量时，实际上就是向计算机发出申请，在内存中划出一块区域存放变量里面的数据。把变量声明为合适的数据类型是提高程序效率的手段，也是很好的编程习惯。

12.3.2　变量的声明和使用

在使用变量之前，需要使用 var 关键字对变量进行声明，变量的声明方法如下：

```
var 变量名称;
var 变量名称1,变量名称2,变量名称3…;
var 变量名称=变量值;
```

变量名称必须以下划线或字母开头，后面跟随字母、下划线或数字。前面了解到变量名称还区分大小写，即变量 text 和变量 Text 是两个完全不同的变量。

自测
3

在 JavaScript 中定义变量并输出
最终文件：网盘\最终文件\第 12 章\12-3-2.html
视　　频：网盘\视频\第 12 章\12-3-2.swf

STEP 1 执行"文件>新建"命令，新建 html 页面，将页面保存为"网盘\源文件\第 12 章\12-3-2.html，如图 12-11 所示。转换到代码视图中，在<head>与</head>标签之间输入相应的 JavaScript 代码，定义变量，如图 12-12 所示。

STEP 2 在<body>与</body>之间输入相应的 JavaScript 程序代码，如图 12-13 所示。保存页面，在浏览器中预览该页面，可以看到输出的结果，如图 12-14 所示。

在 JavaScript 中定义的变量必须要赋值，在没有赋予变量数据值时，其默认值为 undefined，无法参与程序的运算。声明变量的=符号不是等于符号，而是赋值符号，代表把右边的数据值赋值给左边的变量。

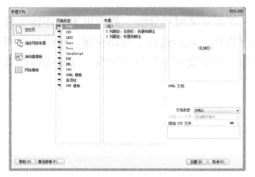

图 12-11

```html
<head>
<meta charset="utf-8">
<title>在JavaScript中定义变量并输出</title>
<script type="text/javascript">
var city= "上海";
var num1 = 10;
var num2,date,language;
</script>
</head>
```

图 12-12

```html
<body>
<script type="text/javascript">
document.write("2010年世博会举办城市: <b>"+city+"</b><br>");
city="北京";
document.write("2008年奥运会举办城市: <b>"+city+"</b><br>");
num1="30";
document.write("num1变量的值为: <b>"+num1+"</b><br>");
document.write("date和lauguage变量的值为: "+date,language+"<br>");
num2=2052;
date=num2-num1;
language="汉语";
document.write(date+"年"+city+"冬季奥运会,我们都说"+language);
</script>
</body>
```

图 12-13

图 12-14

12.4　JavaScript 数据类型

JavaScript 程序的运行需要操作各种数据值(value)，数据类型可以决定变量的大小，它可以根据不同需要使用各种类型的数据，以避免浪费内存空间。

12.4.1　什么是数据类型

数据类型可以简单分为两类，即基本数据类型和复合数据类型两种。

● 基本数据类型

基本数据类型是 JavaScript 语言中的最小、最基本的元素。JavaScript 中的基本数据类型包括数字型（整数和浮点数）、字符串型（需要引号包含）、布尔型（取值为 true 或 false）、空值型和未定义型。空值型只有一个值，即 null，未定义型也只有一个值，即 undefined。

● 复合数据类型

复合数据类型包括对象、数组等。

JavaScript 相对于 C#等语言，变量或常量使用前不需要声明数据类型，只有在赋值或使用时确定其数据类型。如果需要查看数据的数据类型，可以使用 typeof 运算符，其编写格式如下：

> typeof 数据
>
> typeof(数据)

以上两种都是正确的编写方法，但是，为了代码的清晰，建议使用第二种，typeof 运算符返回值为一个字符串，内容是所操作数据的数据类型。

12.4.2　基本的数据类型

JavaScript 语言中的数字类型（number）分为整数和浮点数，整数和浮点数用于程序中的数学运算。这里的整数和浮点数就是对应数学中的整数和小数概念，例如 1、10、12、−20 都是整数，而 1.2、3.14、−1.2 等都是浮点数。JavaScript 所有的数字类型数据是采用 IEEE764 标准定义的 64 位浮点格式表示（即 Java、C++和 C 等语言中的 double 类型）。JavaScript 中的数字类型数据通过运算符号进行各种运算，数字的运算符分为加法运算符（+）、减法运算符（−）、乘法运算符（*）和除法运算符（/）。在使用数字类型时，JavaScript 并不区分整数和浮点数。

JavaScript 语言中的字符串类型数据是用引号包含起来的一串字符，单引号或双引号必须成对出现。引号中没有任何字符称作空串，即使引号中有数字也属于字符串类型，并不是数字类型。为了在字符串中放入一些无法输入的字符，JavaScript 提供了转义字符，常用的转义字符如表 12-2 所示：

表 12-2　常用转义字符表

转义字符	含义	转义字符	含义
\'	英文单引号'	\"	英文双引号"
\t	Tab 字符	\n	换行字符
\r	回车字符	\f	换页字符
\b	退格字符	\e	转义字符（Esc 字符）
\\	反斜杠字符（\）		

JavaScript 中的布尔类型使用非常广泛，布尔类型只有两个值，一个是 true（真），另一个是 false（假），布尔类型常用于代表状态或标志。

使用 JavaScript 中的数据类型
最终文件：网盘\最终文件\第 12 章\12-4-2.html
视　　频：网盘\视频\第 12 章\12-4-2.swf

STEP 1　执行"文件>新建"命令，新建 html 页面，将页面保存为"网盘\源文件\第 12 章\12-4-2.html"，如图 12-15 所示。转换到代码视图，在<body>与</body>之间插入<script>标签并声明，在<script>与</script>标签之间写入 JavaScript 脚本代码，使用字符串数据类型，如图 12-16 所示。

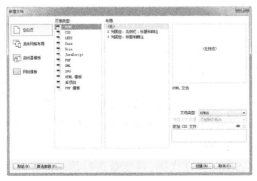

图 12-15　　　　　　　　　　　　　　　图 12-16

STEP 2 继续编写相应的 JavaScript 脚本代码，使用布尔数据类型，如图 12-17 所示。保存页面，在浏览器中浏览面，可以看到字符串数据类型和布尔数据类型的输出结果，如图 12-18 所示。

```
<body>
<script type="text/javascript">
document.write("<b>使用字符串数据类型</b><br>");
document.write("大家一起来学习"+"JavaScript"+"<br><br>");
document.write("<b>使用布尔数据类型，1等于2吗？</b><br>");
document.write("这个问题的结果是"+typeof(1==2)+"类型的数据<br>");
document.write("这个问题的结果是");
document.write(1==2);
</script>
</body>
```

图 12-17

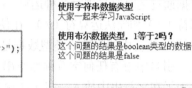

图 12-18

 提示　空类型是 JavaScript 的一种对象类型，取值为 null，用于初始化变量或清除变量的内容。而未定义型取值为 undefined，在变量声明并未赋值时，默认的值即为 underfined，这时变量参与运算将导致程序出错。不过，如果把 null 值赋给变量，程序运行将不会报错。

12.5　JavaScript 运算符

程序的运行靠各种运算进行，运算时需要各种运算符、表达式等的参与。大多数 JavaScript 程序运算符和数学中的运算符相似，不过也有差异，就像前面所说的 JavaScript 变量赋值符号 "="。

12.5.1　运算符与表达式

JavaScript 的运算符是一些特定符号的集合，这些符号用来操作数据按特定的规则进行运算，并生成结果。运算符所操作的数据被称为操作数，运算符和操作数连接并可运算出结果的式子就是表达式。不同的运算符，其对应的操作数个数也不同。JavaScript 中根据操作数个数，运算符分为一元运算符、二元运算符和三元运算符。

表达式是 JavaScript 运算中的 "短语"，它可以把多个表达式合并为一个表达式。为了防止破坏表达式的结构，应该注意运算符的优先级。

 自测 5　**使用 JavaScript 中的表达式**
最终文件：网盘\最终文件\第 12 章\12-5-1.html
视　　频：网盘\视频\第 12 章\12-5-1.swf

STEP 1 执行 "文件>新建" 命令，新建 html 页面，将页面保存为 "网盘\源文件\第 12 章\12-5-1.html"，如图 12-19 所示。转换到代码视图，在<head>与</head>标签之间加入 JavaScript 程序代码，定义变量并为变量赋值，如图 12-20 所示。

STEP 2 在<body>与</body>标签之间添加 JavaScript 程序代码,对变量进行简单运算并输出结果，如图 12-21 所示。保存页面，在浏览器中预览该页面，可以看到程序输出结果，如

图 12-22 所示。

图 12-19

```
<head>
<meta charset="utf-8">
<title>使用JavaScript中的表达式</title>
<script type="text/javascript">
var x1=10;
var x2=30;
var x3=20;
var x4=40;
var num1,num2,num3;
</script>
</head>
```

图 12-20

```
<body>
<script type="text/javascript">
num1=x1+x2;
document.write("第1个加法表达式的值为:"+num1+"<br>");
num2=x3+x4;
document.write("第2个加法表达式的值为:"+num2+"<br>");
num3=x1+x2*x3+x4;
document.write("将两个加法表达式直接用乘法运算符连接的值为:"+num3+"<br>");
num3=(x1+x2)*(x3+x4);
document.write("将两个加法表达式用乘法运算符和小括号连接的值为:"+num3+"<br>");
num3=num1*num2;
document.write("将两个加法表达式运算后的值用乘法运算符连接的值为:"+num3+"<br>");
</script>
</body>
```

图 12-21

图 12-22

提示　JavaScript 中乘法运算符（*）优先级高于加法运算符（+），为了保持表达式合并的准确性，用括号包含子表达式是比较好的习惯。在运算顺序方面，只有二元运算符是自左向右，一元运算符和三元运算符是自右向左。

12.5.2　算术运算符

　　算术运算符中包含加法（+）、减法（–）、乘法（*）、除法（/）和取余（%）运算符。加减乘除和数学中的加减乘除一样，都是二元运算符，乘法和除法的优先级高于加法和减法。而取余运算符也是二元运算符，可以用于求两个操作数相除后的余数。

使用算术运算符

最终文件：网盘\最终文件\第 12 章\12-5-2.html

视　　频：网盘\视频\第 12 章\12-5-2.swf

STEP 1 执行"文件>新建"命令，新建 html 页面，将页面保存为"网盘\源文件\第 12 章\12-5-2.html"，如图 12-23 所示。转换到代码视图，在<head>与</head>标签之间加入 JavaScript 程序代码，定义变量并为变量赋值，如图 12-24 所示。

STEP 2 在<body>与</body>标签之间添加 JavaScript 程序代码，对变量进行简单运算并输出结果，如图 12-25 所示。保存页面，在浏览器中预览该页面，可以看到程序输出结果，如图 12-26 所示。

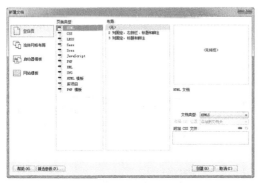

图 12-23

```
<head>
<meta charset="utf-8">
<title>使用算术运算符</title>
<script type="text/javascript">
    var x1=40;
    var x2=30;
    var num;
</script>
</head>
```

图 12-24

```
<body>
<script type="text/javascript">
num=x1+x2;
document.write(x1+"和"+x2+"相加的值为："+num+"<br>");
num=x1-x2;
document.write(x1+"和"+x2+"相减的值为："+num+"<br>");
num=x1*x2;
document.write(x1+"和"+x2+"相剩的值为："+num+"<br>");
num=x1/x2;
document.write(x1+"和"+x2+"相除的值为："+num+"<br />");
num=x1%x2;
document.write(x1+"和"+x2+"取余数的值为："+num+"<br>");
</script>
</body>
```

图 12-25

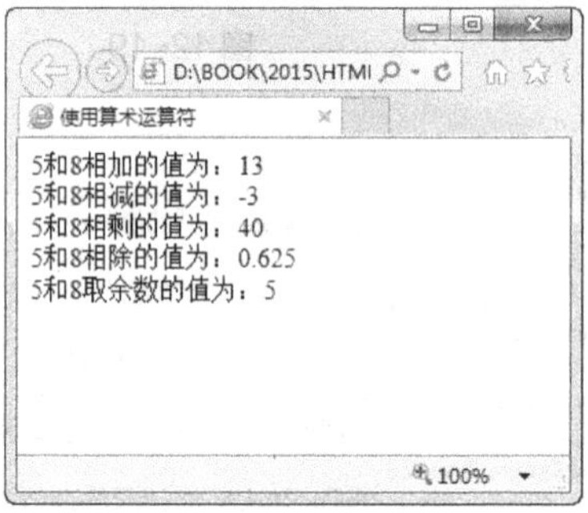

图 12-26

12.5.3 赋值运算符

JavaScript 中的赋值运算符 "=" 并不是等于符号，而是将右边操作数的值赋值给左边的操作数（一般为变量），称之为赋值表达式。

提示

等于符号在 JavaScript 中为 "=="，判断两边的操作数的值是否相等。如果相等则返回 true，反之则返回 false，只含有等于表达式的程序语句是没有任何意义的。

赋值运算符和基本运算符结合形成多种赋值运算符，如以下语句：

x1= x1+x2;

以上代码可以用加赋值符号的语句代替，编写方法如下：

x1+=x2;

类似的方法可得出减赋值符号 "−="、乘赋值符号 "*="、除赋值符号 "/=" 和取余赋值符号 "%="。

自测 7

使用赋值运算符
最终文件：网盘\最终文件\第 12 章\12-5-3.html
视　　频：网盘\视频\第 12 章\12-5-3.swf

STEP 1 执行 "文件>新建" 命令，新建 html 页面，将页面保存为 "网盘\源文件\第 12

章\12-5-3.html", 如图 12-27 所示。转换到代码视图, 在<head>与</head>标签之间加入
JavaScript 程序代码, 定义变量并为变量赋值, 如图 12-28 所示。

```
<head>
<meta charset="utf-8">
<title>使用赋值运算符</title>
<script type="text/javascript">
var x=9;
var y=2;
</script>
</head>
```

图 12-27　　　　　　　　　　　　　　　　　　图 12-28

STEP 2 在<body>与</body>标签之间添加 JavaScript 程序代码, 对变量进行简单运算并输出结果, 如图 12-29 所示。保存页面, 在浏览器中预览该页面, 可以看到程序输出结果, 如图 12-30 所示。

```
<body>
<script type="text/javascript">
x+=y;
document.write("加赋值后的x的值为: "+x+"<br>");
x-=y;
document.write("减赋值后x的值为: "+x+"<br>");
x*=y;
document.write("乘赋值后x的值为: "+x+"<br>");
x/=y;
document.write("除赋值后x的值为: "+x+"<br>");
x%=y;
document.write("取余赋值后x的值为: "+x+"<br>");
</script>
</body>
```

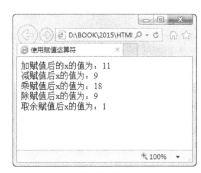

图 12-29　　　　　　　　　　　　　　　　　　图 12-30

提示　　加法运算符 "+" 和加赋值运算符 "+=" 两边的操作数中至少有 1 个字符串数据时, 加法运算符将进行字符串拼接运算。

12.5.4　递增和递减运算符

为了简化代码的编写, JavaScript 提供了递增运算符 "++" 和递减运算符 "--"。递增和递减运算符都是一元运算符, 递增运算符可使操作数加 1, 递减运算符可使操作数减 1。递增运算符 "++" 位于操作数左边时, 称为前增, 即操作数先加 1, 然后参与其他运算; 反之称为后增, 即操作数先参加其他运算, 然后增加 1。递减运算符 "--" 位于操作数左边时, 称为前减, 即操作数先减 1, 然后参与其他运算; 反之称为后减, 即操作数先参加其他运算, 然后减 1。

自测 8　**使用递增和递减运算符**
最终文件: 网盘\最终文件\第 12 章\12-5-4.html
视　　频: 网盘\视频\第 12 章\12-5-4.swf

STEP 1 执行"文件>新建"命令，新建 html 页面，将页面保存为"网盘\源文件\第 12 章\12-5-4.html"，如图 12-31 所示。转换到代码视图，在<head>与</head>标签之间加入 JavaScript 程序代码，定义变量并为变量赋值，如图 12-32 所示。

```
<head>
<meta charset="utf-8">
<title>使用递增和递减运算符</title>
<script type="text/javascript">
var a=5;
var x;
</script>
</head>
```

图 12-31　　　　　　　　　　　　　　　　图 12-32

STEP 2 在<body>与</body>标签之间添加 JavaScript 程序代码，对变量进行简单运算并输出结果，如图 12-33 所示。保存页面，在浏览器中预览该页面，可以看到程序输出结果，如图 12-34 所示。

```
<body>
<script type+"text/javascript">
document.write("a的初始值为："+a+"<br>");
x=a++;
document.write("a后增运算后x的值为："+x+"，而a的值为："+a+"<br>");
x=++a;
document.write("a前增运算后x的值为："+x+"，而a的值为："+a+"<br>");
x=a--;
document.write("a后减运算后x的值为："+x+"，而a的值为："+a+"<br>");
x=--a;
documenr.write("a前减运算后x的值为："+x+"，而a的值为："+a+"<br>");
</script>
</body>
```

图 12-33

图 12-34

提示

　　　　增量和减量运算符的前后位置影响了赋值运算的顺序。增量及减量运算符常用于循环语句中。它们在循环中发挥着计数器的作用。

12.5.5　关系运算符

JavaScript 中的关系运算符用于测试操作数之间的关系，如大小比较、是否相等，依据这些关系存在与否返回一个布尔型数据值，即 true（真）或者 false（假）。比较运算符是关系运算符中最常用的一种运算符，常用的关系运算符介绍如下：

1. 小于"<"：如果左边的操作数小于右边的操作数，则返回 true（真），反之，返回 false（假）。

2. 小于等于"<="：如果左边的操作数小于等于右边的操作数，则返回 true（真），反之，则返回 false（假）。

3. 大于">"：如果左边的操作数大于右边的操作数，则返回 true（真），反之，则返回 false（假）。

4. 大于等于"＞="：如果左边的操作数大于等于右边的操作数，则返回 true（真），反之，则返回 false（假）。

5. 等于"=="：如果左边操作数等于右边的操作数，则返回 true（真），反之，则返回 false（假）。

6. 不等于"!="：如果左边操作数不等于右边的操作数，则返回 true（真），反之，则返回 false（假）。

7. 全等于"==="：如果左边操作数全等于右边的操作数，则返回 true（真），反之，则返回 false（假）。

8. 非全等于"!=="：如果左边操作数没有全等于右边的操作数，则返回 true（真），反之，则返回 false（假）。

提示　等于"=="和全等于"==="运算符都是用于测试两个操作数的值是否相等，操作数可以使用任意数据类型。等于"=="对操作数一致性要求比较宽松，可以通过数据类型转换后进行比较，而全等于"==="对操作数要求就比较严格。

自测 9　使用关系运算符
最终文件：网盘\最终文件\第 12 章\12-5-5.html
视　　频：网盘\视频\第 12 章\12-5-5.swf

STEP 1 执行"文件>新建"命令，新建 html 页面，将页面保存为"网盘\源文件\第 12 章\12-5-5.html"，如图 12-35 所示。转换到代码视图中， 在<title>与</title>标签之间输入网页标题，如图 12-36 所示。

```
<!doctype html>
<html>
<head>
<meta charset="utf-8">
<title>使用关系运算符</title>
</head>

<body>
</body>
</html>
```

图 12-35　　　　　　　　　　　　　　　　　图 12-36

STEP 2 在<body>与</body>标签之间添加相应的 JavaScript 程序代码，如图 12-37 所示。完成网页程序代码的制作，在浏览器中预览该页面，可以看到 JavaScript 程序运行结果，如图 12-38 所示。

提示　比较运算符的两个操作数有一个为数字类型时，如果另一个为字符串类型，字符串类型将转换成数字类型进行比较。而如果运算符的两个操作数都是字符串类型时，字符串将一个个字符从左到右进行比较，一旦发现有不同字符马上停止比较，只比较这个位置两个不同字符的字符编码值。这个数值，即字符在 Unicode 编码集中的数值。

```
<body>
<script language="javascript">
 document.write("5>8返回的值为: "+(5>8)+"<br>");
 document.write("'China'>'C'返回的值为: "+('China'>'C')+"<br>");
 document.write("5>=8返回的值为: "+(5>=8)+"<br>");
 document.write("8>=8返回的值为: "+(8>=8)+"<hr>");
 document.write("8==8返回的值为: "+(8==8)+"<br>");
 document.write("'China'=='China'返回的值为: "+('China'=='China')+"<br>");
 document.write("8===8返回的值为: "+(8===8)+"<br>");
 document.write("'China'==='China'返回的值为: "+('China'==='China')+"<br>");
 document.write("'8'==8返回的值为: "+('8'==8)+"<br>");
 document.write("'8'===8返回的值为: "+('8'===8)+"<hr>");
 document.write("8!=8返回的值为: "+(8!=8)+"<br>");
 document.write("'8'!=8返回的值为: "+('8'!=8)+"<br>");
</script>
</body>
```

图 12-37   图 12-38

12.5.6　逻辑运算符

在 JavaScript 中逻辑运算符一般用于执行布尔型数据，因为关系运算符的返回值（结果）为布尔型数据，所以逻辑运算符常和比较运算符配合使用。通常情况下，逻辑运算符的返回值也是布尔型数据，不过操作数都是数字型时，逻辑运算符的返回值也为数字型。逻辑运算符包括逻辑与运算符、逻辑或运算符和逻辑非运算符等。

1. 逻辑与运算符"&&"：该运算符是二元运算符，当且仅当两个操作数的值都为 true 时，逻辑与运算符运算返回的值为 true，反之，为 false。

2. 逻辑或运算符"||"：该运算符是二元运算符，当两个操作数的值至少有一个为 true 时，逻辑或运算符运算返回的值为 true。当两个操作数的值全部为 false 时，逻辑或运算符运算返回的值为 false。

3. 逻辑非运算符"!"：该运算符是一元运算符，其位置在操作数前面。运算时对操作数的布尔值取反，即当操作数值 false 时，逻辑运算符运算返回的值为 true，反之，为 false。

提示

在使用逻辑运算符运算时，操作数为空类型（null）时，可以看作 false 值，操作数为未定义类（undefined）时，同样可以看作 false 值。例如!null 和!undefined 结果都为 true。

自测
10

使用逻辑运算符

最终文件：网盘\最终文件\第 12 章\12-5-6.html

视　　频：网盘\视频\第 12 章\12-5-6.swf

STEP 1 执行"文件>新建"命令，新建 html 页面，将页面保存为"网盘\源文件\第 12 章\12-5-6.html"，如图 12-39 所示。转换到代码视图，在<head>与</head>标签之间加入 JavaScript 程序代码定义变量，如图 12-40 所示。

STEP 2 在<body>与</body>标签之间输入相应的 JavaScript 程序代码，如图 12-41 所示。保存页面，在浏览器中预览该页面，可以看到运行结果，如图 12-42 所示。

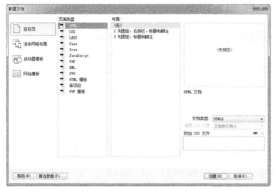

图 12-39

```
<head>
<meta charset="utf-8">
<title>使用逻辑运算符</title>
<script type="text/javascript">
   var x1=2>5;
   var x2=2<5;
</script>
</head>
```

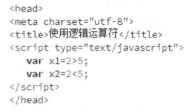

图 12-40

```
<body>
<script type="text/javascript">
document.write("<h2>逻辑与运算符</h2>");
document.write("x1&&x2返回的值为: "+(x1&&x2)+"<br>");
document.write("x1&&true返回的值为: "+(x1&&true)+"<br>");
document.write("x2&&true返回的值为: "+(x2&&true)+"<br>");
document.write("0&&7返回的值为: "+(0&&7)+"<br>");
document.write("4&&7返回的值为: "+(4&&7)+"<br>");
document.write("4&&'你是谁'返回的值为: "+(4&&'你是谁')+"<br>");

document.write("<h2>逻辑或运算符</h2>");
document.write("x1||x2返回的值为: "+(x1||x2)+"<br>");
document.write("x1||true返回的值为: "+(x1||true)+"<br>");
document.write("x2||true返回的值为: "+(x2||true)+"<br>");

document.write("<h2>逻辑非运算符</h2>");
document.write("!x1返回的值是: "+(!x1)+"<br>");
document.write("!x2返回的值是: "+(!x2)+"<br>");
document.write("!9返回的值是: "+(!9)+"<br>");
document.write("!0返回的值是: "+(!0)+"<br>");
</script>
</body>
```

图 12-41

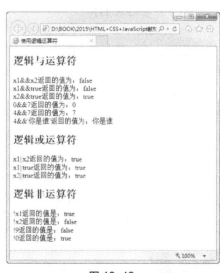

图 12-42

12.5.7　条件运算符

JavaScript 中为了便于程序编写，另外还提供了条件运算符“?:”。它是 JavaScript 中唯一的三元运算符，编写时使用“?”和“:”连接 3 个操作数，条件运算符的编写格式如下：

```
表达式 1?表达式 2:表达式 3
```

“表达式 1”返回值为布尔值（或被转换为布尔值），当“表达式 1”的值为 true 时，条件运算符返回“表达式 2”的值，当“表达式 1”的值为 false 时，条件运算符返回“表达式 3”的值。

12.6　条件和循环语句

JavaScript 中提供了多种用于程序流程控制的语句，这些语句可以分为条件和循环两大类。条件语句包括 if、switch 等，循环语句包括 while、for 等。本节将向读者介绍 JavaScript 中的条件和循环语句。

12.6.1　if 条件语句

if 条件语句在执行程序的时候可以完成程序不同执行路线的判断选择，选择的依据则取决于条件表达式的值（布尔值）。

if 语句常用于两条或三条程序执行路线的判断选择。两条执行路线的编写格式如下：

```
if(条件表达式){
    代码段 1
}else{
    代码段 2}
```

条件语句首先对括号内的条件表达式的值进行判断，如果条件表达式的值为 true，则程序将执行"代码段 1"，否则程序将跳过"代码段 1"，直接执行"代码段 2"。在有两个条件表达的情况下，if 条件语句的编写格式如下：

```
if(条件表达式 1){
    代码段 1
}else if(条件表达式 2){
    代码段 2
}else{
    代码段 3
}
```

提示　　通过 if（如果）和 else（否则）的组合可以对多个条件进行判断，以选择不同的程序执行路线。根据所设立的条件不同，程序将执行不同的代码，在网页中可用于判断不同情况下网页产生的不同行为。

自测 11　　**使用 if 条件语句**
最终文件：网盘\最终文件\第 12 章\12-6-1.html
视　　频：网盘\视频\第 12 章\12-6-1.swf

STEP 1 执行"文件>新建"命令，新建 html 页面，将页面保存为"网盘\源文件\第 12 章\12-6-1.html"，如图 12-43 所示。转换到代码视图中，在<body>与</body>标签中输入 JavaScript 程序代码，如图 12-44 所示。

```
<body>
<script type="text/javascript">
 var words=prompt("请输入您最喜欢的宠物,只能填小狗和小猫","");
 if(words=="小狗"){
     document.write("小狗太可爱了,我也喜欢小狗! ");
 }else if (words=="小猫"){
     document.write("小猫很温顺,也是很不错的小动物! ");
 }else{
     document.write("这两个都不喜欢,那你喜欢的是什么? ");
 }
</script>
</body>
```

图 12-43　　　　　　　　　　　　　　　图 12-44

STEP 2 保存页面，在浏览器中预览该页面，效果如图 12-45 所示。文本框中输入提示文字"小狗",单击"确定"按钮,可以看到页面效果,如图 12-46 所示。如果在文本框中输入"小狗"和"小猫"以外的内容,单击"确定"按钮,可以看到页面效果,如图 12-47 所示。

图 12-45

图 12-46

图 12-47

12.6.2 switch 条件语句

switch 语句比起 if 语句更为工整,条理也更为清晰,在编写代码的过程中不易出错,它的编写格式如下:

```
switch(条件表达式){
    case 值 1:
    代码段 1;
    break;
    case 值 2:
    代码段 2;
    break;
    …
    default:代码段 n;
}
```

switch 语句的执行过程其实并不复杂,同样是判断条件表达式中的值,如果条件表达式的值为 1,则程序将执行"代码段 1",break 代表其他语句全部跳过,以此类推。最后有一个 default 的情况,类似于 else,即条件表达式和以上值都不相等,则程序将执行"代码段 n"。

自测
12

使用 switch 条件语句

最终文件:网盘\最终文件\第 12 章\12-6-2.html

视   频:网盘\视频\第 12 章\12-6-2.swf

STEP 1 执行"文件>新建"命令,新建 html 页面,将新建的页面保存为"网盘\源文件\第 12 章\12-6-2.html",如图 12-48 所示。转换到代码视图中,在<body>与</body>标签中输入 JavaScript 程序代码,如图 12-49 所示。

STEP 2 保存页面,在浏览器中预览该页面,效果如图 12-50 所示。文本框中输入提示文字"法国",单击"确定"按钮,可以看到页面效果,如图 12-51 所示。如果在文本框中输入"美国""英国"和"法国"以外的内容,单击"确定"按钮,可以看到页面效果,如图 12-52 所示。

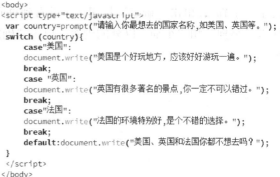

```
<body>
<script type="text/javascript">
var country=prompt("请输入你最想去的国家名称,如美国、英国等。");
switch (country){
        case"美国":
        document.write("美国是个好玩地方,应该好好游玩一遍。");
        break;
        case "英国":
        document.write("英国有很多著名的景点,你一定不可以错过。");
        break;
        case"法国":
        document.write("法国的环境特别好,是个不错的选择。");
        break;
        default:document.write("美国、英国和法国你都不想去吗? ");
}
</script>
</body>
```

图 12-48　　　　　　　　　　　　　　　　图 12-49

图 12-50　　　　　　　　　图 12-51　　　　　　　　　图 12-52

12.6.3　for 和 for...in 循环语句

JavaScript 中的 for 循环语句结构清晰、循环结构完整。for 循环有一个初始化的变量作计算器，每循环一次计数器自增 1（或自减 1），并且设立一个终止循环的条件表达式。而初始化、检测循环条件和更新是对计数器变量的 3 个重要操作，for 循环将这 3 个操作作为语法声明的一部分，for 循环语句的编写格式如下：

> **for(初始化变量; 设立终止循环条件表达式; 更新变量){**
> 　　代码段
> **}**

for 循环语句的编写可以避免忘记更新变量（自增或自减）等情况，表达更加明白，也更容易理解。

JavaScript 中还有另外一种 for 循环，即 for...in 循环，用于处理 JavaScript 对象，如对象的属性等。for...in 循环语句的编写格式如下：

> **for(声明变量 in 对象){**
> 　　代码段
> **}**

声明的变量用于存储循环运行时对象中的下一个元素。for...in 的执行过程即对对象中每一个元素执行代码段的语句。

> **自测**
> **13**
>
> 使用 for 循环语句
>
> 最终文件：网盘\最终文件\第 12 章\12-6-3.html
>
> 视　　频：网盘\视频\第 12 章\12-6-3.swf

STEP 1 执行"文件>新建"命令，新建 html 页面，将新建的页面保存为"网盘\源文件\第 12 章\12-6-3.html"，如图 12-53 所示。转换到代码视图中，在<title>与</title>标签中输入网页标题，如图 12-54 所示。

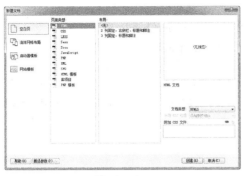

图 12-53

```
<!doctype html>
<html>
<head>
<meta charset="utf-8">
<title>使用for循环语句</title>
</head>

<body>
</body>
</html>
```

图 12-54

STEP 2 在<body>与</body>标签之间输入相应的 JavaScript 程序代码，如图 12-55 所示。完成网页程序代码的制作，在浏览器中预览该页面，可以看到 JavaScript 输出的结果，如图 12-56 所示。

```
<body>
<script type="text/javascript">
 for(var i=2;i<98;i++){
    if(i%8==1){
        document.write("★<br>");
    }else{
        document.write("★");
    }
 }
 </script>
</body>
```

图 12-55

图 12-56

12.6.4　while 和 do…while 循环语句

while 循环在执行循环体前测试一个条件，如果条件成立则进入循环体，反之，则会跳到循环体后的第一条语句。while 循环语句的编写格式如下：

while (条件表达式){
   代码段
}

while 循环语句在工作时，首先判断条件表达式的值，如果值为 true，程序将执行一次代码段的语句，然后再次判断条件表达式。如果值为 false，则跳过循环语句，执行后面的语句。

do…while 循环语句和 while 循环语句非常相似，只是将条件表达式的判断放在了后面，do…while 循环语句的编写格式如下：

do {
   代码段
} while(条件表达式);

do...while 循环语句先执行一次代码段，然后再判断条件表达式的值是否为 true。如果表达式的值为 true，则继续循环执行代码段，反之，则跳出循环，执行后面的语句。

自测 14 使用 while 循环语句
最终文件：网盘\最终文件\第 12 章\12-6-4.html
视　　频：网盘\视频\第 12 章\12-6-4.swf

STEP 1 执行"文件>新建"命令，新建 html 页面，将新建的页面保存为"网盘\源文件\第 12 章\12-6-4.html"，如图 12-57 所示。转换到代码视图中，在<title>与</title>标签中输入网页标题，如图 12-58 所示。

```
<!doctype html>
<html>
<head>
<meta charset="utf-8">
<title>使用while循环语句</title>
</head>

<body>
</body>
</html>
```

图 12-57　　　　　　　　　　　　　　　　　　　　图 12-58

STEP 2 在<body>与</body>标签之间输入 JavaScript 程序代码，如图 12-59 所示。完成网页程序代码的制作，在浏览器中预览该页面，可以看到 JavaScript 程序输出的结果，如图 12-60 所示。

```
<body>
<script type="text/javascript">
  var x=8;
  while (x<19){
      document.write("数字"+x+"<br>");
      x++;
  }
  </script>
</body>
```

图 12-59　　　　　　　　　　　　　　　　　　　　图 12-60

提示　　while 循环语句在工作时，首先判断条件表达式的值，如果值为 true，程序将执行一次代码段的语句，然后再次判断条件表达式。如果值为 false，则跳过循环语句，执行后面的语句。

12.7　本章小结

本章主要介绍了 JavaScript 的相关基础知识，对 JavaScript 语法基础做了简单的介绍，包括

<script>标签声明、JavaScript 代码格式和大小写规范等，本章重点介绍了变量和数据类型以及条件语句和循环语句，这些都是计算机程序逻辑实现的基础，读者需要认真学习并掌握。

12.8　课后测试题

一、选择题

1. 下列说法正确的是哪项？（　　　）

　　A. JavaScript 是一种脚本程序，有编译所以效率比较低。

　　B. JavaScript 是一种脚本程序，没有编译所以效率比较高。

　　C. JavaScript 是一种脚本程序，没有编译所以效率比较低。

　　D. JavaScript 是一种脚本程序，有编译所以效率比较高。

2. JavaScript 的注释可分为单行注释和多行注释，分别以什么符号开头？（　　　）

　　A. //、/*　　　　　　B. //、*　　　　　C. /*、//　　　　　D. /、*

3. 数据类型可以简单分为哪两种？（　　　）（多选）

　　A. 基本数据类型　　　　　　　　　　B. 复合数据类型

　　C. 基础数据类型　　　　　　　　　　D. 结合数据类型

4. 逻辑与运算符的符号为（　　　）。

　　A. *　　　　　　　B. !　　　　　　C. ||　　　　　　D. &&

二、判断题

1. 每一句 JavaScript 代码语句之间用英文逗号分隔，建议一行只写一条语句，这样可以保持格式分明。（　　　）

2. 变量名称必须以字母开头，后面跟随字母或数字。（　　　）

3. 在 JavaScript 代码中引用字符串必须用英文双引号或者英文单引号包含。（　　　）

三、简答题

1. 简单介绍 JavaScript 程序可以实现哪些功能？

2. 赋值运算符（=）与 JavaScript 中的等号（==）有什么区别？

第 13 章
JavaScript 中的函数与对象

本章简介

JavaScript 中的函数是进行模块化程序设计的基础,在 JavaScript 程序中还可以根据设计者的需要创建自定义的对象,从而使 JavaScript 的功能更加强大。本章将详细为读者介绍 JavaScript 中的函数与对象的相关知识,并且讲解运用它们的方法技巧。

本章重点

- 了解 JavaScript 函数的基本知识
- 理解并掌握各种 JavaScript 函数的运用方法
- 掌握如何声明和引用对象
- 理解并掌握 JavaScript 内置对象
- 理解浏览器对象并掌握设置的常用方法

13.1 JavaScript 函数

在网页应用中，很多功能需求都比较相似，例如显示当前的日期时间、检测输入数据的有效性等。函数能把完成相应功能的代码划分为一块，在程序需要时直接调用函数名即可完成相应功能。

13.1.1 什么是函数

JavaScript 中的函数是可以完成某种特定功能的一系列代码的集合，在函数被调用前函数体内的代码并不执行，即独立于主程序。编写主程序时不需要知道函数体内的代码如何编写，只需要使用函数方法即可。可把程序中大部分功能分解为一个个函数，使程序代码结构清晰，易于理解和维护。函数的代码执行结果不一定是一成不变的，可以通过向函数传函数，用来解决不同情况下的问题，函数也可以返回一个值。

13.1.2 函数的使用

函数是进行模块化程序设计的基础，编写复杂的应用程序，必须对函数有更深入的理解。JavaScript 中的函数与其他的语言并不相同，每个函数都是作为一个对象被维护和运行的。通过函数对象的性质，可以极其方便地将一个赋值给一个变量或者将函数作为参数传递。函数的定义语法有多种，分别介绍如下：

```
function funcl(....){...}
var func2=function(...){...};
var func3=function func4(...){...};
var func5=new Function();
```

可以用 function 关键字定义一个函数，并为每个函数指定一个函数名，通过函数名来进行调用。在 JavaScript 解释执行时，函数都是被维护为一个对象。

函数对象与其他用户所定义的对象有着本质的区别，这一类对象被为内部对象，例如日期对象（date）、数组对象（array）和字符串对象（string）都属于内部对象。这些内置对象的构造器都是由 JavaScript 本身所定义的。通过执行 new Array()这样的语句返回一个对象，JavaScript 内部有一套机制来初始化返回的对象，而不是由用户来指定对象的构造方式。

自测 1

自定义函数的应用
最终文件：网盘\最终文件\第 13 章\13-1-2.html
视　　频：网盘\视频\第 13 章\13-1-2.swf

STEP 1 执行"文件>新建"命令，弹出"新建文档"对话框，创建一个 html 页面，将新建的页面保存为"网盘\源文件\第 13 章\13-1-2.html"，如图 13-1 所示。转换到代码视图中，在<head>与</head>标签之间添加相应的 JavaScript 程序代码，并添加内部 CSS 样式，如图 13-2 所示。

STEP 2 在<body>与</body>标签之间输入相应的 JavaScript 程序代码，调用前面所自定义的函数，如图 13-3 所示。完成网页程序代码的制作，在浏览器中预览该页面，可以看到输出的结果，如图 13-4 所示。

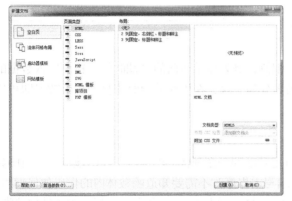

图 13-1

```html
<head>
<meta charset="utf-8">
<title>自定义函数的应用</title>
<script type="text/javascript">
function loop1(){
    for(var i=1; i<10; i++){
    document.write("第"+i+"行<br>");
    }
}
function loop2(x,y){
    for(var i=x; i<y; i++){
    document.write("第"+i+"行<br>");
    }
}
</script>
<style type="text/css">
body{text-align:center;}
</style>
</head>
```

图 13-2

```html
<body>
<script type="text/javascript">
loop1();
document.write("<hr>");
loop2(4,7);
</script>
</body>
```

图 13-3

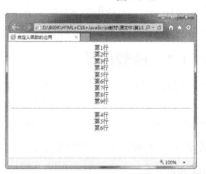

图 13-4

提示　　　函数能够简化代码，将程序划分为多个独立的模块，并且可以代码复用。JavaScript 还提供了大量内置的函数，制作者可以直接调用。例如前面常常使用到的 write()方法，本身就是一个内置的函数，而 write()的括号中的字符串即传递的参数。

13.1.3　函数传递参数

大多数的 JavaScript 内置函数在使用时，几乎都需要传递参数。如 window 对象的 alert()方法和 confirm()方法等，函数将根据不同的参数通过相同的代码处理，得到编写者所期望的功能。而自定义函数同样可以传递参数，而且个数不限，定义函数时所声明的参数叫做形式参数，定义函数的语法如下：

```
function(x,y…){
    代码段(形式参数参与代码运算)
}
```

x 和 y 为函数的形式参数，在函数体内参与代码的运算，而实际调用函数时需传递相应的数据给形式参数，这些数据称为实际参数。

自测 2　　　**使用函数传递参数**

最终文件：网盘\最终文件\第 13 章\13-1-3.html

视　　频：网盘\视频\第 13 章\13-1-3.swf

STEP 1 执行"文件>新建"命令，弹出"新建文档"对话框，创建一个 html 页面，将新建的页面保存为"网盘\源文件\第 13 章\13-1-3.html"，如图 13-5 所示。转换到代码视图中，在<head>与</head>标签之间添加相应的 JavaScript 程序代码，如图 13-6 所示。

图 13-5

```
<head>
<meta charset="utf-8">
<title>使用函数传递参数</title>
<script type="text/javascript">
function figure(x,y){
    z=x*3-y*2;
}
</script>
</head>
```

图 13-6

STEP 2 在<body>与</body>标签之间输入相应的 JavaScript 程序代码,向前面所自定义的函数传递参数，如图 13-7 所示。完成网页程序代码的制作，在浏览器中预览该页面，可以看到输出的结果，如图 13-8 所示。

```
<body>
<script type="text/javascript">
var z;
figure(3,4);
document.write("3*3-4*2的结果是: "+z);
</script>
</body>
```

图 13-7

图 13-8

提示 此处函数定义部分的 x 和 y 就是形式参数，而调用函数的括号中的 3 和 4 是实际参数，分别对应形式参数 x 和 y。形式参数就像一个变量，当调用函数时，实际参数赋值给形式参数，并参与实际运算。不过在定义函数时，形式参数只是代表了实际参数的位置和类型，系统并未为其分配内存存储空间。

13.1.4 函数中变量的作用域

变量的作用域即变量在多大的范围是有效的，在主程序（函数外部）中声明的变量称为全局变量，其作用域为整个 HTML 文档。在函数体内部用 var 声明的变量为函数局部变量，只有在其直属的函数体内才会有效，在函数体外该变量没有任何意义。

自测 3 了解函数中变量的作用域

最终文件：网盘\最终文件\第 13 章\13-1-4.html

视　　频：网盘\视频\第 13 章\13-1-4.swf

STEP 1 执行"文件>新建"命令,弹出"新建文档"对话框,创建一个 html 页面,将新建的页面保存为"网盘\源文件\第 13 章\13-1-4.html",如图 13-9 所示。转换到代码视图中,在<head>与</head>标签之间添加相应的 JavaScript 程序代码,如图 13-10 所示。

```html
<head>
<meta charset="utf-8">
<title>了解函数中变量的作用域</title>
<script type="text/javascript">
function funVar(){
    var txt="函数内部的局部变量";
    document.write("这是"+txt);
    document.write("<br>这是"+txt2);
}
</script>
</head>
```

图 13-9   图 13-10

STEP 2 在<body>与</body>标签之间输入相应的 JavaScript 程序代码,如图 13-11 所示。完成网页程序代码的制作,在浏览器中预览该页面,可以看到输出的结果,如图 13-12 所示。

```html
<body>
<script type="text/javascript">
var txt="函数外部的全局变量";
var txt2="另外一个全局变量";
funVar();
document.write("<hr>这是"+txt);
</script>
</body>
```

图 13-11

图 13-12

13.1.5　函数的返回值

函数不仅可以执行代码段,其本身还将返回一个值给调用的程序,类似于表达式的计算。函数返回值需要使用 return 语句,该语句将终止函数的执行,并返回指定表达式的值。return 语句的表现方法如下:

```
return;
return 表达式;
```

第一条 return 语句类似于系统自动添加的情况,返回值为 undefined,不推荐使用。第二条 return 语句将返回表达式的值给程序。

自测
4

接收函数的返回值
最终文件:网盘\最终文件\第 13 章\13-1-5.html
视　　频:网盘\视频\第 13 章\13-1-5.swf

STEP 1 执行"文件>新建"命令,弹出"新建文档"对话框,创建一个 html 页面,将新建的页面保存为"网盘\源文件\第 13 章\13-1-5.html",如图 13-13 所示。转换到代码视图中,在<head>与</head>标签之间添加相应的 JavaScript 程序代码,如图 13-14 所示。

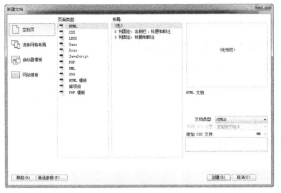

```
<head>
<meta charset="utf-8">
<title>接收函数的返回值</title>
<script type="text/javascript">
function funReturn(){
    var a=10;
    var b=Math.sqrt(a);
    return b/2+a;
}
function funReturn2(){
    var a=10;
    var b=Math.sqrt(a);
    var c=b/2+a;
}
</script>
</head>
```

图 13-13   图 13-14

STEP 2 在 <body> 与 </body> 标签之间输入相应的 JavaScript 程序代码，如图 13-15 所示。完成网页程序代码的制作，在浏览器中预览该页面，可以看到输出的结果，如图 13-16 所示。

```
<body>
<script type="text/javascript">
document.write("第一个函数的返回值为："+funReturn());
document.write("<hr>第二个函数的返回值为："+funReturn2());
</script>
</body>
```

图 13-15   图 13-16

提示

　　　其实所有的函数都有返回值，当函数体内没有 return 语句时，JavaScript 解释器将在末尾加一条 return 语句，返回值为 undefined。

13.1.6　函数嵌套

　　和循环语句相似，函数体内部也可以调用或定义多个函数，只不过定义函数只能在函数体内部的顶层，不能包含于 if 语句和循环语句等结构中。嵌套函数的基本编写方法如下：

```
function fun1(){
    function fun2(){
    代码段
    }
    代码段
}
```

　　在以上代码中，fun1 称为外层函数，fun2 称为内层函数。内层函数内部定义的局部变量在内层函数体中才有效，而外层函数定义的局部变量可以在内层函数体内使用，遇到同名局部变量，优先使用内层函数的局部变量。

自测 5　函数嵌套的应用

最终文件：网盘\最终文件\第 13 章\13-1-6.html

视　　频：网盘\视频\第 13 章\13-1-6.swf

STEP 1　执行"文件>新建"命令，弹出"新建文档"对话框，创建一个 html 页面，将新建的页面保存为"网盘\源文件\第 13 章\13-1-6.html"，如图 13-17 所示。转换到代码视图中，在<head>与</head>标签之间添加相应的 JavaScript 程序代码，如图 13-18 所示。

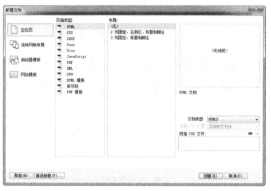

```html
<head>
<meta charset="utf-8">
<title>函数嵌套的应用</title>
<script type="text/javascript">
function fun1(){
    function fun2(){
        var a=20;
        var b=a+5;
        return a+b;
    }
    var a=900;
    var b=Math.sqrt(a);
    return b+fun2();
}
</script>
</head>
```

图 13-17　　　　　　　　　　　　　　　　　图 13-18

STEP 2　在<body>与</body>标签之间输入相应的 JavaScript 程序代码，如图 13-19 所示。完成网页程序代码的制作，在浏览器中预览该页面，可以看到输出的结果，如图 13-20 所示。

```html
<body>
<script type="text/javascript">
document.write("函数的返回值为: "+fun1());
</script>
</body>
```

图 13-19　　　　　　　　　　　　　　　　　图 13-20

13.2　声明和引用对象

每个对象都有属于它自己的属性、方法和事件。对象可以是一段文字、一个表单和一幅图片等。对象的属性是反映该对象某些特定的性质的，如字符串的长度、图像的宽度或文字框里的文字等；对象的方法可以为该对象做一些事情，如表单的"提交"（submit）、窗口的"滚动"（scrolling）等；而对象的事件能响应发生在对象上的事情，例如单击链接产生的"单击事件"，提交表单产生表单的"提交事件"。

13.2.1　对象的声明

JavaScript 中的对象是由属性（properties）和方法（methods）两个基本的元素构成的。属性（properties）是对象在实施其所需行为的过程中，实现信息的装载单位，从而与变量相关联；方法（methods）是指对象可以依照设计者的意图而被执行，从而与特定的函数相关联。

JavaScript 内置了很多对象，也可以直接创建一个新对象。创建对象的方法是使用 new 运算符和构造函数，编写方法如下：

```
var 新对象实例名称=new 构造函数;
```

在 JavaScript 中声明对象
最终文件：网盘\最终文件\第 13 章\13-2-1.html
视　　频：网盘\视频\第 13 章\13-2-1.swf

STEP 1 执行"文件>新建"命令，弹出"新建文档"对话框，创建一个 html 页面，将新建的页面保存为"网盘\源文件\第 13 章\13-2-1.html"，如图 13-21 所示。转换到代码视图中，在<head>与</head>标签之间添加 JavaScript 程序代码，定义新的对象，如图 13-22 所示。

```
<head>
<meta charset="utf-8">
<title>在JavaScript 中声明对象</title>
<script type="text/javascript">
var i=new Object();
</script>
</head>
```

图 13-21　　　　　　　　　　　　　　　图 13-22

STEP 2 在<body>与</body>标签之间输入相应的 JavaScript 程序代码，如图 13-23 所示。完成网页程序代码的制作，在浏览器中预览该页面，可以看到输出的结果，如图 13-24 所示。

```
<body>
<script type="text/javascript">
document.write("新创建的一个对象为: "+i);
</script>
</body>
```

图 13-23

图 13-24

提示　　预先定义的构造函数直接决定了所创建对象的类型，如果创建一个空对象，即无属性无方法的对象，可以使用 Object()构造函数。

13.2.2　引用对象

JavaScript 为用户提供了一些十分有用的常用内部对象和方法。用户不需要用脚本来实现这些功能。

对象的引用其实就是对象的地址，通过这个地址可以找到对象的所在。对象的来源有下面 3 种方式。通过取得它的引用即可对它进行操作，例如调用对象的方法或读取或设置对象的属性等。

- 引用 JavaScript 内置对象。
- 由浏览器环境中提供。
- 创建新对象。

JavaScript 引用对象可以通过以上 3 种形式，要么创建新对象，要么使用内置对象。

自测 7
引用内置对象输出系统时间
最终文件：网盘\最终文件\第 13 章\13-2-2.html
视　　频：网盘\视频\第 13 章\13-2-2.swf

STEP 1 执行"文件>新建"命令，弹出"新建文档"对话框，创建 html 页面，如图 13-25 所示。转换到代码视图中，在<title>与</title>标签之间输入网页标题，如图 13-26 所示。

图 13-25

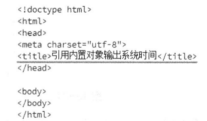

```
<!doctype html>
<html>
<head>
<meta charset="utf-8">
<title>引用内置对象输出系统时间</title>
</head>

<body>
</body>
</html>
```

图 13-26

STEP 2 在<body>与</body>之间输入相应的 JavaScript 程序代码，如图 13-27 所示。完成网页程序代码的制作，在浏览器中预览该页面，可以看到输出的结果，如图 13-28 所示。

```
<body>
<script type="text/javascript">
var date;
date=new Date();
date=date.toLocaleString();
alert(date);
</script>
</body>
```

图 13-27

图 13-28

提示
　　在本实例中，变量 date 引用了一个日期对象，使用 date=date.toLocalString() 通过 date 变量调用日期对象的 toLocalString() 方法将日期信息以一个字符串对象的引用返回，此时 date 的引用已经发生了改变，指向一个 string 对象。

13.2.3 对象属性

对象属性的定义方法很简单，直接在对象后面使用点号（.）运算符声明属性的名称，并可直接赋值。

自测 8	设置对象属性
	最终文件：网盘\最终文件\第 13 章\13-2-3.html
	视　　频：网盘\视频\第 13 章\13-2-3.swf

STEP 1 执行"文件>新建"命令，弹出"新建文档"对话框，创建一个 html 页面，将新建的页面保存为"网盘\源文件\第 13 章\13-2-3.html"，如图 13-29 所示。转换到代码视图中，在<head>与</head>标签之间添加 JavaScript 程序代码，定义对象属性，如图 13-30 所示。

图 13-29

```
<head>
<meta charset="utf-8">
<title>设置对象属性</title>
<script type="text/javascript">
var i=new Object();
i.w=285;
i.h=300;
i.color="黑色";
i.a=new Object();
i.a.color="蓝色";
i.b=new Object();
i.b.h=150;
</script>
</head>
```

图 13-30

STEP 2 在<body>与</body>之间输入相应的 JavaScript 程序代码，如图 13-31 所示。完成网页程序代码的制作，在浏览器中预览该页面，可以看到输出的结果，如图 13-32 所示。

```
<body>
<script type="text/javascript">
document.write("i对象实例为: "+i);
document.write("<hr>i对象的宽度为: "+i.w);
document.write("<hr>i对象的高度为: "+i.h);
document.write("<hr>i对象的颜色为: "+i.color);
document.write("<hr>i.a对象的实例为: "+i.a);
document.write("<hr>i.a的颜色为: "+i.a.color);
document.write("<hr>i.b对象的实例为: "+i.b);
document.write("<hr>i.b对象的高度为: "+i.b.h);
</script>
</body>
```

图 13-31

图 13-32

13.2.4 对象构造函数

创建对象所用的构造函数是预定义的，例如 Object()函数可以用于创建一个空对象，而创建数组对象可以使用 Array()函数。这些构造函数都是 JavaScript 内置的，配合 new 运算符以创建并初始化各种不同的内置对象。在实际程序设计中，也需要自定义对象，即自定义构造函数。例如创建一个班级的对象，即自定义一个构造函数为 Class()的对象类，通过向这个构造函数传递参数以初始化对象实例。

在 C#、C++和 Java 等面向对象程序设计中，使用类结构来定义对象的模板，而 JavaScript 比较简单，只需要声明构造函数即可定义对象类。类是用于创建对象实例的一个模板，对象实例通过构造函数初始化，并继承一定的属性和方法。

自测 9	对象构造函数的应用

对象构造函数的应用
最终文件：网盘\最终文件\第 13 章\13-2-4.html
视　　频：网盘\视频\第 13 章\13-2-4.swf

STEP 1 执行"文件>新建"命令，弹出"新建文档"对话框，创建 html 页面，将新建的页面保存为"网盘\源文件\第 13 章\13-2-4.html"，如图 13-33 所示。转换到代码视图中，在<head>与</head>标签之间添加 JavaScript 程序代码，定义对象属性，如图 13-34 所示。

图 13-33

```html
<head>
<meta charset="utf-8">
<title>对象构造函数的应用</title>
<script type="text/javascript">
function Animal(x,y,z){
    this.name=x;
    this.color=y;
    this.weight=z;
}
var a = new Animal("小猫","白色",50);
var b = new Animal();
b.name="小狗";
b.weight="50";
</script>
</head>
```

图 13-34

STEP 2 在<body>与</body>之间输入相应的 JavaScript 程序代码，如图 13-35 所示。完成网页程序代码的制作，在浏览器中预览该页面，可以看到输出的结果，如图 13-36 所示。

```html
<body>
<script type="text/javascript">
document.write("a对象实例为： "+a);
document.write("<hr>a对象的name属性为： "+a.name);
document.write("<hr>a对象的color属性为： "+a.color);
document.write("<hr>a对象的weight属性为： "+a.weight);
document.write("<hr>b对象的实例为： "+b);
document.write("<hr>b对象的name属性为： "+b.name);
document.write("<hr>b对象的color属性为： "+b.color);
document.write("<hr>b对象的weight属性为： "+b.weight);
</script>
</body>
```

图 13-35

图 13-36

对象内的一切组成要素称作对象内部的成员，如果一个成员是函数，则称这个函数为对象的方法。方法即为通过对象调用的函数，可以完成特定的功能，和构造函数一样，方法内部的 this 关键字用于引用对象本身。

13.2.5　自定义对象方法

自定义对象的方法比较简单，只需要将自定义的函数赋值给对象的方法名即可，代码编写在构造函数中，使用 this 引用对象。

自测 10 ▼ 自定义对象方法应用

最终文件：网盘\最终文件\第 13 章\13-2-5.html

视　　频：网盘\视频\第 13 章\13-2-5.swf

STEP 1 执行"文件>新建"命令，弹出"新建文档"对话框，创建 html 页面，将新建的页面保存为"网盘\源文件\第 13 章\13-2-5.html"，如图 13-37 所示。转换到代码视图中，在<head>与</head>标签之间添加 JavaScript 程序代码，定义对象属性，如图 13-38 所示。

```
<head>
<meta charset="utf-8">
<title>自定义对象方法应用</title>
<script type="text/javascript">
function callName(){
    alert("我的名字叫"+this.name);
    return "本对象的方法已执行完毕";
}
function Animal(x,y,z){
    this.name=x;
    this.color=y;
    this.weight=z;
    this.call=callName;
}
var a = new Animal("小草","绿色",50);
</script>
</head>
```

图 13-37　　　　　　　　　　　　　　　　　　图 13-38

STEP 2 在<body>与</body>之间输入相应的 JavaScript 程序代码，如图 13-39 所示。完成网页程序代码的制作，在浏览器中预览该页面，可以看到输出的结果，如图 13-40 所示。

```
<body>
<script type="text/javascript">
document.write("a对象的实例为："+a);
document.write("<hr>a对象实例的name属性为："+a.name);
document.write("<hr>a对象实例的color属性为："+a.color);
document.write("<hr>a对象实例的weight属性为："+a.weight);
document.write("<hr>a对象的call()方法执行情况："+a.call());
</script>
</body>
```

图 13-39

图 13-40

提示

将函数赋值给对象的方法名时，不需要()，否则赋值的内容是函数的返回值。虽然 JavaScript 支持对象数据类型，但是相对于 C#、C++和 Java 等没有很正式的类的概念，所以 JavaScript 并不是以类为基础的面向对象的程序设计语言。

13.3　JavaScript 内置对象

JavaScript 中提供了一些非常有用的内部对象作为该语言规范的一部分，每一个内部对象都有一些方法和属性。JavaScript 中提供的内部对象按使用方法可以分为动态对象和静态对象。这些常见的内置对象包括时间对象 date、数学对象 math、字符串对象 string、数组对象 array 等，本节将详细介绍这些内置对象的使用。

13.3.1　date 对象

时间对象是一个经常使用到的对象，不管是做时间输出或时间判断等操作时都离不开这个对象。date 对象类型提供了使用日期和时间的共用方法集合。用户可以利用 date 对象获取系统中的日期和时间并加以使用。使用 date 对象的基本语法如下：

var myDate=new Date ([arguments]);

date 对象会自动把当前日期和时间保存为其初始值，参数的形式有以下 5 种：

new Date("month dd,yyyyhh:mm:ss");
new Date("month dd,yyyy");
new Date(yyyy,mth,dd,hh,mm,ss);
new Date(yyyy,mth,dd);
new Date(ms);

date 对象的相关参数说明如表 13-1 所示。

表 13-1　date 对象的相关参数说明

参数	说明
month	用英文表示的月份名称，从 January ~ December
mth	用整数表示的月份，从 0（1 月）~ 11（12 月）
dd	表示一个月中的第几天，从 1 ~ 31
yyyy	四位数表示的年份
hh	小时数，从 0（午夜）~ 23（晚 11 点）
mm	分钟数，从 0 ~ 59 的整数
ss	秒数，从 0 ~ 59 的整数
ms	毫秒数，从 0 ~ 59 的整数

提示

　　　　这里需要注意最后一种形式，参数表示的是需要创建的时间和 GMT 时间 1970 年 1 月 1 日之间相差的毫秒数。

date 对象的常用方法如表 13-2 所示。

表 13-2　date 对象的常用方法

方法	说明	方法	说明
getYear()	返回年，以 0 开始	getMonth()	返回月值，以 0 开始
getDate()	返回日期	getHours()	返回小时，以 0 开始
getMinutes()	返回分钟，以 0 开始	getaSeconds()	返回秒，以 0 开始

方法	说明	方法	说明
getMilliseconds()	返回毫秒（0～999）	getUTCDay()	根据国际时间来得到现在是星期几（0～6）
getUTCFullYear()	根据国际时间来得到完整的年份	getUTCMonth()	根据国际时间来得到月份（0～11）
getUTCDate()	根据国际时间来得到日期（1～31）	getUTCHours()	根据国际时间来得到小时（0～23）
getUTCMinutes()	根据国际时间来返回分钟（0～59）	getUTCSeconds()	根据国际时间来返回秒（0～59）
getUTCMilliseconds()	根据国际时间来返回毫秒（0～999）	getDay()	返回星期几，值为0～6
setMonth()	设置月份（0～11）	setDate()	设置日期（1～31）
setHours()	设置小时数（0～23）	setMinutes()	设置分钟数（0～59）
getTime()	返回从 1970 年 1 月 1 日 0:0:0 到现在共花去的毫秒数	setYear()	设置年份 2 位数或 4 位数
setSeconds()	设置秒数（0～59）	setTime()	从 1970 年 1 月 1 日开始的时间，毫秒数
setUTCDate()	根据世界时间设置 Date 对象中月份的一天（1～31）	setUTCMonth()	根据世界时间设置 Date 对象中的月份（0～11）
setUTCFullYear()	根据世界时间设置 Date 对象中的年份（四位数字）	setUTCHours()	根据世界时间设置 Date 对象中的小时（0～23）
setUTCMinutes()	根据世界时间设置 Date 对象中的分钟（0～59）	setUTCSeconds()	根据世界时间设置 Date 对象中的秒钟（0～59）
setUTCMilliseconds()	根据世界时间设置 Date 对象中的毫秒（0～999）	toSource()	返回该对象的源代码
toString()	把 Date 对象转换为字符串	toTimeString()	把 Date 对象的时间部分转换为字符串
toDateString()	把 Date 对象的日期部分转换为字符串	toGMTString()	使用 toUTString() 方法代替
toUTCString()	根据世界时间，把 Date 对象转换为字符串	toLocalString()	根据本地时间格式，把 Date 对象转换为字符串
toLocalTimeString()	根据本地时间格式，把 Date 对象的时间部分转换为字符串	toLocalDateString()	根据本地时间格式，把 Date 对象的日期部分转换为字符串
UTC()	根据世界时间返回 1997 年 1 月 1 日到指定日期的毫秒数	valueOf	返回 ate 对象的原始值

自测 11	date 对象的应用
	最终文件：网盘\最终文件\第 13 章\13-3-1.html
	视　　频：网盘\视频\第 13 章\13-3-1.swf

STEP 1 执行"文件>新建"命令，弹出"新建文档"对话框，创建 html 页面，将新建的页面保存为"网盘\源文件\第 13 章\13-3-1.html"，如图 13-41 所示。转换到代码视图中，在<head>与</head>标签之间添加 JavaScript 程序代码，定义对象属性，如图 13-42 所示。

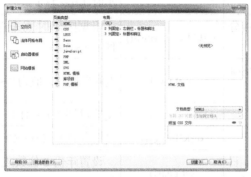

图 13-41

```
<head>
<meta charset="utf-8">
<title>date对象的应用</title>
<script type="text/javascript">
var date1=new Date();
var date2=new Date(2014,9,15);
</script>
</head>
```

图 13-42

STEP 2 在<body>与</body>之间输入相应的 JavaScript 程序代码，如图 13-43 所示。完成网页程序代码的制作，在浏览器中预览该页面，可以看到输出的结果，如图 13-44 所示。

```
<body>
<script type="text/javascript">
document.write("现在的时间是: "+date1);
document.write("<hr>自定义的时间是: "+date2);
</script>
</body>
```

图 13-43

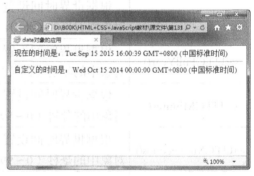

图 13-44

> **提示**　从本实例中可以看出 Date 对象的默认显示格式，其中 Tue 代表星期二，Sep 代表 9 月份，15 代表第 15 日。GMT+0800 代表本地处于世界时区东 8 区（北京时间），即通用格林尼治时间需要加上 8 小时才是本地时间。

13.3.2　math 对象

作为一门编程语言，进行数学计算是不可缺少的。在数学计算中经常会使用数学函数，如取绝对值、开方、取整和求三角函数等，还有一种重要的函数是随机函数。JavaScript 将所有这些与数学相关的方法、常数、三角函数以及随机数都集中到数学对象 math 中。math 对象是 JavaScript 中的一个全局对象，不需要由函数进行创建，并且只有一个。使用 math 对象的基本方法如下：

math.属性

math.方法

自测 12 math 对象的应用
最终文件：网盘\最终文件\第 13 章\13-3-2.html
视　频：网盘\视频\第 13 章\13-3-2.swf

STEP 1 执行"文件>新建"命令，弹出"新建文档"对话框，创建 html 页面，如图 13-45 所示。将该页面保存为"网盘\源文件\第 13 章\13-3-2.html"，在\<title>与</title>标签之间输入网页标题，如图 13-46 所示。

```
<!doctype html>
<html>
<head>
<meta charset="utf-8">
<title>Math对象的应用</title>
</head>

<body>
</body>
</html>
```

图 13-45　　　　　　　　　　　　　　图 13-46

STEP 2 在\<body>与</body>之间输入相应的 JavaScript 程序代码，如图 13-47 所示。完成网页程序代码的制作，在浏览器中预览该页面，可以看到输出的结果，如图 13-48 所示。

```
<body>
<script type="text/javascript">
document.write("Math.ceil(8.8)的值为："+Math.ceil(8.8));
document.write("<hr>Math.ceil(6.9)的值为："+Math.floor(6.9));
document.write("<hr>Math.round(5.1)的值（四舍五入）为："+Math.round(5.1));
document.write("<hr>Math.round(2.5)的值（四舍五入）为："+Math.round(2.5));
document.write("<hr>1到100中抽取随机值为："+Math.random()*100);
document.write("<hr>19和100中较小的值为："+Math.min(19,100));
</script>
</body>
```

图 13-47　　　　　　　　　　　　　　图 13-48

提示 Math 对象不需要创建实例，直接访问其属性和方法，在面向对象的程序设计中称为静态属性和静态方法。Math 对象的属性为数学中的常数值，即恒定不变的值，只能读取，而不能写入。

13.3.3　string 对象

　　string 对象是动态对象，需要创建对象实例后才可以引用它的属性或方法，可以把用单引号或双引号括起来的一个字符串当作一个字符串的对象实例来看待，意思是说可以直接在某个字符串后面加上（.）去调用 string 对象的属性和方法。string 类定义了大量操作字符串的方法，例如从字符串中提取字符或子串。但是，JavaScript 的字符串是不可变的，string 类定义的方法都不能改变字符串的内容。

自测
13

string 对象的应用
最终文件：网盘\最终文件\第 13 章\13-3-3.html
视　　频：网盘\视频\第 13 章\13-3-3.swf

STEP 1 执行"文件>新建"命令，弹出"新建文档"对话框，创建 html 页面，将该页面保存为"网盘\源文件\第 13 章\13-3-3.html"，如图 13-49 所示。转换到代码视图中，在<head>与</head>标签之间添加 JavaScript 程序代码，如图 13-50 所示。

```
<head>
<meta charset="utf-8">
<title>string 对象的应用</title>
<script type="text/javascript">
function len(){
    var str=document.getElementById("str").value;
    document.getElementById("lennum").value=str.length;
}
</script>
</head>
```

图 13-49　　　　　　　　　　　　　　　　图 13-50

STEP 2 在<body>与</body>标签之间输入文本域<input>和按钮<button>标签，并分别添加相应的属性设置，如图 13-51 所示。完成网页程序代码的制作，在浏览器中预览该页面，可以看到输出的结果，如图 13-52 所示。

```
<body>
<input type="text" id="str" value=""><br><br>
<button onclick="len();">计算输入字符数量</button><br><br>
<input type="text" id="lennum" disabled="disabled">
</body>
```

图 13-51　　　　　　　　　　　　　　　　图 13-52

提示

　　String 对象的属性只有 2 个，第 1 个是 length 属性，和 Array 对象的 length 是不同的，String 对象的 length 属性用于获取对象中字符的个数。第 2 个是 prototype 属性，这个属性几乎每个对象都有，如 Array 对象等，用于扩展对象的属性和方法。

13.3.4　array 对象

　　在程序中的数据是存储在变量中的，但是，如果数据量很大，例如，几百个选手的名次，如果再逐个定义变量来存储这些数据就显得非常麻烦，此时通过数组来存储这些数据就会使这一过程相当简单。在编程语言中，数组是专门用于存储有序数列的工具，也是最基本、最常用的数据结构之一。在 JavaScript 中，array 对象专门负责数组的定义和管理。

数组也是一种对象，使用前先创建一个数字对象。创建数字对象使用 array 函数，并通过 new 操作符来返回一个数组对象，其调用方式有下面 3 种。

```
new Array()
new Array(len)
new Array([item0,[item1,[item2,…]]])
```

其中第 1 种形式创建一个空数组，它的长度为 0；第 2 种形式创建一个长度为 len 的数组，len 的数据类型必须是数字，否则按照第 3 种形式处理；第 3 种形式是通过参数列表指定的元素初始化一个数组。例如分别使用上述 3 种形式创建数组对象的代码如下：

```
var myArray = new Array();          //创建一个空数组对象
var myArray = new Array(5);         //创建一个数组对象，包括 5 个元素
var myArray = new Array("a","b","c");    //以 a、b 和 c3 个元素初始化一个数组对象
```

在 JavaScript 中，不仅可以通过调用 array 函数创建数组，而且可以使用方括号[]的语法直接创建一个数组，它的效果与上面第 3 种形式的效果相同，都是以一定的数据列表来创建一个数组。通过这种方式就可以直接创建仅包含一个数字类型元素的数组了。例如下面创建数组的代码。

```
var myArray = new Array[];          //创建一个空数组对象
var myArray = new Array[5];         //创建一个仅包含数字类型元素 5 的数组
var myArray = new Array["a","b","c"];    //以 a、b 和 c3 个元素初始化一个数组对象
```

> **自测 14** ▸ array 对象的应用
> 最终文件：网盘\最终文件\第 13 章\13-3-4.html
> 视　　频：网盘\视频\第 13 章\13-3-4.swf

STEP 1 执行"文件>新建"命令，弹出"新建文档"对话框，创建 html 页面，将该页面保存为"网盘\源文件\第 13 章\13-3-4.html"，如图 13-53 所示。转换到代码视图中，在<head>与</head>标签之间添加 JavaScript 程序代码，如图 13-54 所示。

图 13-53

```
<head>
<meta charset="utf-8">
<title>array对象的应用</title>
<script type="text/javascript">
var myArray1=new Array(89,58,22);
var myArray2=[95,25,48,200,154,26];
</script>
</head>
```

图 13-54

STEP 2 在<body>与</body>之间输入相应的 JavaScript 程序代码，如图 13-55 所示。完

成网页程序代码的制作，在浏览器中预览该页面，可以看到输出的结果，如图 13-56 所示。

```
<body>
<script type="text/javascript">
document.write("myArray1数组的第一个元素是"+
myArray1[0]);
document.write("<hr>myArray1数组的第三个元素是:"+
myArray1[2]);
document.write("<hr>myArray1数组的长度（所含元
素个数）是: "+myArray1.length);
for(var i=0;i<myArray2.length;i++){
    document.write("<hr>myArray2数组的第"+(i+1)
+"个元素是"+myArray2[i]);
}
</script>
</body>
```

图 13-55

图 13-56

提示

通过数组的下标可以很轻松地访问数组的任意元素，下标从 0 开始编号，是一个非负整数。数组的 length 属性是存储了数组中所含元素的个数，其值比数组最后一个元素的下标值大 1。如果数组引用的下标是负数、浮点数或其他数据类型，数组将会将其转换为字符串，作为一个属性名使用，而不是元素下标。

13.3.5 函数对象

在 JavaScript 中，可以创建函数对象，函数对象可以被动态地创建，在形式上非常灵活。函数对象的创建方法如下：

var myFunc=new Function(参数 1,参数 2…,参数 n,函数体);

在编写格式上，参数写在前面，函数体写在后面，都需要以字符串形式表示（加引号），参数是可选的，即可以没有参数。而 myFunc 是一个变量，用于存储函数对象实例的引用。函数对象实例没有函数名，所以也被称为匿名函数。

函数对象的方法说明有如表 13-3 所示。

表 13-3 函数对象的方法说明

方法	说明
apply(x,y)	将数组绑定为另一个对象的方法，x 参数为对象实例名称，y 参数为所传递的参数，y 可以为数组
call(x,y1,y2…yn)	功能同 apply()方法一样，x 参数为对象实例名称，y1~yn 参数为所传递的参数
toString()	返回函数的字符串形式

自测 15
函数对象的应用
最终文件：网盘\最终文件\第 13 章\13-3-5.html
视　　频：网盘\视频\第 13 章\13-3-5.swf

STEP 1 执行"文件>新建"命令，弹出"新建文档"对话框，创建 html 页面，将该页面保存为"网盘\源文件\第 13 章\13-3-5.html"，如图 13-57 所示。转换到代码视图中，在<head>与</head>标签之间添加 JavaScript 程序代码，如图 13-58 所示。

图 13-57

```html
<head>
<meta charset="utf-8">
<title>函数对象的应用</title>
<script type="text/javascript">
var code='var y=document.getElementById("str").value;alert(x+y);'
var myFunc=new Function("x",code);
var code2='document.getElementById("func").innerText=myFunc.toString();';
var myFunc2=new Function(code2);
</script>
</head>
```

图 13-58

STEP 2 在<body>与</body>标签之间输入文本域<input>和按钮<button>标签,并分别添加相应的属性设置,如图 13-59 所示。完成网页程序代码的制作,在浏览器中预览该页面,可以看到输出的结果,如图 13-60 所示。

```html
<body>
<input type="text" id="str" value="">
<hr>
<button onclick="myFunc('你填写的内容是: ')">
显示填写内容</button>
<hr>
<button onclick="myFunc2();">显示myFunc函数
</button>
<br>
<span id="func"></span>
</body>
```

图 13-59

图 13-60

STEP 3 在文本框中输入内容,用鼠标单击"显示填写内容"按钮,如图 13-61 所示。再单击"显示 myFunc 函数"按钮,myFunc 函数对象代码以字符串形式显示在 span 元素中,如图 13-62 所示。

图 13-61

图 13-62

函数对象实例也是一种对象，因此也有自己的属性和方法，其属性有 length 和 prototype 两种。length 是只读属性，可获取函数声明的参数个数。而 prototype 属性和其他对象一样，可用于扩展对象的属性和方法。

13.4　浏览器对象

使用浏览器的内部对象系统，可以实现与 HTML 文档进行交互。浏览器对象的作用是将相关元素组织包装起来，提供给程序设计人员使用，这样可以给编程人员减轻工作负担，提高设计 Web 页面的能力。

浏览器的内部对象说明如表 13-4 所示。

表 13-4　浏览器的内部对象说明

对象	说明
浏览器对象 navigator	提供有关浏览器的信息
文档对象 document	包含了与文档元素一起工作的对象
窗口对象 windows	处于对象层次最顶端，它提供了处理浏览器窗口的方法和属性
位置对象 location	提供了与当前打开的 URL 一起工作的方法和属性，它是一个静态的对象
历史对象 history	提供了与历史清单有关的信息

使用 JavaScript 提供的内置浏览器对象，可以对浏览器环境中的事件进行控制和处理。在 JavaScript 中提供了非常丰富的内部方法和属性，从而减轻了制作者的工作，提高工作效率。在这些对象系统中，document 对象是非常重要的，它位于最底层，但对于实现网页信息交互起着非常关键的作用，它是对象系统的核心部分。

13.4.1　浏览器对象 navigator

navigator 对象包含的属性描述了正在使用的浏览器，可以使用这些属性进行平台专用的配置。只要是支持 JavaScript 的浏览器都能够支持 navigator 对象。

navigator 对象的常用属性说明如表 13-5 所示。

表 13-5　navigator 对象的常用属性说明

属性	说明
appName	浏览器的名称
appVersion	浏览器的版本
appCodeName	浏览器的代码名称
browserLauguage	浏览器所使用的语言
plugins	可以使用的插件信息
platform	浏览器系统所使用的平台，如 win32 等
cookieEnabled	浏览器的 cookie 功能是否打开

自测 16 navigator 对象的应用
最终文件：网盘\最终文件\第 13 章\13-4-1.html
视　　频：网盘\视频\第 13 章\13-4-1.swf

STEP 1 执行 "文件>新建" 命令，弹出 "新建文档" 对话框，创建 html 页面，如图 13-63 所示。将该页面保存为 "网盘\源文件\第 13 章\13-4-1.html"。转换到代码视图中，在<title>与</title>标签之间输入网页标题，如图 13-64 所示。

```
<!doctype html>
<html>
<head>
<meta charset="utf-8">
<title>navigator 对象的应用</title>
</head>

<body>
</body>
</html>
```

图 13-63   图 13-64

STEP 2 转换到代码视图中，在<body>与</body>标签之间输入相应的 JavaScript 程序代码，如图 13-65 所示。完成网页程序代码的制作，在浏览器中预览该页面，可以看到输出的结果，如图 13-66 所示。

```
<body>
<script type="text/javascript">
document.write("你系统的浏览器名称是: "+navigator.appName);
document.write("<hr>你的浏览器版本是: "+navigator.appVersion);
var lg;
if(navigator.appName=="Microsoft Internet Explorer"){
    if(navigator.systemLanguage=="zh-cn"){
        lg="简体中文";
    }else{
        lg=navigator.systemLanguage;
    }
}else{
    if(navigator.language=="zh-CN"){
        lg="简体中文";
    }else{
        lg=navigator.language;
    }
}
document.write("<hr>你系统的默认语言是: "+lg);
</script>
</body>
```

图 13-65

图 13-66

13.4.2　窗口对象 window

window 对象处于对象层次的最顶端，提供了处理 navigator 窗口的方法和属性。JavaScript 的输入可以通过 windows 对象来实现。使用 window 对象产生用于客户与页面交互的对话框主要有 3 种：警告框、确认框和提示框，这 3 种对话框使用 window 对象的不同方法产生，功能和应用场合也不太相同。

window 对象的常用属性说明如表 13-6 所示。

表 13-6　window 对象的常用属性说明

属性	说明
open(url.windowName. parameterlist)	创建一个新窗口，3 个参数分别用于设置 URL 地址、窗口名称和打开属性（一般可以包括宽度、高度、定位、工具栏等）
close()	关闭一个窗口
alert(text)	弹出式窗口。text 参数为窗口中显示的文字
confirm(text)	弹出确认框，text 参数为窗口中的文字
promt(text,defaulttext)	弹出提示框，text 为窗口中的文字，document 参数用来设置默认情况下显示的文字
moveBy(水平位移,垂直位移)	将窗口移至指定的位移
moveTo(x,y)	将窗口移动到指定的坐标
resizeBy(水平位移，垂直位移)	按给定的位移量重新设置窗口大小
resizeTo(x,y)	将窗口设定为指定大小
back()	页面后退
forward()	页面前进
home()	返回主页
stop()	停止装载网页
print()	打印网页
status	状态栏信息
location	当前窗口的 URL 信息

自测 17

window 对象的应用

最终文件：网盘\最终文件\第 13 章\13-4-2.html

视　　频：网盘\视频\第 13 章\13-4-2.swf

STEP 1 执行"文件>新建"命令，弹出"新建文档"对话框，创建 html 页面，将该页面保存为"网盘\源文件\第 13 章\13-4-2.tml"，如图 13-67 所示。转换到代码视图中，在<head>与</head>标签之间添加 JavaScript 程序代码，如图 13-68 所示。

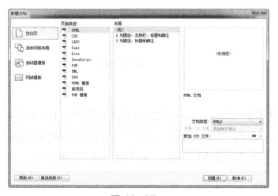

图 13-67

```
<head>
<meta charset="utf-8">
<title>window 对象的应用</title>
<script type="text/javascript">
function newW(){
    var w=document.getElementById("w").value;
    var h=document.getElementById("h").value;
    var hh=document.getElementById("hh").value;
    var v=document.getElementById("v").value;
    var style=
"directories=no,location=no,menubar=no,width="+w
+",height="+h;
    var myFunc=window.open("13-4-1.html",
"nwindow",style);
    myFunc.moveTo(hh,v);
}
</script>
</head>
```

图 13-68

STEP 2 在\<body\>与\</body\>标签之间输入文本域\<input\>和按钮\<button\>标签，并分别添加相应的属性设置，如图 13-69 所示。完成网页程序代码的制作，在浏览器中预览该页面，可以看到输出的结果，如图 13-70 所示。

```
<body>
新窗口宽度: <input type="text" size="4" id="w" value="200">
<br>
新窗口高度: <input type="text" size="4" id="h" value="300">
<hr>
新窗口水平位置坐标: <input type="text" size="4" id="hh" value
="200">
<br>
新窗口垂直位置坐标: <input type="text" size="4" id="v" value=
"300">
<hr>
<button onclick="newW();">打开新窗口</button>
</body>
```

图 13-69

图 13-70

提示

　　　　window 对象的属性和方法比较多，由于 window 对象的是 JavaScript 程序的全局对象，所以引用其属性和方法时可以省略对象名称。需要注意，window 对象属性中包含了其他浏览器模型对象的引用。

13.4.3 位置对象 location

　　location 地址对象描述的是某一个窗口对象所打开的地址。要表示当前窗口的地址，只需要使用 location 就可以了；如果需要表示某一个窗口的地址，就可以使用 "\<窗口对象\>.location"。

　　location 对象的常用属性说明如表 13-7 所示。

表 13-7　location 对象的常用属性说明

属性	说明
protocol	返回地址的协议，取值为 http:、https:、file:等
hostname	返回地址的主机名，例如 http://www.microsoft.com/china/的地址主机名为 www.microsoft.com
port	返回地址的端口号，一般 http 的端口号是 80
host	返回主机名和端口号，如 www.a.com:8080
pathname	返回路径名，如 http://www.a.com/d/index.html 的路径为 d/index.html
hash	返回#以及以后的内容，如地址为 c.html#chapter4，则返回#chapter4；如果地址没有#，则返回字符串
search	返回? 以及以后的内容；如果地址里没有? ，则返回空字符串
href	返回整个地址，即返回在浏览器的地址栏上显示的内容

　　location 对象常用的方法说明如表 13-8 所示。

表 13-8　location 对象常用的方法说明

方法	说明
reload()	相当于 Internet Explorer 浏览器上的"刷新"功能
replace()	打开一个 URL，并取代历史对象中当前位置的地址。用这个方法打开一个 URL 后，单击浏览器的"后退"按钮将不能返回到刚才的页面

自测 18

location 对象的应用

最终文件：网盘\最终文件\第 13 章\13-4-3.html

视　　频：网盘\视频\第 13 章\13-4-3.swf

STEP 1 执行“文件>新建”命令，弹出“新建文档”对话框，创建一个 html 页面，将新建的页面保存为“网盘\源文件\第 13 章\13-4-3.html”，如图 13-71 所示。转换到代码视图中，在<head>与</head>标签之间添加 JavaScript 程序代码，如图 13-72 所示。

图 13-71

```
<head>
<meta charset="utf-8">
<title>location 对象的应用</title>
<script type="text/javascript">
function display(x){
    var txt;
    var txt2=document.getElementById("txt2").value;
    switch(x){
        case 1:
        txt=location.hostname;
        break;
        case 2:
        txt=location.protocol;
        break;
        case 3:
        txt=location.pathname;
        break;
        case 4:
        txt=location.href;
        break;
        case 5:
        txt=location.href;
        window.frames[0].location.href=txt2;
        break;
        default:
        txt="";
    }
    document.getElementById("txt").innerText=txt;
}
</script>
</head>
```

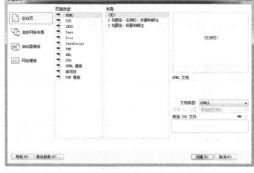

图 13-72

STEP 2 在<body>与</body>标签之间输入按钮<button>和文本域<input>标签，并分别添加相应的属性设置，如图 13-73 所示。完成网页程序代码的制作，在浏览器中预览该页面，可以看到输出的结果，如图 13-74 所示。

```
<body>
<span id="txt"></span>
<hr>
<button onclick="display(1);">主机名</button>
<button onclick="display(2);">协议名</button>
<button onclick="display(3);">内部路径</button>
<button onclick="display(4);">完整URL</button>
<hr>
<input type="text" id="txt2" value="13-4-1.html" size="30">
<button onclick="display(5);">显示</button>
<br>
<iframe name="ifr" id="ifr" width="400" height="120"></iframe>
</body>
```

图 13-73

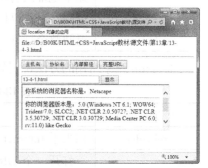

图 13-74

提示 location 对象的常用方法只有 2 个，第 1 个为 reload(x)方法，用于重新加载页面，x 为布尔值可选参数，值为 true 时强制完成加载。第 2 个方法为 replace(x)方法，使用 x 参数指定的页面替换当前的页面，但不存储于浏览历史记录中。

13.4.4 历史对象 history

history 对象用来存储客户端的浏览器已经访问过的网址（URL），这些信息存储在一个 history 列表中，通过对 history 对象的引用，可以让客户端的浏览器返回到它曾经访问过的网页去。其实它的功能和浏览器的工具栏上的"后退"和"前进"按钮是一样的。

history 对象常用的方法说明如表 13-9 所示。

表 13-9 history 对象常用的方法说明

方法	说明
back()	返回上一个页面，与单击浏览器窗口上的"后退"按钮功能相同
forward()	前进到浏览器访问历史的前一个页面，与单击浏览器窗口上的"前进"按钮功能相同
go(x)	跳转到访问历史中 x 参数指定的数量的页面，例如 go(−1)代表后退一个页面

自测 19 history 对象的应用
最终文件：网盘\最终文件\第 13 章\13-4-4.html
视　　频：网盘\视频\第 13 章\13-4-4.swf

STEP 1 执行"文件>新建"命令，弹出"新建文档"对话框，创建 html 页面，将该页面保存为"网盘\源文件\第 13 章\13-4-4.html"，如图 13-75 所示。转换到代码视图中，在<head>与</head>标签之间添加 JavaScript 程序代码，如图 13-76 所示。

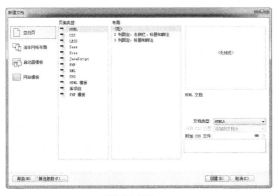

```
<head>
<meta charset="utf-8">
<title>history对象的应用</title>
<script type="text/javascript">
function display(x){
    var txt=document.getElementById("txt2").value;
    switch(x){
        case 1:
        window.frames[0].history.back();
        break;
        case 2:
        window.frames[0].history.forward();
        break;
        case 3:
        window.frames[0].history.go(0);
        break;
        case 4:
        window.frames[0].location.href=txt;
        break;
        default:
    }
}
</script>
</head>
```

图 13-75   图 13-76

提示 在本实例中大量应用了浏览器对象模型中的 frames[] 对象，通过 frames[0] 可以访问 iframe 页面中的 window 对象，以便操作其 history 等属性。在本实例中还使用 go(0) 方法，当参数为 0 时，即跳转到当前页面，类似刷新当前页面的功能。

STEP 2 在 <body> 与 </body> 标签之间输入按钮 <button> 和文本域 <input> 标签，并分别添加相应的属性设置，如图 13-77 所示。完成网页程序代码的制作，在浏览器中预览该页面，可以看到输出的结果，如图 13-78 所示。

图 13-77

图 13-78

13.4.5 屏幕对象 screen

screen 对象在加载 HTML 页面时自动创建，用于存储浏览者系统的显示信息，如屏幕分辨率和颜色深度等信息，screen 对象常用的属性有 5 个。

screen 对象的常用属性说明如表 13-10 所示。

表 13-10 screen 对象的常用属性说明

属性	说明
availHeight	该属性用于获得屏幕可用高度，单位为像素
availWidth	该属性用于获得屏幕可用宽度，单位为像素
height	该属性用于获得屏幕高度，单位为像素
width	该属性用于获得屏幕高度，单位为像素
colorDepth	该属性用于获得颜色深度，单位为像素位数

自测 20

screen 对象的应用
最终文件：网盘\最终文件\第 13 章\13-4-5.html
视　　频：网盘\视频\第 13 章\13-4-5.swf

STEP 1 执行"文件>新建"命令，弹出"新建文档"对话框，创建 html 页面，将该页面保存为"网盘\源文件\第 13 章\13-4-5.html"，如图 13-79 所示。转换到代码视图中，在 <head> 与 </head> 标签之间添加 JavaScript 程序代码，如图 13-80 所示。

```
<head>
<meta charset="utf-8">
<title>screen 对象的应用</title>
<script type="text/javascript">
function display(x){
    var txt;
    switch(x){
        case 1:
        txt=screen.height+"像素";
        break;
        case 2:
        txt=screen.width+"像素";
        break;
        case 3:
        txt=screen.availHeight+"像素";
        break;
        case 4:
        txt=screen.availWidth+"像素";
        break;
        case 5:
        txt=screen.colorDepth+"位";
        break;
        default:
        txt="屏幕信息"
document.getElementById("txt").innerText=txt;
}
</script>
</head>
```

图 13-79

图 13-80

STEP 2 在<body>与</body>标签之间输入按钮<button>标签，并分别添加相应的属性设置，如图 13-81 所示。完成网页程序代码的制作，在浏览器中预览该页面，单击相应的按钮将显示相应的屏幕信息，如图 13-82 所示。

```
<body>
<span id="txt">屏幕信息</span>
<hr>
<button onclick="display(1);">屏幕高度</button>
<button onclick="display(2);">屏幕宽度</button>
<button onclick="display(3);">屏幕可用高度</button>
<button onclick="display(4);">屏幕可用宽度</button>
<hr>
<button onclick="display(5);">屏幕颜色深度</button>
</body>
```

图 13-81

图 13-82

提示

本实例使用多个按钮访问 screen 对象的各个属性，并且显示在 id 名为 txt 的 span 元素文本中。其中可用高度比屏幕高度小一些，因为可用高度除去了任务栏的高度，如果设置任务栏为自动隐藏，则可用高度和屏幕高度是一致的。

13.4.6 文档对象 document

document 对象包括当前浏览器窗口或框架区域中的所有内容，包含文本域、按钮、单选按钮、复选框、下拉框、图片和链接等 HTML 页面可访问元素，但不包含浏览器的菜单栏、工具栏和状态栏。document 对象提供多种方式获得 HTML 元素对象的引用。JavaScript 的输出可通过 document 对象实现。

document 中最重要的对象说明如表 13-11 所示。

表 13-11　document 中最重要的对象说明

对象	说明
锚对象 anchor	指<a name=...></a>标签在 HTML 源码中存在时产生的对象，它包含文档中所有的 anchor 信息
链接对象 links	指用<a href=...></a>标记链接一个超文本或超媒体的元素作为一个特定的 URL
窗体对象 form	是文档对象的一个元素，它含有多种格式的对象存储信息，使用它可以在 JavaScript 脚本中编写程序，并可以用来动态改变文档的行为

自测 21　document 对象的应用

最终文件：网盘\最终文件\第 13 章\13-4-6.html

视　　频：网盘\视频\第 13 章\13-4-6.swf

STEP 1　执行"文件>新建"命令，弹出"新建文档"对话框，创建 html 页面，将该页面保存为"网盘\源文件\第 13 章\13-4-6.html"，如图 13-83 所示。转换到代码视图中，在<head>与</head>标签之间添加 JavaScript 程序代码，如图 13-84 所示。

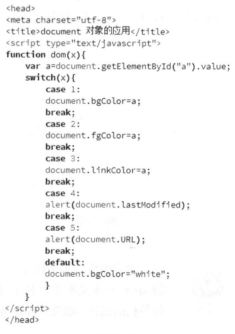

```
<head>
<meta charset="utf-8">
<title>document 对象的应用</title>
<script type="text/javascript">
function dom(x){
    var a=document.getElementById("a").value;
    switch(x){
        case 1:
        document.bgColor=a;
        break;
        case 2:
        document.fgColor=a;
        break;
        case 3:
        document.linkColor=a;
        break;
        case 4:
        alert(document.lastModified);
        break;
        case 5:
        alert(document.URL);
        break;
        default:
        document.bgColor="white";
        }
    }
</script>
</head>
```

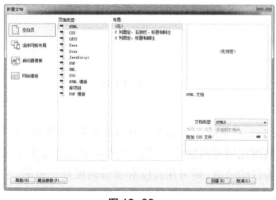

图 13-83

图 13-84

STEP 2　在<body>与</body>标签之间输入按钮<button>和文本域<input>标签，并分别添加相应的属性设置，如图 13-85 所示。完成网页程序代码的制作，在浏览器中预览该页面，可以看到输出的结果，如图 13-86 所示。

```
<body>
<button onclick="dom(4);">该文档修改时间</button>
<button onclick="dom(5);">该文档URL</button>
<hr>
<input type="text" id="a" value="">
<button onclick="dom(1);">背景色</button>
<button onclick="dom(2);">文档颜色</button>
<button onclick="dom(3);">未访问链接颜色</button>
<p><a href="#">青春文字</a>听着舒缓的音乐，手捧一本
青春纪念册，心是这般的宁静！人渐渐成熟了，离青春也
愈来愈远了。而今，青春是回眸一瞥中的一抹绿色，青春
是一本还散发着墨香的书。我静静地欣赏着自己的青春，
品读着自己的青春。试图追寻着自己的青春。每个人都希
望青春可以永驻，时光可以在我们最美的年纪永远停留，
我们的美丽，我们的率真，我们的纯粹，我们的执着，都
期盼着一个永恒，闪着光，凝结成灿烂的梦…</p>
</body>
```

图 13-85

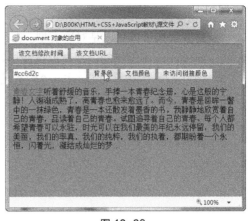

图 13-86

提示

访问 document 对象的属性和方法与其他对象一样，先编写 window 对象，使用点运算符一级一级地访问。由于 window 对象是根对象，即全局对象，往往可以省略。由于考虑到不同浏览器的兼容性，建议读者尽量使用主流浏览器都支持的 document 对象属性。

13.5 本章小结

函数不但可以扮演像其他语言中的函数同样的角色，能够被调用，可以被传入参数，而且，它还被作为对象的构造器来使用，可以结合 new 操作来创建对象。完成本章的学习，读者需要对 JavaScript 中的函数和对象有深入的理解和认识。

13.6 课后测试题

一、选择题

1. 下列说法正确的是（　　　）。
   A. JavaScript 中的函数与其他的语言都是相同的
   B. 每个函数都是作为一个对象或几个对象被维护和运行的
   C. 函数是进行模块化程序设计的基础
   D. JavaScript 中的函数是不能完成某种特定功能的一系列代码的集合

2. 函数中变量的作用域可分为哪两种？（　　　）
   A. 全局变量和局部变量
   B. 全局变量和个体变量
   C. 整体变量和个体变量
   D. 局部变量和整体变量

3. 常见的内置对象包括哪些？（　　　）（多选）
   A. 时间对象 date
   B. 数学对象 math
   C. 字符串对象 string
   D. 数组对象 array

二、填空题

1. 对象的属性不可以是对象类型。（　　　）

2. JavaScript 中提供的内部对象按使用方法可以分为动态对象和静态对象。（　　　）

3. 通过 new 运算符和 Datetime() 构造函数可以创建日期对象。（　　　）

三、简答题

1. 可以在函数内部声明与全局变量同名的变量吗？

2. 如何将函数赋值给对象的方法名？

PART 14

第 14 章
JavaScript 中的事件

本章简介

当网页中发生了某些类型的交互时，事件就发生了。事件可能是 Web 浏览器中发生的事情，比如用户改变窗口大小或滚动窗口。也可能是用户在某些内容上的单击、鼠标经过某个特定元素或按下键盘上的某些按键。本章将向读者介绍 JavaScript 中的事件，以及常用事件的处理。

本章重点

- 了解 JavaScript 事件
- 了解常用事件属性
- 理解并掌握事件的方法
- 了解其他常用事件

14.1　了解 JavaScript 事件

事件是交互的桥梁，用户可以通过多种方式与浏览器载入的页面进行交互。Web 应用程序开发者通过 JavaScript 脚本内置的和自定义的事件来响应用户的动作，就可以开发出更有交互性、动态性的页面。

JavaScript 事件可以分为下面几种不同的类别。最常用的类别是鼠标交互事件，其次是键盘和表单事件。

● 鼠标事件

鼠标事件可以分为两种，追踪鼠标当前的位置的事件（mouseover、mouseout）；追踪鼠标在被单击的事件（mouseup、mousedown、click）。

● 键盘事件

键盘事件负责追踪键盘的按键何时以及在何种上下文中被按下。与鼠标相似，在 JavaScript 中有三个事件用来追踪键盘：keyup、keydown 和 keypress。

● UI 事件

UI 事件用来追踪从页面的一部分转到另一部分。例如，使用 UI 事件能知道用户何时开始在一个表单中输入，用来追踪这一点的两个事件是 focus 和 blur。

● 表单事件

表单事件直接与只发生于表单和表单输入元素上的交互相关。submit 事件用来追踪表单何时提交；change 事件监视用户向元素的输入；select 事件当<select>元素被更新时触发。

● 加载和错误事件

事件的最后一类是与页面本身有关。例如加载页面事件 load；最终离开页面事件 unload。另外，JavaScrip 错误使用 error 事件追踪。

14.1.1　了解 JavaScript 事件处理

事件的使用使 JavaScrip 程序变得相当灵活，这种事件是异步事件，即事件随时都可能发生，与 HTML 文档的载入进度无关，不过 HTML 载入完成也会触发相应事件。

通常情况下，用户在操作页面元素时和网页载入后都会发生很多事件，触发事件后执行一定的程序就是 JavaScrip 事件响应编程时的常用模式。只有触发事件才执行的程序被称为事件处理程序，一般调用自定义函数实现。编写格式如下：

```
<HTML 标签 事件属性="事件处理程序">
```

这种编写方式避免了程序与 HTML 代码混合编写，利于维护。事件处理程序一般是调用自定义函数，函数是可以传递很多参数的，最常用的方法是传递 this 函数，this 代表 HTML 标签的相应对象。编写格式如下：

```
<form action="" method="post" onsubmit="return chk(this); "></form>
```

this 参数代表 form 对象，在 chk 函数中可以更方便地引用 form 对象及内含的其他控件对象。编写事件处理程序要特别的使用，当外部使用双引号时，内部要使用单引号，反之一样。

14.1.2　HTML 元素常用事件

文档对象模型即 Document Object Model，简称 DOM。事件的使用使 JavaScript 程序变得

十分灵活，这种事件是异步事件，即 HTML 元素的事件属性和 HTML 其他属性相同，大小写不敏感，读者可同样小写。但是，在 JavaScript 程序中使用事件时需注意大小写。HTML 元素大多数事件属性是一致的，其常用事件如下所示：

1. onblur

失去键盘焦点事件，适用于网页中几乎所有可视元素。

2. onfocus

获得键盘焦点事件，适用于网页中几乎所有可视元素。

3. onchange

修改内容并失去焦点后触发的事件，一般用于网页中可视表单元素。

4. onclick

鼠标单击事件，一般用于单击网页中某个元素。

5. ondbclick

鼠标双击事件，一般用于双击网页中某个元素。

6. ondragdrop

用户在窗口中拖曳并放下一个对象时触发的事件。

7. onerror

脚本发生错误事件。

8. onkeydown

键盘按键按下事件，一般用于按下键盘上某个按钮触发。

9. onkeyup

键盘按键按下并松开时触发的事件。

10. onload

载入事件，一般用于<body>、<frameset>和<img>标签。

11. onunload

关闭或重置触发事件，一般用于<body>、<frameset>标签。

12. onmouseout

鼠标滑出事件，一般用于鼠标移开网页中某个元素。

13. onmouseover

鼠标经过事件，一般用于鼠标经过网页中某个元素。

14. onmove

浏览器窗口移动事件，移动浏览器窗口触发。

15. onresize

浏览器窗口改变大小事件，改变浏览器窗口大小触发。

16. onsubmit

表单提交事件，单击提交表单按钮触发。

17. onreset

表单重置事件，单击重置表单按钮触发。

18. onselect

选中了某个表单元素时触发的事件。

14.1.3 常用事件方法

之前操作的 JavaScript 事件都是由用户操作所触发，其实在 JavaScript 中，还可以用代码触发部分事件。例如代码中执行 blur()方法，将使相应对象失去键盘输入焦点，并触发 onblur 事件。这种代码触发事件的编程方式方便了网页中互动程序的制作，让网页更加的人性化。常用的事件方法如下所示：

1. click ()

该事件方法的作用是模拟单击事件。

2. blur ()

该事件方法的作用是对象将自动失去键盘输入焦点。

3. focus ()

该事件方法的作用是对象将自动得到键盘输入焦点。

4. reset ()

该事件方法的作用是复位表单数据。

5. submit ()

该事件方法的作用是提交表单，并不触发 onsubmit 事件。

6. select ()

该事件方法的作用是选中表单控件。

14.2 常用事件在网页中的应用

事件的产生和响应，都是由浏览器来完成的，而不是由 HTML 或 JavaScript 来完成的。使用 HTML 代码可以设置哪些元素响应什么事件，这些都可以通过 JavaScript 来对浏览器进行处理。但是，不同的浏览器所响应的事件也有所不同，相同的浏览器在不同版本中所响应的事件同样会有所不同。

14.2.1 click 事件

click 单击事件是常用的事件之一，该事件是在一个对象上按下然后释放一个鼠标按钮时发生，它也会发生在一个控件的值改变时。这里的单击是指完成按下鼠标键并释放这一个完整的过程后产生的事件。使用单击事件的语法格式如下：

onclick=函数或是处理语句

自测 1

使用 click 事件实现关闭网页窗口

最终文件：网盘\最终文件\第 14 章\14-2-1.html

视　　频：网盘\视频\第 14 章\14-2-1.swf

STEP 1 打开页面"网盘\源文件\第 14 章\14-2-1.html"，可以看到页面效果，如图 14-1 所示。转换到代码视图中，在关闭窗口的<img>标签中输入 onclick 事件代码，如图 14-2 所示。

STEP 2 保存页面，在浏览器中预览页面，效果如图 14-3 所示。单击添加了 onclick 事件代码的图像，可以弹出提示对话框，单击"是"按钮，即可关闭当前浏览器窗口，如图 14-4 所示。

图 14-1

```html
<body>
<div id="box">
  <div id="bottom">关闭该广告窗口<img src=
"images/142102.gif" width="37" height="11" alt=""
onclick="javascript:window.close()" /></div>
</div>
</body>
```

图 14-2

图 14-3

图 14-4

提示

如果需要实现当鼠标单击某个按钮时实现打印当前网页的功能，可以添加 onClick="javascript:window.print()"，支持 click 事件的 JavaScript 对象有 button、document、checkbox、link、radio、reset 和 submit 等。

14.2.2　change 事件

change 事件通常在文本框或下拉列表中激发。在下拉列表中只要修改了可选项，就会被激发 change 事件，在文本框中，只有修改了文本框中的文字并在文本框失去焦点时才会被激发。change 事件的基本语法如下：

onchange=函数或是处理语句

自测 2

change 事件在网页表单中的应用
最终文件：网盘\最终文件\第 14 章\14-2-2.html
视　　频：网盘\视频\第 14 章\14-2-2.swf

STEP 1　打开页面"网盘\源文件\第 14 章\14-2-2.html"，可以看到页面效果，如图 14-5 所示。转换到代码视图中，在页面中文本域<input>标签中添加 change 事件代码，如图 14-6 所示。

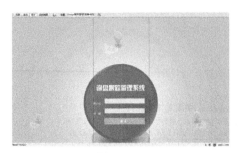

图 14-5

图 14-6

STEP 2 保存页面，在浏览器中预览页面，在"用户名"文字后的文本框中输入内容后移开该文本框，可以看到 change 事件的效果，如图 14-7 所示。在"密码"文字后的文本框中输入内容后移开该文本框，可以看到 change 事件的效果，如图 14-8 所示。

图 14-7

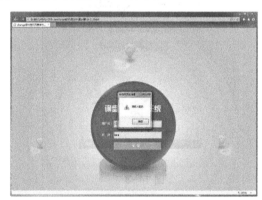

图 14-8

提示

在 JavaScript 中使用事件使得 JavaScript 程序变得非常灵活，这种事件是异步事件，即事件随时都可能发生，与 HTML 文档的载入进度无关，不过 HTML 载入完成也会触发相应的事件。

14.2.3 select 事件

select 事件是指当文本框中的内容被选中时所发生的事件。select 事件的基本语法如下：

onselect=处理函数或是处理语句

自测
3

在网页中使用 select 事件
最终文件：网盘\最终文件\第 14 章\14-2-3.html
视　　频：网盘\视频\第 14 章\14-2-3.swf

STEP 1 打开页面"网盘\源文件\第 14 章\14-2-3.html"，可以看到页面效果，如图 14-9 所示。转换到代码视图中，在页面的<head>与</head>标签之间添加 JavaScript 程序代码，如图 14-10 所示。

STEP 2 在<select>标签中添加 change 事件，向自定义的函数中传递相应的值，如图 14-11 所示。在<input>标签中添加 select 事件，触发 JavaScript 内置函数 alert，如图 14-12 所示。

```
<script language="javascript">
function strAdd(str){
  if(str!='请选择'){
    form1.text.value="您选择的是: "+str;
  }
  else {
    form1.text.value="";
  }
}
</script>
```

图 14-9　　　　　　　　　　　　　　　　　图 14-10

```
<div id="search">
 <form id="form1" name="form1" method="post"
action="">
   <select name="box" id="box" onchange=
"strAdd(this.value)">
     <option value="请选择" selected="selected">
请选择</option>
```

```
   <input name="text" type="text" id="text"
onselect="alert('想要选择吗？')" />
   <input type="image" name="button" id="button"
src="images/142302.gif" />
  </form>
</div>
```

图 14-11　　　　　　　　　　　　　　　　图 14-12

STEP 3 保存页面，在浏览器中预览页面，效果如图 14-13 所示。在下拉列表中选择一个选项，该选项的值将自动填入文本字段中，当鼠标移至文本字段中时，将触发 select 事件，如图 14-14 所示。

图 14-13　　　　　　　　　　　　　　　　图 14-14

提示　　一般来说，网页载入后会发生多种事件，用户在操作页面元素时也会发生很多事件，触发事件后执行一定的程序就是 JavaScript 事件响应编程的常用模式。只有触发事件才执行的程序被称为事件处理程序，一般调用自定义函数实现。

14.2.4　focus 事件

focus 事件是指将焦点放在了网页中的对象之上。focus 事件即得到焦点，通常是指选中了文本框等，并且可以在其中输入文字。focus 事件的基本语法如下：

onfocus=处理函数或是处理语句

自测 4　　**focus 事件在网页中的应用**
最终文件：网盘\最终文件\第 14 章\14-2-4.html
视　　频：网盘\视频\第 14 章\14-2-4.swf

STEP 1 打开页面"网盘\源文件\第 14 章\14-2-4.html"，可以看到页面效果，如图 14-15 所示。转换到代码视图中，在页面中单选按钮的<input>标签中添加 focus 事件代码，如图 14-16 所示。

图 14-15

```
<div id="select">
    <input type="radio" name="radio" id="radio" value="
    非常期待" onfocus=alert("选择非常期待！") />
        非常期待<br>
        <input type="radio" name="radio" id="radio"
    value="没什么感觉" onfocus=alert("选择没什么感觉！") />
        没什么感觉<br>
        <input type="radio" name="radio" id="radio"
    value="无所谓，但是会尝试下" onfocus=alert("选择无所谓，
    但是会尝试下！") />
        无所谓，但是会尝试下<br>
        <input type="radio" name="radio" id="radio"
    value="我不喜欢新版本" onfocus=alert("选择我不喜欢新版
    本！")
        我不喜欢新版本<br>
</div>
```

图 14-16

STEP 2 保存页面，在浏览器中预览页面，效果如图 14-17 所示。单击某个单选按钮后，将触发 focus 事件，弹出提示对话框，效果如图 14-18 所示。

图 14-17

图 14-18

提示

> event 中文即为事件的意思，HTML 文档中触发某个事件，event 对象将被传递给该事件的处理程序，event 对象存储了发生事件中键盘、鼠标和屏幕的信息，而这个对象由 window 的 event 属性引用。

14.2.5　load 事件

load 事件与 unload 事件是两个相反的事件。load 事件是指整个文档在浏览器窗口中加载完毕后所激发的事件。load 事件语法格式如下：

> onload=处理函数或是处理语句

自测
5

load 事件在网页中的应用
最终文件：网盘\最终文件\第 14 章\14-2-5.html
视　　频：网盘\视频\第 14 章\14-2-5.swf

STEP 1 打开页面"网盘\源文件\第 14 章\14-2-5.html"，可以看到页面效果，如图 14-19

所示。转换到代码视图中,在页面中的<head>与</head>标签之间添加 JavaScript 程序代码,如图 14-20 所示。

图 14-19

```
<script type="text/JavaScript">
<!--
function MM_popupMsg(msg) { //v1.0
    alert (msg);
    }
    //-->
</script>
```

图 14-20

STEP 2 在页面中<body>标签中添加 load 事件,触发自定义函数并传递参数,如图 14-21 所示。保存页面,在浏览器中预览页面,当页面载入完成时可以看到 load 事件的效果,如图 14-22 所示。

```
<body onLoad="MM_popupMsg('欢迎访问我们的网站')">
<div id="box"><img src="images/142501.jpg" alt="" />
</div>
<div id="menu">网站首页<span>|</span>立体展示<span>|</
span>网站店铺<span style="margin-left: 80px;
margin-right: 80px;"></span>相关配件<span>|</span>单车
知识<span>|</span>联系我们</div>
<div id="logo"><img src="images/142502.png" width=
"140" height="141" alt="" /></div>
</body>
```

图 14-21

图 14-22

14.2.6 鼠标移动事件

鼠标移动事件包括 3 种,分别为 mouseover、mouseout 和 mousemove。鼠标移动事件的基本语法如下:

> onmouseover=处理函数或是处理语句
> onmouseout=处理函数或是处理语句
> onmousemove=处理函数或是处理语句

自测 6

在网页中应用鼠标移动事件
最终文件:网盘\最终文件\第 14 章\14-2-6.html
视　　频:网盘\视频\第 14 章\14-2-6.swf

STEP 1 打开页面"网盘\源文件\第 14 章\14-2-6.html",可以看到页面效果,如图 14-23 所示。转换到代码视图中,在页面中的<head>与</head>标签之间添加 JavaScript 程序代码,如图 14-24 所示。

图 14-23

```
<script type="text/JavaScript">
<!--
function MM_findObj(n,d) { //v4.01
var p,i,x; if(!d) d=document;
if((p=n.indexOf("?"))>0&&parent.frames.length) {
    d=parent.frames[n.substring(p+1)].document;n=n.substring(0,p);}
    if(!(x=d[n])&&d.all) x=d.all[n]; for (i=0;!x&&i<d.forms.length;i++)
    x=d.forms[i][n];
    for(i=0;!x&&d.layers&&i<d.layers.length;i++)
    x=MM_findObj(n,d.layers[i].document);
    if(!x && d.getElementById) x=d.getElementById(n);return x;
}
function MM_showHideLayers() { //v6.0
  var i,p,v,obj,args=MM_showHideLayers.arguments;
  for(i=0;i<(args.length-2);i+=3) if ((obj=MM_findObj(args[i]))!=null)
  {v=args[i+2];
  if(obj.style) {obj=obj.style;
  v=(v=='show')?'visible':(v=='hide')?'hidden':v;}
  obj.visibility=v;}
    }
    //-->
</script>
```

图 14-24

STEP 2 在<input>标签中添加 onmouseover 事件，触发自定义的 JavaScript 函数并传递参数，如图 14-25 所示。保存页面，在浏览器中预览页面，将鼠标移至 "显示图像" 按钮时，可以看到显示页面元素的效果，如图 14-26 所示。

```
<body>
<div id="apDiv1"><img src="images/142602.jpg" width=
"620" height="130" /><img src="images/142603.jpg"
width="620" height="130" /></div>
<div id="box">
  <input type="button" name="button" id="button"
onmouseover="MM_showHideLayers('apDiv1','','show')"
value="查看图像" />
</div>
</body>
```

图 14-25

图 14-26

14.2.7　onblur 事件

失去焦点事件正好与获得焦点事件相对，onblur 事件是指将焦点从当前对象中移开。当 text 对象、textarea 对象或 select 对象不再拥有焦点而退到后台时，触发该事件。onblur 事件的基本语法如下：

> onblur=处理函数或是处理语句

自测 7

onblur 事件在网页中的应用
最终文件：网盘\最终文件\第 14 章\14-2-7.html
视　　频：网盘\视频\第 14 章\14-2-7.swf

STEP 1 打开页面 "网盘\源文件\第 14 章\14-2-7.html"，可以看到页面效果，如图 14-27 所示。转换到代码视图中，在页面中的<head>与</head>标签之间添加 JavaScript 程序代码，如图 14-28 所示。

图 14-27

```
<script type="text/JavaScript">
<!--
function MM_popupMsg(msg) { //v1.0
    alert (msg);
    }
    //-->
</script>
```

图 14-28

STEP 2 在页面中文本域的<input>标签中添加 onblur 事件，触发自定义的函数并传递相应的参数，如图 14-29 所示。保存页面，在浏览器中预览页面，在页面中某个文本框中单击后再单击另一个文本框即可触发 onblur 事件，效果如图 14-30 所示。

```
<div id="login">
    <form id="form1" name="form1" method="post">
        <label for="uname">用户名：</label>
        <input name="uname" type="text" class="input01" id=
"uname" onblur="MM_popupMsg('"用户名"文本字段失去焦点！')" />
        <br>
        <label for="upass">密　码：</label>
        <input name="upass" type="password" class="input01" id=
"upass" onblur="MM_popupMsg('"密码"文本字段失去焦点！')" />
        <br>
        <input type="image" name="btn" id="btn" src=
"images/142202.jpg">
    </form>
</div>
```

图 14-29

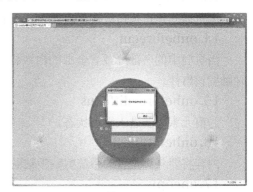

图 14-30

14.3 其他常用事件

在大多数浏览器中都还定义了一些其他的事件，这些事件为开发者开发程序带来了很大的便利，同时，也使程序更加的丰富与人性化。其他常用事件如下所示：

1. onerror

出现错误时触发该事件。

2. onmove

浏览器的窗口被移动时触发该事件。

3. onresize

当改变浏览器的窗口大小时触发该事件。

4. onfinish

当网页中的<marquee>标签完成需要显示的内容后触发该事件。

5. onbeforecopy

当页面当前的被选择内容将要复制到浏览者系统的剪贴板前触发该事件。

6. onbounce

将网页中的<marquee>标签内的内容移动至<marquee>标签显示范围之外时触发该事件。

7. onstart

网页的<marquee>标签开始显示内容时触发该事件。

8. onsubmit

一个表单被提交时触发该事件。

9. onbeforeupdate

当浏览者粘贴系统剪贴板中的内容时通知目标对象。

10. onrowenter

当前数据源的数据发生变化并且有新的有效数据时触发该事件。

11. onreset

当表单中 reset 的属性被激发时触发该事件。

12. onscroll

浏览器的滚动条位置发生变化时触发该事件。

13. onstop

浏览器的停止按钮被按下或者正在下载的文件被中断时触发该事件。

14. onbeforecut

当页面中的一部分或者全部的内容将被移离当前页面剪贴并移动到浏览者的系统剪贴板时触发该事件。

15. onbeforeeditfocus

当前元素将要进入编辑状态。

16. onbeforepaste

内容将要从浏览者的系统剪贴板粘贴到页面中时触发该事件。

17. oncopy

当页面当前的被选择内容被复制后触发该事件。

18. oncut

当页面当前的被选择内容被剪贴时触发该事件。

19. ondrag

当某个对象被拖动时触发该事件。

20. ondragdrop

一个外部对象被鼠标拖进当前窗口或者帧。

21. ondragend

当鼠标拖动结束时触发该事件，即鼠标的按钮被释放了。

22. ondragenter

当对象被鼠标拖动的对象进入其容器范围内时触发该事件。

23. ondragleave

当对象被鼠标拖动的对象离开其容器范围内时触发该事件。

24. ondragover

当某被拖动的对象在另一对象容器范围内拖动时触发该事件。

25. ondragstart

当某对象将被拖动时触发该事件。

26. ondrop

在一个拖动过程中，释放鼠标键时触发该事件。

27. onlosecapture

当元素失去鼠标移动所形成的选择焦点时触发该事件。

28. onpaste

当内容被粘贴时触发该事件。

29. onselectstart

当文本内容选择将开始发生时触发的事件。

30. onafterupdate

当数据完成由数据源到对象的传送时触发该事件。

31. oncellchange

当数据来源发生变化时触发该事件。

32. ondataavailable

当数据接收完成时触发该事件。

33. ondatasetchanged

数据在数据源发生变化时触发该事件。

34. ondatasetcomplete

当来自数据源的全部有效数据读取完毕时触发该事件。

35. onerrorupdate

当使用 onbeforeupdate 事件触发取消了数据传送时，代替 onafterupdate 事件。

36. onrowexit

当前数据源的数据将要发生变化时触发该事件。

37. onrowsdelete

当前数据记录将被删除时触发该事件。

38. onrowsinserted

当前数据源将要插入新数据记录时触发该事件。

39. onafterprint

当文档被打印后触发该事件。

40. onbeforeprint

当文档即将打印时触发该事件。

41. onfilterchange

当某个对象的滤镜效果发生变化时触发该事件。

42. onhelp

当浏览者按 F1 键或者选择浏览器帮助选项时触发该事件。

43. onpropertychange

当对象的属性之一发生变化时触发该事件。

44. onreadystatechange

当对象的初始化属性值发生变化时触发该事件。

14.4 本章小结

本章重点介绍了在 JavaScript 编程中常用的几种事件以及事件的处理程序，事件驱动程序机制是 JavaScript 程序的灵魂，广泛应用于其他编程语言中。可以让用户在浏览页面的前提下，还可以与页面进行交互。但是，由于事件的产生和捕捉都与浏览器息息相关，因此，不同的浏览器所支持的事件也各有不同。希望读者能够理解并掌握这些事件，这样程序设计的学习才有效果。

14.5 课后测试题

一、选择题

1. 以下关于 JavaScript 中事件的描述中，不正确的是（   ）。
   A. click——鼠标单击事件
   B. focus——获取焦点事件
   C. mouseover——鼠标指针移动到事件源对象上时触发的事件
   D. change——选择字段时触发的事件

2. 下列关于鼠标事件描述有误的是（   ）。
   A. click 表示鼠标单击
   B. dblclick 表示鼠标右击
   C. mousedown 表示鼠标的按钮被按下
   D. mouseover 表示鼠标进入某个对象范围，并且移动

3. 下列选项中，不是网页中的事件的是（   ）。
   A. onclick   B. onmouseover   C. onsubmit   D. onpressbutton

4. 在 HTML 页面中，不能与 onchange 事件处理程序相关联的表单元素是？（   ）
   A. 文本域   B. 复选框   C. 选择域   D. 按钮

二、判断题

1. 按钮（button）对象支持 onclick、onblur 和 onfocus 事件。（   ）
2. mouseover 是当鼠标从对象上移开时所触发的事件。（   ）

三、简答题

1. onload 事件与 onunload 事件有什么不同？
2. 代码触发事件的好处是什么？